U0381237

当代经济学系列丛书

Contemporary Economics Series

陈昕 主编

当代经济学译库

Brian Skyrms
Social Dynamics

社会动力学
从个体互动到社会演化

[美] 布赖恩·斯科姆斯 著

贾拥民 译

格 致 出 版 社

上 海 三 联 书 店

上 海 人 民 出 版 社

主编的话

上世纪 80 年代，为了全面地、系统地反映当代经济学的全貌及其进程，总结与挖掘当代经济学已有的和潜在的成果，展示当代经济学新的发展方向，我们决定出版"当代经济学系列丛书"。

"当代经济学系列丛书"是大型的、高层次的、综合性的经济学术理论丛书。它包括三个子系列：(1) 当代经济学文库；(2) 当代经济学译库；(3) 当代经济学教学参考书系。本丛书在学科领域方面，不仅着眼于各传统经济学科的新成果，更注重经济学前沿学科、边缘学科和综合学科的新成就；在选题的采择上，广泛联系海内外学者，努力开掘学术功力深厚、思想新颖独到、作品水平拔尖的著作。"文库"力求达到中国经济学界当前的最高水平；"译库"翻译当代经济学的名人名著；"教学参考书系"主要出版国内外著名高等院校最新的经济学通用教材。

20 多年过去了，本丛书先后出版了 200 多种著作，在很大程度上推动了中国经济学的现代化和国际标准化。这主要体现在两个方面：一是从研究范围、研究内容、研究方法、分析技术等方面完成了中国经济学从传统向现代的转轨；二是培养了整整一代青年经济学人，如今他们大都成长为中国第一线的经济学家，活跃在国内外的学术舞台上。

为了进一步推动中国经济学的发展，我们将继续引进翻译出版国际上经济学的最新研究成果，加强中国经济学家与世界各国经济学家之间的交流；同时，我们更鼓励中国经济学家创建自己的理论体系，在自主的理论框架内消化和吸收世界上最优秀的理论成果，并把它放到中国经济改革发展的实践中进行筛选和检验，进而寻找属于中国的又面向未来世界的经济制度和经济理论，使中国经济学真正立足于世界经济学之林。

我们渴望经济学家支持我们的追求；我们和经济学家一起瞻望中国经济学的未来。

厉以宁

2014 年 1 月 1 日

序　言
——归纳逻辑视角下的社会演化

晚近十年，我为周围朋友们的译著作序，逐渐不再想象国内读者的知识与兴趣。或许因为学术与思想的腐败积重难返，或许因为活到六十岁才觉悟。总之，现在我写文章的初衷是梳理中外思想状况，试图想象人类"末法时代"的未来。于是，我的文章逐渐成为我的思想札记。

这本书的作者是颇具瑞典乌普萨拉学派跨学科风格的哲学家，1938年生，今年八十岁，老而不衰。他2015年在加州大学欧文校区的演讲视频，大约就是他这本书（英文2014年初版）的余绪。由于维基百科"Brian Skyrms"词条极简，我很难确定他的族裔。这本书的中译者贾拥民，是我在浙江大学指导的历届博士研究生当中，于学术翻译用力最勤，用功最深的。也因此，每次我为小贾的译著作序，都要浏览并在心里概述原作者的长期思路——学术思想史是学术研究或许唯一正确的开端。依照我在"宽带写作"时期养成的习惯，动笔写这篇序言之前，我到YouTube上检索斯科姆斯的全部视频，观察他的外表、口音、性情。据此，我放弃了最初我关于他与以色列族群之间关系的推测，转而推测他有爱尔兰血统，也许是澳大利亚移民的后代。我关于他更深层的推测是：他的性情其实不适合"跨界"思维。当然有依据。例如,他于2006年就任美国科学哲学学会主席时的就职演说,标题是"信号",沿袭了他年轻时的学术思路;在2015年的欧文校区的演讲中,他依旧喜欢谈论"信号"主题。事实上,他以"归纳逻辑"的研究而立身于学界,又由于归纳逻辑与全部自然科学和社会科学领域的密切关系,他很容易被认为是跨学科的学者。

中西思想史课堂,我喜欢谈论的天才人物之一是小穆勒(John Stuart Mill)。归纳逻辑由小穆勒创建之初便引起严复的关注,后来被列入"严译八种",标题是《穆勒名学》。在诸如卡尔纳普和奎因这样的专业逻辑学家的群体之外,归纳逻辑的学术传统在小穆勒之后的一位重要继承者,是凯恩斯的密友哈罗德爵士(当然不能忘记是拉姆齐最初阐发了凯恩斯的主观概率思想)。然后,是阿罗的密友苏佩斯。

注意我的介绍方式:"凯恩斯的密友哈罗德"。自从休谟用他的怀疑论磨盘碾碎了归纳原理之后,归纳与概率的内在关系,本质上就是主观判断,而凯恩斯是主观概率论的创建者。当我们将万千现象归入不同类型并试图发现规律时,被我们确认为是规律的,其实是基于我们内心关于世界的某种重要性的感受,这些感受让我们倾向于相信某些类型因而倾向于忽视其他类型。想得更深一些,我们其实是在权衡各种可能世界的重要性。事实与可能,前者是已发生的——如果被承认为"事实"的话,后者是可能发生的——哪怕已有蛛丝马迹但仍不被承认是"事实"。在怀特海的"过程哲学"视角下,"事实"与"反事实"可在同一过程中实现。如果我们截断过程,那么,在断面之内,就有事实与可能之间的差异。

社会现象不同于自然现象,因为它依赖于参与社会过程的人关于各种可能世界的想象。如前述,斯科姆斯最喜欢探讨"信号"问题。这一问题最初由斯科姆斯最喜欢引述的哲学家刘易斯引入哲学论证,借助于我们经济学常识里的"发信号"博弈。假如发信号的人知道世界的可能状态但无法独自应对任何可能状态,假如接收信号的人对世界完全盲目但能与发送信号的人联合应对任何可能状态,那么,不论发送何种信号,只要信号能协调发送者与接收者正确应对世界的可能状态,这种信号就有意义(重要性),并且双方或迟或早能够根据自己的重要性感受赋予信号"正确"和"不正确"的涵义。

合作如何是可能的,我在《行为经济学讲义》里论证过。这是行为经济学的基本问题。不过,我对这一基本问题的探究将我带入新政治经济学的论域。所以,我同时还写了《新政治经济学讲义》。我在十五年前断言:制度经济学已走到尽头,在这一尽头出现的是两条进路,即行为经济学与新政治经济学。

也是因为要解答"合作如何可能"这一基本问题,在《社会动力学》这本书里,我检索到我在《行为经济学讲义》里反复介绍的经典作者的名字,尤其是哈佛大学的诺瓦克(出现了19次),以及诺瓦克在维也纳大学的数学老师西格蒙德(出现了17次)。

斯科姆斯是逻辑学和科学哲学家,他研究社会演化过程。在他持之以恒的归纳逻辑视角下,很自然就产生一个社会哲学问题:社会演化如何是可能的? 这一问题有隐含的前提:社会既然演化就意味着社会没有解体,而社会不解体的前提是社会成员之间保持着合作关系。此处斯科姆斯的论证,借助了我们经济学常识里的"猎鹿博弈"——假设全体社会成员只有两种策略,要么与他人合作,要么不与他人合作,前者导致猎鹿活动,后者无法猎鹿只可猎兔。猎鹿当然比猎兔有更高的产出,如果产出在合作双方有正当分配,则合作仍可继续;否则,合作瓦解。晚近二十年,斯科姆斯基于庞大的文献综述,得到下述结论:既然双方合作的基础是信任,既然信任只是可能的而不是必然的,那么,社会其实维系于社会成员之间的任何"相关机制"(诺瓦克列出了包括"亲缘利他"在内的五大类这样的机制)可能的有效性;并且,由于在随机因素作用下各类相关机制之间的"轮流颠覆"过程,社会当然可能继续,也完全可能突然瓦解。

更进一步,斯科姆斯相信,如果社会得以长期维系,那么,与其说是因为存在某种客观的相关机制使社会延续至今,不如说是因为社会成员们主观相信使他们合作的相关机制是现实有效的机制。也因此,或许是在宾默尔之后,斯科姆斯为"社会契约"提供了一种自然而然的哲学解释。布坎南也这样认为:美国宪法之所以有效,是因为美国人民相信它是有效的。宾默尔解释"纳什均衡",他认为,纳什均衡其实是博弈参与者们共同相信的一种"玩法"。

结束我这篇冗长而且晦涩的序言,我想提醒读者,斯科姆斯的"社会动力学"其实非常适合于当代中国社会。

汪丁丁

前 言

　　"社会动力学"（social dynamics）有许多不同的含义。在本书收录的各篇论文中，这个术语的含义主要是指在社会互动的典型模型中的自适应动力学分析。

　　我所说的"自适应动力学"（adaptive dynamics），含义也非常简单，它指的是这样一种动力学：在各种备选方向中，它朝一个会胜出的方向移动，或者说，朝一个看上去会胜出的方向移动。自适应动力学这个概念的灵感来自演化动力学（evolutionary dynamics）。演化动力学模型多种多样，例如，大种群的演化动力学和小种群的演化动力学，无变异的演化动力学和有变异的演化动力学，等等。演化的"主角"，可以是文化，也可以是生物；驱动演化的力量，可以是复制，也可以是模仿。而处于不断进行的社会互动当中的个体，则可以通过各种各样的、或老练精致或幼稚粗糙的个体学习过程，来适应彼此的行动。所有这些，都是自适应动力学的实例。

　　在策略性互动的环境中，当每个人都只盯着最好的目标时，却极有可能导致最坏的结果。又或者，也有可能导致完全的不确定，这正是当动力学陷入循环甚至混沌（chaotic）时的情形。自适应动力学并不一定会导致适应。简单假设自适应动力学必定会导致适应，很可能会导致错误的分析。

　　本书中讨论的互动都是一些简单的相互作用。这样做的目的是，将社会动力学中最重要的那些方面隔离出来加以研究。当然,这样做是有缺点的,那就是,现实世界总是比模型复杂得多。但是它的优点也非常显著:可以在真正的动力学的意义上,对各种模型进行分析,这有时会得到非常令人惊讶的结果。如果被分析的相互作用选择得当,而且得到了很好的理解,那么就可以成为构建更加复杂的模型的基础构件。在本书中,我将超越近乎无处不在的囚徒困境博弈模型,尽力将信号传递模型、讨价还价博弈模型、多人猎鹿博弈模型、劳动分工模型、动态网络形成模型等包括进来,并将它们组合起来考虑。只要进行严格的分析,即便是最简单的互动,也会给我们带来无限的惊喜。

我在走过了一条蜿蜒曲折的道路之后,才叩开了社会动力学的大门。我最初想要解决的问题是决策的不稳定问题,在一些相当复杂的情况下,一个人在形成自己决策的过程中可能会生成一些关于他所在的这个世界的信息,而且这些信息是与他正在进行的决策相关的。这个问题最早是由艾伦·吉巴德(Allan Gibbard)和比尔·哈珀(Bill Harper)提出来的,他们分析了"在前往大马士革的路上遇到了死神的那个人"。对这个问题的思考导致了一本关于理性慎思(rational deliberation)的动力学的书。在理性慎思过程中,面临互动决策问题的各参与者试图推理出他们实现均衡的路径。每个决策参与者都建构了一个关于对方的推理过程的模型,然后通过一个虚拟的反复来回的自适应过程,来探索这个模型会把决策引导到哪里。这些"关于对方将如何如何"的模型根本不需要是准确的,也正是因为如此,各种各样的事情都是有可能发生的。这种探索最后导致了真实而不是虚拟的自适应动力学,即本书的主题。

本书收录的论文中,有不少就是合作的产物,而且其中的许多重要工作都是我的合作者完成的。与其说我们在这本书中"隆重"推出了一个总体性的理论,不如说我们给出了一个仍然在不断发展中的研究纲领。

参考文献

Gibbard,A. and W. Harper(1981)"Counterfactuals and Two Kinds of Expected Utility." In *IFs* ed. Harper et al. Dordrecht:Reidel.

Skyrms,B.(1982)"Causal Decision Theory." *Journal of Philosophy* 79:695—711.

Skyrms,B.(1990) *The Dynamics of Rational Deliberation*. Cambridge,MA:Harvard University Press.

致 谢

本书是一本论文集，每一章都是发表过的论文。感谢原出版机构允许作者再版以下各篇论文：

Evolution and the Social Contract，in *The Tanner Lectures on Human Values* 28. Salt Lake City：University of Utah Press，pp.47—69. 2009.

Trust，Risk，and the Social Contract，*Synthese* 160：21—5. © Springer 2008.

Bargaining with Neighbors：Is Justice Contagious? *Journal of Philosophy* 96：588—98. © *The Journal of Philosophy*，Inc. 1999.

Stability and Explanatory Significance of Some Simple Evolutionary Models，*Philosophy of Science* 67：94—113. © the Philosophy of Science Association 2000.

Dynamics of Conformist Bias，*The Monist* 88：260—9. © *The Monist* 2005.

Chaos and the Explanatory Significance of Equilibrium：Strange Attractors in Evolutionary Game Dynamics，*PSA* 1992，2：374—94. © the Philosophy of Science Association 1993.

Evolutionary Dynamics of Collective Action in N-person Stag Hunt Dilemmas，*Proceedings of the Royal Society* B. 276：315—21. © The Royal Society 2008.

Learning to Take Turns，*Erkenntnis* 59：311—48. © Springer 2003.

Evolutionary Considerations in the Framing of Social Norms, *Philosophy, Politics and Economics* 9:265—273. © Sage Publications 2010.

Learning to Network, in *The Place of Probability on Science*, ed. E.Eells and J. Fetzer. Springer, 277—87. © Springer 2004.

A Dynamic Model of Social Network Formation, *Proceedings of the National Academy of Sciences of the U.S.A.* 97:9340—6, 2000.

Network Formation by Reinforcement Learning: The Long and the Medium Run, *Mathematical Social Sciences* 48:315—27. © Elsevier B.V. 2004.

Time to Absorption in Discounted Reinforcement Models, *Stochastic Processes and their Applications* 109:1—12. © Elsevier B.V. 2003.

Learning to Signal: Analysis of a Micro-level Reinforcement Model, *Stochastic Processes and their Applications* 119:373—419. © Elsevier B.V. 2008.

Inventing New Signals, *Dynamic Games and Applications* 2: 129—45. © Springer 2011.

Signals, Evolution, and the Explanatory Power of Transient Information, *Philosophy of Science* 69:407—28. © the Philosophy of Science Association 2002.

Co-Evolution of Pre-play Signaling and Cooperation, *Journal of Theoretical Biology* 174:30—5. © Elsevier Ltd. 2011.

Evolution of Signaling Systems with Multiple Senders and Receivers, *Philosophical Transactions of the Royal Society* B 364:771—9. © The Royal Society 2008.

目　录

主编的话
序　言
前　言
致　谢

第一篇

相关性与社会契约

引　言

　　我决定用我在坦纳讲座（Tanner lecture）上的讲义《演化与社会契约》（*Evolution and the Social Contract*）来作为本书的开篇。这样做有两个原因：第一个原因是，它提供了一个全面的概述，涉及本书后面的章节中将会讨论到的许多问题；第二个原因，它把注意力集中在了各种相关性机制（correlation mechanisms）上，认为它们是理解社会契约的关键所在。

　　将自己的研究范围限制在简单的、容易处理的模型上，并不一定意味着要将自己限制在某一个特定的关于社会契约的模型上，尽管许多思想家似乎就是这样做的。具体说来，我从来都不认为，囚徒困境博弈及其推广形式（多人囚徒困境博弈）是理解合作的唯一的关键。事实上，许多人讨论的囚徒困境博弈，其实是猎鹿博弈。对于囚徒困境博弈环境下的合作的许多解释，其实只不过是将囚徒困境博弈转变成了猎鹿博弈。肯·宾默尔（Ken Binmore）已经证明了讨价还价博弈对社会契约论的重要性——对此，请参阅理查德·布雷斯韦特（Richard Braithwaite）的就职演讲。这些博弈理应结合起来研究："猎鹿"是为了取得财货，而讨价还价是为了分配取得的财货。在某些情况下，有效的猎鹿博弈可能需要某些专门的角色，而这就自然而然地引入了劳动分工博弈。戴维·刘易斯（David Lewis）则重点关注信号传递博弈。信号传递对于协调行动可能非常重要。而且，个体通常是在社会网络中互动的，而社会网络本身也在不断演化中。

社会结构应该从相关性这个角度进行分析。相关性在演化中的重要性最早是由威廉·汉密尔顿（William Hamilton）指出的。从 1964 年起，汉密尔顿发表了一系列开创性的论文，自那之后，相关性就影响了所有对社会行为的分析。大体上说，汉密尔顿告诉我们的是，当存在一个外生给定的相关性机制的时候，理性选择博弈理论的结果就不得不"淡出"了。汉密尔顿利用相关性概念，既解释了利他的存在，也解释了恶意的存在。在人类社会中发现的相关装置（correlation device），至少从我们的角度来看，远比在动物世界中发现的更加丰富多样。一切社会制度都是相关装置，控制着各个社会中的大型互动结构。社会动力学关注的核心，就是当存在相关性时的社会互动，以及相关装置本身的动力学分析。

参考文献

Binmore，K. (1994) *Game Theory and the Social Contract I：Playing Fair*. Cambridge，MA：MIT Press.

Binmore，K. (1998) *Game Theory and the Social Contract II：Just Playing*. Cambridge，MA：MIT Press.

Braithwaite，R. (1955) *The Theory of Games as a Tool for the Moral Philosopher*. Cambridge：Cambridge University Press.

Hamilton，W. (1964)"The Genetical Evolution of Social Behavior I and II." *Journal of Theoretical Biology* 7：1—52.

Lewis，D. (1969) *Convention*. Cambridge，MA：Harvard University Press.

1

演化与社会契约

1.1 杜威和达尔文

将近一百年前,约翰·杜威(John Dewey)写了一篇文章,题为《达尔文对哲学的影响》(The Influence of Darwin on Philosophy)。在那个时候,他认为,要判断达尔文会给哲学带来什么影响"为时尚早"。在该文中,杜威写道:"(达尔文的进化论)这个新的逻辑框架对哲学的确切意义和影响,当然仍然处于不确定的早期。"但是他确信,达尔文的进化论不会给传统的哲学问题提供新的答案。恰恰相反,它只会提出新的问题,开拓新的思维方法。对于哲学上的各种老问题,杜威采取了一个非常激进的立场:"老问题与其说是被解决了,还不如说是自行消失了……新问题……将取代它们的位置。"

我并不认为老的哲学问题会自行消失,但是我关注的重点也放在了新问题上。社会契约的演化分析(无论是文化演化,还是生物演化),并不是要告诉你该做些什么。相反,它致力于探讨社会习俗和规范是如何演化的,即:我们可以观察的社会契约是怎样演化的,什么样的可供选择的"备择契约"(alternative contract)是可能的。

对社会契约进行达尔文式的分析,所用的工具是演化博弈论。一方面,演化博弈论利用了博弈论中的关于人类互动的关键因素的简洁的程式化模型;另一方面,演化博弈论又利用了演化论中的自适应动力学分析。动力学分析并不一定需要具备"遗传学基础",它也可以是一个关于文化演化或社会学习的动力学模型(Weibull, 1995;Björnerstedt and Weibull, 1996;Samuelson, 1997;Schlag, 1998)。在本章后面的内容中,没有哪怕一丁点基因决定论或天赋假说的因素。如何合作这个问题,在某些物种中,可能是通过遗传演化来解决的;而在其他一些物种中,则可能是通过文化演化来解决的。

在接下来的讨论中,演化方法(evolutionary approach)下契约论的三个特征将会依次浮出水面,读者务必将它们铭记在心:

(1) 不同的社会契约是在不同的环境中演化的;

(2) 现有的社会契约并不完全值得赞许;

(3) 我们可以尝试改变社会契约。

1.2 相关性与合作的演化

合作既可能是容易实现的,也可能是很难实现的,还可能介于两者之间。下面是关于一个简单的合作问题的博弈论模型(Binmore,2005)——"囚徒乐事"(Prisoner's Delight)博弈:

	囚徒乐事博弈	
	合作	背叛
合作	3	1
背叛	2	0

在上面的收益矩阵中,数字表示的是给定列策略时的行策略的收益(payoff)。这个收益矩阵表明,当对方合作的时候,如果你选择合作,那么你的处境将会比你选择背叛时好,因为 3 大于 2;当对方背叛时,如果你仍然选择合作,你的处境还是会比你选择背叛时好一点,因为 1 大于 0(尽管对方的获益会比你大,因为他的收益是 2)。因此,无论对方是合作还是背叛,你最好都选择合作。对方所面对的环境与你完全一样,他的推理过程也与你完全一样。所以,在这个博弈中,合作是非常容易实现的。

接下来,我们稍微修改一下这个故事,以便描述另一种略有不同的情况。也许,当对方背叛时,你尝试继续合作将会是得不偿失的;也就是说,当对方背叛时,如果你也选择背叛,你的处境会更好一些。作出了这个改变之后,上述"囚徒乐事"博弈也就变成了我们所称的"猎鹿"(Stag Hunt)博弈:

	猎鹿博弈	
	合作	背叛
合作	3	1
背叛	2	2

在上面这个猎鹿博弈中,你做什么才是最好的,取决于对方做什么。如果你们两人都合作,那么你们可以得到给定对方的行动时的最好的结果。类似地,如果你们两人都背叛,那么也可以得到给定对方的行动时的最好的结果。在猎鹿博弈中,合作变得不那么容易。合作是一个均衡,但不是唯一的均衡。

如果对前述囚徒乐事博弈以另一种方式进行修改,那么就可以得到另一个不同的博弈。假设背叛合作者确实能够改善自己的处境(即当对方合作时,己方选择背叛是最有利的),那么我们就得到了大名鼎鼎的"囚徒困境"(Prisoner's Dilemma)博弈:

	囚徒困境博弈	
	合作	背叛
合作	3	1
背叛	4	2

在这个囚徒困境博弈中,你的最优行动就不再依赖于对方做什么了:你的最优行动就是背叛。现在,合作就变得很困难了。

以上列出的这些博弈,都可以作为某些社会互动行为的合理的模型。请读者想象一下这样一个场景:湖边有一只小船,两个人一前一后地坐在小船中,每个人手中都有一对桨。他们刚刚捕鱼归来,上了对岸回到家就可以吃到热气腾腾的晚餐。先作如下假设:如果其中一个人出于某种原因不划船,那么另一个人就会独力划船,他们可以回到对岸的家中;如果其中一个人已经开始划了,那么另一个人将选择一起划船,因为他希望更快地回到对岸的家中。那么这就是"囚徒乐事"博弈,合作非常容易实现。现在改变一下,假设这两个人是并肩而坐的,而且每个人都只有一只桨。这样一来,如果只有一个人独自划船,就只能使小船在湖面上不停地打转。那么,这就是"猎鹿博弈"。①接下来,重新回到两个人分前后两排坐,而且每人都有一对桨的情形,但是还要再改变一下:现在,对岸的家中不再有热气腾腾的晚餐等着他们了,而且这两个人都非常累了。因此,他们很可能被困在岸的这一边苦苦挨过一个漫长的寒夜,尽管他们都更加希望能够回到对岸的家中。但是在这种情况下,每一个人都会优先选择自己不划船,无论对方划不划。这就是一个"囚徒困境"博弈。

接下来考虑一下,在一个大种群中,当个体随机配对参加上述博弈时,合理的自适应动力学是怎样的。不难推想,在囚徒乐事博弈中,合作者将支配整个种群;在囚徒困境博弈中,背叛将成为常态;在猎鹿博弈中,上述两个结果中的某一个将胜出,具体则取决于种群的初始人口构成。

关于囚徒困境博弈中合作的演化,已经形成了一批非常庞大的文献。但是,其他两种博弈则在某种程度上被忽视了。看起来,似乎所有学者都想破解最困难的问题——利他主义的演化问题(evolution of altruism)。②

不过,所有对囚徒困境博弈中的解释,如果不是(1)运用了某种并不属于真正的囚徒困境博弈的社会互动形式,就是(2)在博弈中运用了某种不随机的配对方法。事实上也非如此不可。③假设社会互动真的是囚徒困境博弈式的,而且配对是随机的,同时博弈发生在一个大种群中,那么合作者和背叛者要面对的"对方"在种群中所占的比例,必定是各种类型全都相同的。这样一来,平均而言,背叛者必定比合作者更加有利。根据复制者动力学,更加有利的类型的人口所占的比例会上升。一切就是这么简单。

但是,如果大自然以某种方式安排好了如下的正相关性:合作者遇到的大多是合作者,而背叛者遇到的大多是背叛者,那么与随机配对时相比,合作者的处境比背叛者更好是完全可能的。如果我们考虑完全相关,那么这一点就更加显而易见了。因为那样一来,对收益的比较,就不再是"垂直"进行的了,而是"对角"进行的了:

囚徒困境博弈		
	合作	背叛
合作	3	1
背叛	4	2

对真实的囚徒困境中合作的演化,无论哪一种解释(亲缘选择、群体选择、重复博弈、空间互动、静态互动网络、动态互动网络等等),究其根本,其实都只是提供了某种机制,而这种机制所起的作用则无非是在囚徒困境博弈中引入相关性而已。这一点,在 20 世纪 60 年代威廉·汉密尔顿(William Hamilton)和乔治·普赖斯(George Price)的研究中就可以看得很清楚了(Hamilton,1964,1995;Price,1970;Eshel and Cavalli-Sforza,1982;Frank,1995)。(事实上,仅仅从正相关性出发,就可以推导出汉密尔顿的亲缘选择法则。)

而且,说一个机制有时可以生成足够的正相关性,足以维持囚徒困境中的合作,并不等于说这个机制总是可以做到这一点。在许多情况下,相关性机制都可能功亏一篑。因此,在这类解释中,对特定的相关性机制的检验是非常重要的。再者,对于某个具体的场景,往往既可以建模为一个带有相关性机制的囚徒困境博弈来分析,也可以当成一个嵌入了囚徒困境博弈的更大的博弈来分析。对此,我将用两个实例来加以说明。

阿克塞尔罗德(Axelrod,1984)提醒我们,应当关注"未来的影子"(shadow of the future)。合作不一定是依靠眼前的即期回报而得以维系的,也有可能是通过当前行动的后果,即当前行动所导致的对方在未来的合作行为而得以维系的。在这一点上,阿克塞尔罗德遵循的是托马斯·霍布斯(Thomas Hobbes)和大卫·休谟的传统。

霍布斯:因此,破坏了自己的信约之后又宣称自己认为这样做合理的人,是不可能找到任何通过结盟谋求和平与安全的社会接纳他的,除非那些接纳他的人看错了人。

休谟:因此,我就学会了为他人提供服务,虽然我对他人并不抱有任何真正的好意;因为我预料到,他会回报我的服务,以得到我的另一次服务,同时也是为了与我或其他人维持良好的相互往来关系。

追随约翰·纳什(John Nash)等博弈论奠基者的思路[④],阿克塞尔罗德分析了无限期重复博弈中的"未来的影子"。假设囚徒困境博弈再继续重复进行一轮的概率是恒定不变的。对未来进行这种理想化的几何型贴现(尽管这样做多少有点牵强),使得我们可以对一个无穷级数进行求和,从而计算出一个大型博弈中的各种策略的预期收益。为了简单起见,我们接下来只考虑重复博弈中的两个策略:"始终背叛"(Always Defect)策略和"一报还一报"策略(Tit for Tat,后者也称"针锋相对"策略或"以牙还牙"策略)。一报还一报策略是指,博弈参与者在一开始的时候选择合作,然后视对方的行动决定自己的行动,即对方在前一轮做什么,自己在这一轮就做什么。始终背叛策略当然不言自明,无需再多作解释了。在整个重复博弈过程中,始终是这两个博弈参与者保持配对。不过,这个限制性的假设在更加复杂的"社会执法"模型中,是可以放松的(请参阅:Sugden, 1986;Milgrom et al., 1990;Kandori, 1992;Nowak and Sigmund, 1998)。

因为每个博弈参与者每个行动的收益都是囚徒困境博弈中的收益,所以,只要合作不会完全消失,那么重复博弈中的策略必定会在各个合作行动和背叛行动之间引发一种相关性。因此,种群中采取"一报还一报"策略的博弈参与者的存在,本身就构成了一种相关性装置。这种装置就是,这些博弈参与者总是互相合作,并且很快就能学会对背叛者背叛。

那么,囚徒困境博弈所嵌入的那个更大的博弈究竟是什么呢? 运用上面给出的囚徒困境博弈,并假设下一轮博弈继续进行的概率为6/10,那么我们就可以得到如下的博弈:

	一报还一报	始终背叛
一报还一报	7.5	4
始终背叛	7	5

显然,这是一个猎鹿博弈。它有两个稳定的均衡,一个是每个人都总是采用"一报还一报"策略,另一个是每个人都总是采用"始终背叛"策略。最终得到的是哪一个均衡,取决于种群中的初始人口比例。在我们这个例子中,初始人口比例如果是两种类型的博弈参与者各占一半,那么最终的结果是普遍背叛。

索伯和威尔逊(Sober and Wilson, 1998)则将我们的注意力引导到了群体选择上面。请读者考虑梅纳德·史密斯(Marnard Smith, 1964)的"干草堆模型"。在秋天的时候,农民堆成了许多干草堆,然后田鼠来了,它们随机地占领不同的干草堆。在干草堆中,这些田鼠"参加"了囚徒困境博弈,然后根据自己的收益进行繁殖。等到春天来临的时候,农民会将所有干草堆都拆掉,而田鼠则四处逃散。然后到了秋天,下一个循环继续开始。如果生活在某一个干草堆中的田鼠在该干草堆被拆除之前就繁殖了足够多代,那么平均而言,合作者就有可能比背叛者"做得更好"。这是因为,在不同干草堆内部的不同繁殖率(区分繁殖)会在种群中创造出一种正相关性。在由合作者和背叛者共同占据的那些干草堆中，背叛者胜出；然而，那些"合作"的干草堆，将在繁殖率上胜过那些"不合作"的干草堆。

那么，这些囚徒困境行动所嵌入的更大的那个博弈究竟是什么呢？追随特德·伯格斯特龙（Bergstrom，2002）的思路，我们考虑如下这个由作为干草堆的"创始成员"的田鼠参加的博弈。这些田鼠的收益是，到了春天，在干草堆被拆除的那一刻，它们的后代的数量。对这个"创始人博弈"的分析表明，它也是一个猎鹿博弈。这个博弈有两个均衡，一个是"所有人"都是合作者，另一个是"所有人"都是背叛者。到底会落在哪个均衡上，取决于初始状态。

这些模型都能解释，在何种条件下，合作者的种群可以处于一个稳定的均衡上，但是没有一个模型能够解释清楚合作的起源。这是因为，不合作也是一个稳定的均衡，从不合作转变到合作的过程成了一个不解之谜。

因此，我们面对的问题就是，在猎鹿博弈的结构内，怎样才能通过互动，从不合作均衡演化出合作均衡。阿克塞尔罗德和汉密尔顿（Axelrod and Hamilton，1981）也提出过这个问题，他们认为亲缘选择和家庭群体内部的合作是更广泛的合作行为的起源。除了这种解释之外，还有其他一些不错的思路。接下来，我将集中讨论其中的三个。

第一个思路主要应归功于亚瑟·罗布森（Arthur Robson，1990）的贡献，它涉及发送一种"秘密握手"（secret handshake）的信号。试考虑一个参加猎鹿博弈的全部由背叛者组成的种群。假设突变出了一个突变体（或创新者），他能够发送一个信号，并且采取这样一个策略：与能够发出相同信号的那些个体合作，并背叛那些不能发出相同信号的个体。这种全新类型的个体的行为，像一个"本地人"对"本地人"，或者说像合作者对自己同类人的行为一样，因此可以（慢慢地）侵入背叛者组成的种群中去。（信号不一定非得是一个秘密不可，但是它不能同时被背叛者用于其他用途。）只要合作者的群体已经形成了，那么即使信号系统出于某种原因分崩离析了也没有关系，因为在猎鹿博弈中（与囚徒困境博弈不一样），没有人能够比一个由合作者组成的群体做得更好。

第二个思路涉及一种特定的互动，即与自己的邻居进行的局部互动（local interaction）。与通常的随机相遇的模型不同，在这类模型中，个体与自己的邻居在空间网格（或其他类型的空间结构）上互动。⑤具体地说，他们与每个邻居进行猎鹿博弈，并通过模仿（平均而言）最成功的邻居的策略来推进文化演化。至于生物演化，则有另外一种解释，即成功会转化为更高的繁殖率。因此,在这类模型中,我们就要同时考虑与邻居的互动和对邻居的模仿。

埃舍尔等人(Eshel et al.,1999)指出,上面所说的这两个"邻居"并不一定必须是同一个邻居。生物学上的一个例子是,有些植物只与近旁的邻居"互动",但是却可以将自己的种子散布得到处都是。至于文化方面的例子,我们可以考虑以下这种情况,即信息的流动使得个人可以观察到远远超出直接互动范围之外、位于地球另一端的他人的成功。要保证合作仍然可以稳健地演化,必须对局部互动模型做出如下这个关键性的改进:模仿的邻居必须比互动的邻居大得足够多。在这种情况下,一小簇首尾相连的合作者组成的"团块"将持续扩大,并最终"占据"整个种群。这是因为背叛者可以观察到只与合作者互动的内部合作者取得了成功,并且会模仿。

凯文·佐尔曼(Kevin Zollman)证明(Zollman,2005),当"秘密握手"和局部互动这两者协同工作时,效果特别好。在这种情况下,要实现秘密握手,只要有一个局部的秘密信号就足够了,于是,在种群的任何其他地方,该信号无论用来表示任何其他东西都没有关系。这一点意义重大,因为它使得存在一个未被使用的信号的假设更加合理。这样一来,局部的秘密握手就非常有利于足够大的连片合作者的团块的最初形成,而有了这样的合作者团块,合作就可以通过模仿传播到整个种群。

第三个思路涉及动态网络。与限制个体只能在固定结构上与邻居进行互动的模型不同,我们可以将互动结构视为个体的选择的结果,随个体的选择而演化(见本书第11章,Skyrms and Pemantle,2000;Bonacich and Liggett,2003;Liggett and Rolles,2004;第12章,Pemantle and Skyrms,2004a;第13章,Pemantle and Skyrms,2004b;第10章,Skyrms and Pemantle,2004;Pacheco et al.,2006;Santos et al.,2006;Skyrms,2007)。合作者希望与合作者互动。在猎鹿博弈中,与囚徒困境博弈中不同,不合作者的影响并不是那么重要。合作者和背叛者当然不一定会把自己的策略刻在额头上,但是,即使要将合作者与不合作者分辨清楚是相当困难的,合作者也不难"学会"这种技能。罗宾·佩曼特尔(Robin Pemantle)和我已经证明,在猎鹿博弈中,只要社会结构具有足够高的流动性,即使只通过"幼稚"的强化学习,也可以形成"合作组织"(Skyrms and Pemantle,2000;Pemantle and Skyrms,2004a,2004b)。这是一个非常稳健的结果,通过了学习动力学的各种各样的变化的检验(Skyrms,2004,2007)。在形成之后,这些"合作组织"就可以充当模仿的焦点,使合作扩展到整个种群,正如前面讨论的那样。[6]

大量关于人类互动的实验室实验研究证实了上述理论结果。例如,实验证据表明,当存在许多不同类型的个体(Burlando and Guala,2005;Page et al.,2005;Fischbacher and Gächter,2006),且赋予个体必要的信息和学习机会时,合作者将学会彼此联合起来,以促进自身的利益。⑦

显而易见,上面这三种关于猎鹿博弈如何从不合作均衡转变为合作均衡的解释,也同样依赖于相关互动关系的建立。不过,与对合作的其他各种解释相比,它们都具有如下两个鲜明的特点:

(1)足够稳健的正相关关系可以由存在于一个很大的不合作者种群中的少数合作者建立起来。

(2)一旦实现了合作均衡,它就可以一直维系下去,即使相关性消失了,也是如此。

1.3 负相关性与恶意

既然在某种社会结构中,互动的个体之间可以建立起某种正相关关系,那么他们就同样有可能建立起某种负相关关系。与正相关性一样,负相关性也可能彻底颠覆传统博弈论的结论。

	囚徒困境博弈	
	合作	背叛
合作	3	1
背叛	4	2

	猎鹿博弈	
	合作	背叛
合作	3	1
背叛	2	2

	"囚徒乐事"博弈	
	合作	背叛
合作	3	1
背叛	2	0

例如,考虑完全负相关性,即考虑总是遇到另一种类型的博弈参与者的情况。在这时,我们要比较的是另一条对角线:背叛不但在囚徒困境博弈中又成了均衡,而且在猎鹿博弈中也受到了青睐,甚至在囚徒乐事博弈中被强加了。换句话说,在囚徒乐事博弈中,个体的背叛行为不但伤害了他自己,而且更深地伤害了对方。这就是恶意行为。汉密尔顿和普赖斯证明过,负相关性是恶意(行为)演化的关键。

无论是恶意(行为),还是利他主义(行为),从表面上看,都违背了理性选择范式,而且两者都可以从相关互动的角度来给出演化论的解释。但是,与利他主义受到的重视相比,恶意受到的重视则几乎可以忽略不计。在谷歌学术(Google Scholar)上搜索"利他主义的演化"(evolution of altruism)这个关键词,检索到的文献高达 1 570 篇,而搜索关键词"恶意的演化"(evolution of spite),则只能查到 32 篇文献。人们不禁要问,这是不是因为盲目乐观偏差所致。诚然,对人性的光辉一面大书特书无疑是令人心情愉快的。但是,我们生活的这个世界确实充满了各种各样的恶意行为。触目所及,到处都是纷争、仇杀和毫无意义的争战。研究恶意,与研究利他主义同样重要。

研究恶意的途径在于研究各种内生的相关性机制。在某些类型的重复的社会互动中,恶意(行为)可以通过"未来的影子"维持下来。约翰斯通和布谢里最近分析了恶意(行为)在重复博弈环境中的持久性(Johnstone and Bshary, 2004)。例如,在重复进行的较量中,拥有"用力过猛"(fighting too hard)这种声誉的人,很可能更加轻松地赢得未来的竞赛("用力过猛"是指,宁愿自己受到伤害,也一定要让对方受到更大的伤害)。这种策略的应用,并不限于动物之间的竞赛。

当然,有人可能会说,在更大的博弈中,这其实不是真正意义上的恶意,而不过为了自身利益着想而已。正如霍布斯所声称的,在重复囚徒困境博弈中,如果把眼光放得长远一些,那么合作行为很可能只不过是自利而已。非要这么说也未尝不可。对于这种现象,多一个观察角度应该说是有益无害的。

一个恶意类型能够成功地侵入一个无恶意的种群,并且可以通过局部互动维系下去。例如,一株大肠杆菌菌株会产生一种毒素(为了产生这种毒素该菌株得自己承担一定的繁殖成本,即在繁殖自己这个方面付出一定代价),这种毒素能够杀死其他大肠杆菌菌株,但是它没有渗透力,不能在杀死一个其他菌株后继续杀死更多菌株。这株大肠杆菌菌株无法侵入一个很大的随机混合的种群,因为仅凭少数"投毒者"不可能对本地菌株(natives)造成多大伤害,因而本地的菌株的繁殖水平要高于这个菌株。但是,在一个空间的、局部互动的场景中,一个小小的"投毒者"集群就可以占据整个种群。这些现象已在实验室中多次观察到了。随机相遇发生在充分搅拌的烧杯中,而局部互动则发生在培养皿里。由达雷特和莱文(Durrett and Levin,1994),以及岩佐等人(Iwasa et al.,1998)分别给出的关于这种恶意(行为)的理论分析,很好地补充了关于合作演化的局部互动模型。如果我们把这种情况放到 1.2 节中埃舍尔、谢克德和桑索内提出的框架中考察(Eshel,Shaked and Sansone,1999),那么就会发现一个大的互动邻域和一个小的模仿邻域非常有利于恶意(行为)的演化(请参阅 Skyrms,2004)。

各种群体选择模型也并非完全不适用于对恶意演化的分析。假设农民从不拆毁干草堆,那么它们所代表的种群孤岛将一直是孤岛。这样一来,对于一只田鼠来说,它所占据的那个干草堆就成了它的"世界"。这个差异非常重要(见 Gardner and West,2004)。生活这个干草堆内的种群就成了它自己的种群,而且演化就是在这个种群中发生的。由于干草堆的承载能力是有限的,所以我们要处理的是一个人口有限的小种群。这一点本身就会导致负相关性,即便干草堆内的个体之间的配对是随机形成的也是如此,因为任何一个个体都不会与自己互动。在大种群中,这种效应是可以忽略不计的,但是在一个小种群中,却会带来很显著的影响。(不妨举一个简单的例子。考虑一个仅由四个个体组成的种群,其中两个是合作者,另两个是背叛者。两种类型的个体的频率是 50 对 50,但是每种类型的个体与另一个类型的个体相遇的概率却都为 2/3,而与自己这个类型的个体相遇的概率则仅为 1/3。)

如果将一个背叛者引入一个全部都是合作者的干草堆(这或者是因为突变,或者是通过移民),它就很可能会带来非常严重的问题。如果互动是囚徒困境博弈,那么很显然,背叛者肯定会占据这个干草堆。关键在于,在人口较少的小种群中,即便是某些形式的猎鹿博弈,甚至是囚徒乐事博弈,作为负相关性的结果,背叛者仍然可以侵入。

对于任何一个正的 e 值,下面都是一个囚徒乐事博弈,因为无论对方做什么,每个个体都更喜欢合作。然而,在任何一个人口有限的种群中,总存在某个 e,使得一个恶意的背叛者能够侵入进来——尽管这是一个囚徒乐事博弈。[8]

	"囚徒乐事"博弈	
	合作	背叛
合作	$2+e$	e
背叛	2	0

上面这三类例子(囚徒乐事博弈、猎鹿博弈和囚徒困境博弈)足以表明,在关于社会契约演化的研究中,恶意的演化是值得细致研究的一个重要方面。当然没有理由认为,这些例子已经穷尽了对社会互动有重要意义的负相关机制。

如果行文至此就可以划上一个句号,那么就意味着社会契约只是一个清楚而简单的问题包。然而这不是事实。社会契约从来不是"清楚而简单"的。

1.4 讨价还价

囚徒乐事博弈、猎鹿博弈和囚徒困境博弈,并不是仅有的能够提出关于社会契约的核心问题的博弈模型。我们可以将如何合作生产公共物品(public goods)的问题与决定如何分配公共物品的问题分开来考虑。这就是哲学家所说的分配正义问题,这个问题将讨价还价博弈带到了舞台的正中心(Braithwaite, 1955; Rawls, 1957; Gauthier, 1985, 1986; Sugden, 1986; Binmore, 1994, 1998, 2005)。

考虑最简单的纳什讨价还价博弈。两名博弈参与者对本人能够分得的公共物品的份额都有自己的底线要求。如果他们的总需求超过了可供分配的公共物品的总额,那么就不能达成任何协议,两个博弈参与者都将一无所获。否则,两个博弈参与者都能得到自己所要求的份额。我们假定,每个博弈参与者都只可能存在三种分配要求,即自己得到 1/3、1/2 或 2/3,这一假设可以大大简化我们要处理的问题。个体随机相遇的大种群中分配正义的演化动力学,无论是否存在持久性的随机冲击,都已经得到了很好的研究。

如果允许种群在不同类型的个体的繁殖水平有差异(区分繁殖)时趋于均衡,那么就会出现两种可能性。第一种可能是,所有人将达成一个平等共识,即所有人都要求分得 1/2。或者是第二种可能,种群将进入多态状态

(polymorphic state)，其中一半的人要求分得 2/3，而另一半的人要求分得 1/3(Sugden, 1986)。在多态均衡中，贪婪的博弈参与者有一半时间可以得到 2/3，而谦让的博弈参与者则永远只能分得 1/3。这个多态均衡是无效率的，它导致资源的浪费，但是它是演化稳定的，并具有一个显著的"吸引盆"(basin of attraction)。在相当长的一段时期内，持续不断的冲击可能会使一个种群逃脱这个多态陷阱，转而选择更加平等的分配规则，但是，中期行为陷入这种无效率的多态状态的可能性非常大。⑨

然而，学者们几乎从来不将相关性机制的作用与纳什讨价还价博弈联系起来研究。如果相关性在生产用于分配的剩余的过程中，起着至关重要的作用，那么它为什么不会在决定如何分配时也发挥重要作用呢？需求类型的正相关关系明显更赞成平等主义的分配方案。那些要求分得 1/2 的人，当他们彼此相遇时做得最好。不过，负相关性则更加复杂一些。要求分得 2/3 的那些贪婪型博弈参与者，在遇到只要求分得 1/3 的谦让型博弈参与者时，对自己非常有利；但是与那些要求分得 1/2 的平等主义博弈参与者相遇时，情况就不利了。如果从一开始，负相关性就使得贪婪型博弈参与者的繁殖水平高于其他类型的博弈参与者，那么这种多态均衡就是无法维系的，因为这些贪婪者把谦让者"赶尽杀绝"了。但是，这种贪婪—谦让多态状态确实是有可能维系下去的，只要某种负相关性使得平等主义博弈参与者受到的伤害足够大。如果我们允许存在更多的需求类型，那么这种可能性还可以大上很多倍。因此，对各种具体的相关性机制进行细致的研究，无疑是有意义的。

如果我们让空间网格上的个体与自己的邻居进行讨价还价，那么"平等主义的小岛"(islands of egalitarianism)就能够自发地形成。这种小岛会产生正相关关系，如果让个体效仿他们最成功的邻居，那么平等主义者将占据整个种群。而且，这会是一个非常快的过程，因为位于平等主义小岛边缘地带的其他类型的博弈参与者会迅速地转变为要求分得 1/2 的平等主义者(Alexander and Skyrms, 1999，第 3 章；Alexander, 2007；Skyrms, 2004)。这就是说，平等分享是可以"传染"的。

如果在大种群的随机相遇演化模型中再加入无成本的信号传递，那么复杂的相关关系就会出现，然后又会消失。合作者与合作者建立正相关关系，贪婪者也与自己的同类建立负相关关系。尽管这些相关性都只是暂时性的，但是它们还是有作用的，即它们极大地扩大了平等主义均衡的"吸引盆"

的面积(请参阅 Skyrms，2004)。

阿克斯特尔等人(Axtell et al.，2006)提出了一个与上述模型有些类似的模型。在他们的模型中，个体可以拥有两种"标签"(tag)中的一个，而且能够根据自己在讨价还价博弈的对手的标签来调整自己的行动。但是他们的模型涉及的是另一种动力学。他们没有采取通过复制或模仿来演化的进路，相反，他们考虑的是一个理性选择模型。同样的事物，可以通过不同形式呈现出来。这就是一个很好的例子。在他们的模型中，当那些拥有相同标签的个体互动时，他们分得一样多。但是，当拥有不同标签的个体互动时，却总是会出现这样的结果：拥有一种标签的个体变得贪婪了，他们总是要求分得 2/3；而拥有另外一种标签的个体则变得谦让了，他们总是要求 1/3。在这个均衡中，标签既可用于建立行为之间的正相关关系，也可以用于建立行为之间的负相关关系。而且，这两种相关性都是完美的：要求分得 1/2 的行为人始终会遇到同类，而另两种需求类型的行为人也总是会与对方相遇。由此而导致的结果是，在同一类型之内实行平等主义分配，而在不同类型之间则实行不平等分配。阿克斯特尔等人认为，在一定意义上，社会阶层就是这样自发地涌现出来的。

在一个动态的社会网络中(Skyrms，2004)，我们也可以观察到社会阶层的自发涌现。在这个社会网络中，理性选择使阶层分化更加稳定，而模仿则使阶层分化变得不稳定。这个社会网络的最终结构，既可能是平等主义的，也可能是阶层分化的，这取决于动力学过程的某些细节以及择时因素。

1.5 劳动分工

到目前为止，负相关性一直在我们讲述的这个故事中扮演着一个相当险恶的角色。然而，事情并非总是如此。在合作生产公共物品的时候，生物体经常会发现，分工是有效率的，它们还能找到某种方法来实现分工。现代人类社会的劳动分工本身就堪称是一个奇迹，多细胞生物体的细胞分工也是一样。对于劳动分工，在最基本的层面上，我们可以这样假设：存在两种类型的专家(即一个人可以成为 A 或 B)，而且这两类专家之间是互补的。另一方面，一个人也可能没有专做一件事情，而是同时从事这两种类型的专家的工作，当然，这样效率显然会低一些。这样一来，我们就得到了一个劳动分

工博弈:⑩

	劳动分工博弈		
	专业化 A	专业化 B	自己单干
专业化 A	0	2	0
专业化 B	2	0	0
自己单干	1	1	2

在设定了随机相遇的条件下,专业化(专家)的效果相当糟糕。正相关则会使情况变得更加糟糕。要想让劳动分工有所起色,需要的是某种恰当的负相关性。我们在上面讨论过的那些相关性机制都不一定能点石成金。⑪最有效的一种机制是动态社会网络的形成,在这种社会网络中,网络结构的演化非常迅速。如果专家 A 很快就能与和自己互补的专家 B 建立起关联,那么这些专家就给胜过那些自己单干的人。相关性的影响取决于互动的性质。

1.6　再论群体

有的时候,个体会组成群体(group,或译"群组")。群体与其他群体的互动,往往呈现出持久性和一致性,这使得有些研究者把群体也当成个体来处理。在演化的各个层面都有这种情况。我们人本身是细胞组成的群体;每个人也都是各种各样的社会组织的一员,例如工作团队、国家,以及坚持特定意识形态的团体,等等,通过群体与其他群体互动。

群体这种"超级个体"(super-individual)是如何形成的?又是如何维系下去的(或为什么无法维系下去)?这不仅是生物学的一个核心问题(Alexander,1979,1987;Buss,1987;Maynard Smith and Szathmary,1995;Frank,1998,2003),也是社会科学的一个核心问题。对于这个问题,现在仍然没有一个统一的答案,但是我们已经知道,答案应该不仅涉及合作的元素,还涉及恶意的元素。一个重要的因素是对那些违背了群体利益的人施加惩罚。大量实验研究文献证明,在公共物品博弈中,许多人都愿意自己承担成本去惩罚那些"搭便车者"(free rider),而且这种惩罚能够使合作维持在相当高的水平上。[12]这也是奥斯特龙对自我组织的公共资源管理实地研究的一个重要发现(Ostrom, 1990)。从演化的角度来看,高代价的惩罚也是恶意的一种形式,尽管在学术文献中,一般不用这个名称。

奥斯特龙在实地研究中发现,在那些成功的合作性的集体管理中,惩罚是适度的、渐进的,因此,有些读者可能会觉得我们把高代价惩罚归为恶意的说法过于刺耳。但是,在高度组织化的严密的超级个体(群体)中,惩罚确实可能是非常严酷的。独裁政权或专制意识形态团伙会把那些违背社会规范的人认定为叛徒或异端。他们所谓的叛徒或异端可能会被石头砸死,也可能会被活活烧死。做出这种"正义"暴行的"人民",无疑相信自己是在进行"利他惩罚"(altruistic punishment)。因此,对于惩罚的阴暗面,我们也必须细细思量。

当能够或多或少地像超级个体一样行动的群体已经形成之后,这些超级个体之间的互动也同样很容易受到上面描述的正相关关系和负相关关系的影响。它们可以合作生产某种公共物品,或者,也可以不合作。它们之间的互动可能是极端充满恶意的——不仅在行为意义上是恶意的(像细菌那样的行为),而且在心理意义上也是恶意的。

重复互动、联盟、特定地理区域内的局部互动、信号传递、标签和网络形成,所有这些都发挥着自己的作用。贸易网络能够促进劳动分工,贸易还可能同时有利于负相关关系的好坏两方面的影响的发挥。

当我们考虑群体之间的互动时,小群体中有利于恶意的负相关关系可能有更加重要的意义。由六个互动的国家组成一个局部小种群的可能性,也许要比由六只互动的田鼠组成的一个局部小种群的可能性更大。

1.7 演化与社会契约

社会契约的演化论解释(关于社会契约的演化理论)与当代哲学中的一个重要主题社会契约理论形成了鲜明的对比,后者如约翰·海萨尼(John Harsanyi)和约翰·罗尔斯(John Rawls)等人的工作。他们假设,至少在一定意义上,每个人都是理性的。他们还假设,在一定的决策情境中,即位于"无知之幕"(veil of ignorance)之后的所有参与决策的决策者都是基本相同的。他们都运用同样的理性决策规则[13],他们都拥有一致的基本价值观,因此他们都能做出相同的选择。[14]各种类型的博弈参与者之间的相关性被认为是没有影响的,因为假设只存在一种类型。

与此相反,演化博弈论从一开始就考虑了不同类型的个体。演化博弈论充满了偶然性。在演化博弈论中,通常存在许多均衡,存在许多种可供选择的备择社会契约。在许多情况下,种群可能永远无法达到均衡,而是陷入循环或混沌。变异、创新、试验,还有外部环境的冲击,都增加了偶然性。

在不存在相关性的情况下,演化博弈论与理性选择理论有一定的相似性。[15]但是,当互动是相关的时候,这种相似性就消失了。然而,相关性,无论是正相关性还是负相关性,却正是社会契约的核心所在。有了相关性,才有社会契约。是相关性使社会契约得以生长,并发展成更加复杂的形式。社会组织和社会网络的产生和发展,也都是为了实施和维系相关性。相关性可以解释,现有的社会契约中,哪些地方是值得赞许的,哪些地方是应该摒弃的——我们希望保持什么,我们希望改变什么。深入研究、更好理解相关性的动力学,是达尔文式的社会哲学的中心课题。

致　谢

我要感谢我在参加坦纳研讨会时的评议人,他们是 Eleanor Ostrom、Michael Smith 和 Peyton Young。感谢他们对我的讲义提出的宝贵意见。我还要感谢 Jeffrey Barrett、Louis Narens、Don Saari、Rory Smead、Elliott Wagner、Jim Woodward 和 Kevin Zollman,他们对我的讲义草稿提出的修改建议使之增色不少。

注　释

① 这是大卫·休谟在他的《人性论》中举的一个非常著名的例子。读者如果想了解更多"休谟的博弈论",请参阅 Vanderschraaf(1998)。

② 例如,宾默尔的著作中(Binmore, 1994)就有一章("在社会科学中'化圆为方'")试图解决单次囚徒困境博弈中的合作问题。

③ 这就是伯格斯特龙(Bergstrom, 2002)所说的"自私的铁律"。也请参阅 Eshel and Cavalli-Sforza(1982)。

④ 运用贴现重复博弈模型来解释囚徒困境博弈中的合作的方法,是卢斯和雷法最早在他们于 1957 年发表的论文(Luce and Raiffa, 1957)中提出的,尽管他们并没有宣称这是他们的首创。约翰·纳什的贡献是解释了对话或讨

价还价（conversation）的作用。

⑤ 在这个方面，开创性的代表论文有波洛克（Pollock，1989）、诺瓦克和梅（Nowak and May，1992），以及黑格塞尔曼（Hegselmann，1996）。他们给出的模型，有些刻画的是囚徒困境博弈中的互动，有些（如诺瓦克和梅的模型）刻画的是囚徒困境博弈与鹰鸽博弈之间的异同。另外，埃利森（Ellison，1993，2000）还讨论了猎鹿博弈中的局部互动模型，其中〈背叛，背叛〉策略是风险占优的。在他的模型中，不合作者能够快速侵入并占据整个种群。对于埃利森的模型与其他模型（即合作者能够侵入并占据整个种群的模型）之间的差异，我在一篇文章中进行了讨论（Skyrms，2004）。

⑥ 关于通过选择伙伴而引入相关性的其他模型，请参阅赖特的论文（Wright，1921）以及它开创的一系列文献，例如：Hamilton（1971）；Feldman 和 Thomas（1987）；Kitcher（1993）；Oechssler（1997）；Dieckmann（1999）；Ely（2002）。

⑦ 例如，请参阅佩奇等人（Page et al.，2005）完成的采用自愿联合机制的公共物品提供博弈实验。

⑧ 例如，假设 1 个背叛者被引入了一个由 N 个合作者组成的种群中。再假设个体随机配对。由于背叛者不能与自己互动，所以他总是与合作者互动，因此其收益为 2。而合作者与背叛者配对的概率为 $(1/N)$，与其他合作者配对的概率则为 $(N-1)/N$，因此合作者的平均收益为 $\{[(N-1)/N]\times 2+e\}$。这样一来，只要 $e<(2/N)$，一个恶意的突变体的处境就会比本地的合作者更好。

⑨ 我们在这方面的知识大多源于培顿·扬（Peyton Young）的贡献。请参阅：Young（1993a，1993b，1998），以及 Binmore 等（2003）。

⑩ 对不同形式的劳动分工博弈的分析，请参阅 Wahl（2002）。他主要研究了协同病毒（coviruses）的演化。

⑪ 当一个个体与另一个发送了同样信号的个体互动时，单种群信号传递模型就会面临这种问题，请参阅 Skyrms（2004）。

⑫ 例如，请参阅 Ostrom 等（1992）及 Fehr 和 Gachter（2000，2002）。高代价惩罚这个概念由来已久，自古思等人（Güth et al.，1982）始，至亨里希等人（Henrich et al.，2004），大量"最后通牒"博弈实验中都隐含着这个概念。

⑬ 但是，关于"理性选择"的本质到底是什么，理论家们并未能达成一致。罗尔斯要求最大限度地减少最大损失，而海萨尼则要求最大化预期收益。

⑭ 理论家们会告诉你这个选择是什么。

⑮ 在大种群中，期望适合度可以用人口比例计算出来（这与选择理论中的主观概率对应）。

参考文献

Alexander，J. M. (2000) "Evolutionary Explanations of Distributive Justice." *Philosophy of Science* 67:490—516.

Alexander, J. M. (2007) *The Structural Evolution of Morality*. Cambridge: Cambridge University Press.

Alexander, J. M. and B. Skyrms (1999) "Bargaining with Neighbors: Is Justice Contagious?" *Journal of Philosophy* 96:588—98.

Alexander, R. D. (1979) *Darwinism and Human Affairs*. Seattle: University of Washington Press.

Alexander, R. D. (1987) *The Biology of Moral Systems*. New York: de Gruyter.

Axelrod，R. (1981) "The Emergence of Cooperation among Egoists." *American Political Science Review* 75:306—18.

Axelrod，R. (1984) *The Evolution of Cooperation*. New York: Basic Books.

Axelrod，R. and W. D. Hamilton (1981) "The Evolution of Cooperation." *Science* 211:1390—6.

Axtell，R.，J. M. Epstein, and H. P. Young (2006) "The Emergence of Classes in a Multi-agent Bargaining Model." In *Generative Social Science: Studies in Agent-Based Computational Modeling*, 177—95. Princeton: Princeton University Press.

Bergstrom，T. (2002) "Evolution of Social Behavior: Individual and Group Selection Models." *Journal of Economic Perspectives* 16:231—38.

Bergstrom，T. and O. Stark (1993) "How Altruism Can Prevail in an Evolutionary Environment." *American Economic Review* 83:149—55.

Binmore，K. (1994) *Game Theory and the Social Contract I: Playing Fair*. Cambridge, MA: MIT Press.

Binmore，K. (1998) *Game Theory and the Social Contract II: Just Playing*. Cambridge, MA: MIT Press.

Binmore，K. (2005) *Natural Justice*. Oxford: Oxford University Press.

Binmore，K.，L. Samuelson, and H. P. Young (2003) "Equilibrium Selection in Bargaining Models." *Games and Economic Behavior* 45:296—328.

Björnerstedt，J. and J. W. Weibull (1996) "Nash Equilibrium and Evolution by Imitation." In *The Rational Foundations of Economic Behavior*, ed. K. J. Arrow et al. New York: St. Martin's Press.

Bonacich，P. and T. Liggett (2003) "Asymptotics of a Matrix-Valued Markov Chain Arising from Sociology." *Stochastic Processes and Their Applications*

104:155—71.

Braithwaite, R.B.(1955) *The Theory of Games as a Tool for the Moral Philosopher*. Cambridge: Cambridge University Press.

Burlando, R.M. and F.Guala(2005) "Heterogeneous Agents in Public Goods Experiments." *Experimental Economics* 8:35—54.

Buss, L.W.(1987) *The Evolution of Individuality*. Princeton: Princeton University Press.

Dewey, J.(1910) *The Influence of Darwin on Philosophy, and Other Essays in Contemporary Thought*. New York: Henry Holt.

Dieckmann, T.(1999) "The Evolution of Conventions with Mobile Players." *Journal of Economic Behavior and Organization* 38:93—111.

Durrett, R. and S. Levin (1994) "The Importance of Being Discrete (and Spatial)." *Theoretical Population Biology* 46:363—94.

Ellison, G. (1993) "Learning, Local Interaction, and Coordination." *Econometrica* 61:1047—71.

Ellison, G.(2000) "Basins of Attraction, Long-Run Stochastic Stability, and the Speed of Step-by-Step Evolution." *Review of Economic Studies* 67:17—45.

Ely, J.(2002) "Local Conventions." *Advances in Theoretical Economics* 2, no.1.

Epstein, J.M.(2006) *Generative Social Science: Studies in Agent-Based Computational Modeling*. Princeton: Princeton University Press.

Eshel, I. and L.L.Cavalli-Sforza(1982) "Assortment of Encounters and the Evolution of Cooperativeness." *Proceedings of the National Academy of Sciences of the USA* 79:331—5.

Eshel, I., E. Sansone, and A. Shaked (1999) "The Emergence of Kinship Behavior in Structured Populations of Unrelated Individuals." *International Journal of Game Theory* 28:447—63.

Fehr, E. and S.Gachter(2000) "Cooperation and Punishment in Public Goods Experiments." *American Economic Review* 90:980—94.

Fehr, E. and S. Gachter (2002) "Altruistic Punishment in Humans." *Nature* 415:137—40.

Feldman, M. and E.Thomas(1987) "Behavior-Dependent Contexts for Repeated Plays in the Prisoner's Dilemma II: Dynamical Aspects of the Evolution of Cooperation." *Journal of Theoretical Biology* 128:297—315.

Fischbacher, U. and S.Gächter(2006) "Heterogeneous Social Preferences and the Dynamics of Free-Riding in Public Goods." Working paper, University of Zurich.

Frank, S. A. (1995) "George Price's Contributions to Evolutionary Genetics."

Journal of Theoretical Biology 175：373—88.

Frank，S. A.（1998）*Foundations of Social Evolution*. Princeton：Princeton University Press.

Frank，S. A.（2003）"Perspective：Repression of Competition and the Evolution of Cooperation." *Evolution* 57：693—705.

Fudenberg，D. and D. Levine（1998）*A Theory of Learning in Games*. Cambridge，MA：MIT Press.

Gardner，A. and S. A. West（2004）"Spite and the Scale of Competition." *Journal of Evolutionary Biology* 17：1195—1203.

Gauthier，D.（1985）"Bargaining and Justice." *Social Philosophy and Policy* 2：29—47.

Gauthier，D.（1986）*Morals by Agreement*. Oxford：Oxford University Press.

Gibbard，A.（1990）*Wise Choices，Apt Feelings：A Theory of Normative Judgement*. Cambridge，MA：Harvard University Press.

Grafen，A.（1984）"Natural Selection，Kin Selection，and Group Selection." In *Behavioral Ecology：An Evolutionary Approach*，ed. J. R. Krebs and N. B. Davies，62—84. Sunderland，Mass.：Sinauer.

Grafen，A.（1985）"A Geometric View of Relatedness." In *Oxford Surveys in Evolutionary Biology*，ed. R. Dawkins and M. Ridley，2：28—89. Oxford：Oxford University Press.

Greif，A.（1989）"Reputations and Coalitions in Medieval Trade." *Journal of Economic History* 49：857—82.

Greif，A.（2006）*Institutions and the Path to the Modern Economy：Lessons from Medieval Trade*. Cambridge：Cambridge University Press.

Güth，W.，R. Schmittberger，and B. Schwartze（1982）"An Experimental Analysis of Ultimatum Bargaining." *Journal of Economic Behavior and Organization* 3：367—88.

Hamilton，W. D.（1963）"The Evolution of Altruistic Behavior." *American Naturalist* 97：354—6.

Hamilton，W. D.（1964）"The Genetical Evolution of Social Behavior I and II." *Journal of Theoretical Biology* 7：1—52.

Hamilton，W. D.（1971）"Selection of Selfish and Altruistic Behavior in Some Extreme Models." In *Man and Beast*，ed. J. F. Eisenberg and W. S. Dillon，59—91. Washington，D. C.：Smithsonian Institution Press.

Hamilton，W. D.（1995）*Narrow Roads of Gene Land*. Vol.1，*Evolution of Social Behavior*. New York：W. H. Freeman.

Hampton, J. (1996) *Hobbes and the Social Contract Tradition*. Cambridge: Cambridge University Press.

Harms, W. (2001) "Cooperative Boundary Populations: The Evolution of Cooperation on Mortality Risk Gradients." *Journal of Theoretical Biology* 213: 299—313.

Harms, W. (2004) *Information and Meaning in Evolutionary Processes*. New York: Cambridge University Press.

Harms, W. and B. Skyrms (2007) "Evolution of Moral Norms." In *Oxford Handbook in the Philosophy of Biology*, ed. Michael Ruse. Oxford: Oxford University Press.

Harsanyi, J. (2007) *Essays on Ethics, Social Behaviour, and Scientific Explanation*. Dordrecht: Reidel.

Hegselmann, R. (1996) "Social Dilemmas in Lineland and Flatland." In *Frontiers of Social Dilemmas Research*, ed. W. B. G. Liebrand and D. Messick, 337—62. Berlin: Springer.

Henrich, J., R. Boyd, S. Bowles, C. Camerer, E. Fehr, and H. Gintis (2004) *Foundations of Human Sociality: Economic Experiments and Ethnographic Evidence from Fifteen Small-Scale Societies*. New York: Oxford University Press.

Hofbauer, J. and K. Sigmund (1998) *Evolutionary Games and Population Dynamics*. Cambridge: Cambridge University Press.

Iwasa, Y., M. Nakamaru, and S. A. Levin (1998) "Allelopathy of Bacteria in a Lattice Population: Competition between Colicin-Sensitive and Colicin-Producing Strains." *Evolutionary Ecology* 12: 785—802.

Johnstone, R. A. and R. Bshary (2004) "Evolution of Spite through Indirect Reciprocity." *Proceedings of the Royal Society of London B* 271: 1917—22.

Kandori, M. (1992) "Social Norms and Community Enforcement." *Review of Economic Studies* 59: 63—80.

Kavka, G. (1986) *Hobbesian Moral and Political Theory*. Princeton: Princeton University Press.

Kitcher, P. (1993) "The Evolution of Human Altruism." *Journal of Philosophy* 10: 497—516.

Liggett, T. M. and S. W. W. Rolles (2004) "An Infinite Stochastic Model of Social Network Formation." *Stochastic Processes and Their Applications* 113: 65—80.

Luce, R. D. and H. Raiffa (1957) *Games and Decisions*. New York: Wiley.

Maynard Smith, J. (1964) "Group Selection and Kin Selection." *Nature* 201: 1145—7.

Maynard Smith, J. (1982) *Evolution and the Theory of Games*. Cambridge: Cambridge University Press.

Maynard Smith, J. and E. Szathmary(1995) *The Major Transitions in Evolution*. Oxford: Oxford University Press.

Milgrom, P., D. North, and B. Weingast(1990) "The Role of Institutions in the Revival of Trade: The Law Merchant, Private Judges, and the Champagne Fairs." *Economics and Politics* 2:1—23.

Nowak, M. A. and R. M. May(1992) "Evolutionary Games and Spatial Chaos." *Nature* 359:826—9.

Nowak, M. A. and K. Sigmund(1998) "Evolution of Indirect Reciprocity by Image Scoring." *Nature* 393:573—7.

Oechssler, J. (1997) "Decentralization and the Coordination Problem." *Journal of Economic Behavior and Organization* 32:119—35.

Ostrom, E. (1990) *Governing the Commons*. Cambridge: Cambridge University Press.

Ostrom, E., J. Walker, and R. Gardner(1992) "Covenants with and without a Sword: Self-Governance Is Possible." *American Political Science Review* 86: 404—17.

Pacheco, J. M., A. Traulsen, and M. A. Nowak(2006) "Active Linking in Evolutionary Games." *Journal of Theoretical Biology* 243:437—43.

Page, T., L. Putterman, and B. Unel(2005) "Voluntary Association in Public Good Experiments: Reciprocity, Mimicry, and Efficiency." *Economic Journal* 115:1032—53.

Pemantle, R. and B. Skyrms (2004a) "Network Formation by Reinforcement Learning: The Long and the Medium Run." *Mathematical Social Sciences* 48: 315—27.

Pemantle, R. and B. Skyrms(2004b) "Time to Absorption in Discounted Reinforcement Models." *Stochastic Processes and Their Applications* 109:1—12.

Pollock, G. B. 1989. "Evolutionary Stability in a Viscous Lattice." *Social Networks* 11:175—212.

Price, G. R. (1970) "Selection and Covariance." *Nature* 227:520—1.

Ratnieks, F. and K. Visscher(1989) "Worker Policing in the Honeybee." *Nature* 342:796—7.

Rawls, J. (1957) "Justice as Fairness." *Journal of Philosophy* 54:653—62.

Rawls, J. (1971) *A Theory of Justice*. Cambridge, MA: Harvard University Press.

Robson，A. J.（1990）"Efficiency in Evolutionary Games：Darwin，Nash，and the Secret Handshake." *Journal of Theoretical Biology* 144：379—96.

Samuelson，L.（1997）*Evolutionary Games and Equilibrium Selection*. Cambridge，MA：MIT Press.

Santos，F. C.，J. M. Pacheco，and T. Lenaerts（2006）"Cooperation Prevails When Individuals Adjust Their Social Ties." *PLoS Computational Biology* 2，10：1—6.

Scanlon，T.（1998）*What We Owe to Each Other*. Cambridge，MA：Harvard University Press.

Schelling，T.（1960）*The Strategy of Conflict*. Cambridge，MA：Harvard University Press.

Schlag，K. H.（1998）"Why Imitate and If So，How? A Boundedly Rational Approach to Multi-armed Bandits." *Journal of Economic Theory* 78：130—56.

Skyrms，B.（1996）*Evolution of the Social Contract*. Cambridge：Cambridge University Press.

Skyrms，B.（2001）"The Stag Hunt." *Proceedings and Addresses of the American Philosophical Association* 75：31—41.

Skyrms，B.（2004）*The Stag Hunt and the Evolution of Social Structure*. Cambridge：Cambridge University Press.

Skyrms，B.（2007）"Dynamic Networks and the Stag Hunt：Some Robustness Considerations." *Biological Theory* 2，1：1—3.

Skyrms，B. and R. Pemantle（2000）"A Dynamic Model of Social Network Formation." *Proceedings of the National Academy of Sciences of the USA* 97：9340—6.

Skyrms，B. and R. Pemantle（2004）"Learning to Network." In *Probability in Science*，ed. E. Eells and J. Fetzer. Chicago，IL：Open Court.

Sober，E. and D. S. Wilson（1998）*Unto Others：The Evolution and Psychology of Unselfish Behavior*. Cambridge，MA：Harvard University Press.

Sugden，R.（1986）*The Economics of Rights，Co-operation，and Welfare*. Oxford：Basil Blackwell.

Trivers，R.（1971）"The Evolution of Reciprocal Altruism." *Quarterly Review of Biology* 46：35—57.

Vanderschraaf，P.（1998）"The Informal Game Theory in Hume's Account of Convention." *Economics and Philosophy* 14：215—47.

Vanderschraaf，P.（2006）"War or Peace：A Dynamical Analysis of Anarchy." *Economics and Philosophy* 22：243—79.

Vanderschraaf, P. and J.M.Alexander(2005) "Follow the Leader: Local Interaction with Influence Neighborhoods." *Philosophy of Science* 72:86—113.

Wahl, L.M.(2002) "Evolving the Division of Labor: Generalists, Specialists, and Task Allocation." *Journal of Theoretical Biology* 219:371—88.

Weibull, J.(1995) *Evolutionary Game Theory*. Cambridge, MA: MIT Press.

Wright, S.(1921) "Systems of Mating III: Assortative Mating Based on Somatic Resemblance." *Genetics* 6:144—61.

Wright, S.(1945) "Tempo and Mode in Evolution: A Critical Review." *Ecology* 26:415—19.

Young, H.P.(1993a) "An Evolutionary Model of Bargaining." *Journal of Economic Theory* 59:145—68.

Young, H. P. (1993b) "The Evolution of Conventions." *Econometrica* 61: 57—84.

Young, H.P.(1998) *Individual Strategy and Social Structure*. Princeton: Princeton University Press.

Zollman, K.(2005) "Talking to Neighbors: The Evolution of Regional Meaning." *Philosophy of Science* 72:69—85.

第二篇

动力学至关重要

引　言

　　本篇各章强调了动力学分析的重要性。当然,这一篇也涉及了其他一些主题。本篇的第一篇论文(本书第2章)题为"信任、风险与社会契约",它证明,只要将网络动力学考虑进去,就可以解释信任,而不需要借助于任何一种先天的"信任货币"。该文是一篇获奖论文,它之所以能够得奖,也许就是因为它非常简洁。该文可以说是本书第三篇要讨论的各种吸引子(吸引盆)的一个预览,如果读者喜欢这篇论文,那么就肯定会想了解更多细节。

　　当然,绝不会只存在一种动力学,而且动力学分析的结果也往往对动力学设定(dynamic setting)很敏感。本书第1章已经以猎鹿博弈为例说明了这一点。本篇的第二篇论文(本书第3章)《与邻居讨价还价:正义会传染吗?》是我与杰森·麦肯齐·亚历山大(Jason McKenzie Alexander)合写的,该文证明,在对称情况下,在与邻居讨价还价的时候,出现平分这种结果的概率和速度远远胜过与陌生人讨价还价的时候。这里的关键是局部互动。通过局部互动,平等主义者形成团块,然后逐渐扩展,最后占据整个种群。

　　这种现象最初是通过仿真发现的,但是杰森在仔细观察了发生在团块边缘的互动之后,给出了一个解析解。如果本文激起了你对与邻居互动的重要性的兴趣,我推荐你进一步阅读杰森的著作《道德的结构性演化》(*The Structural*

Evolution of Morality）。

《若干简单的演化模型的稳定性和解释意义》这一章介绍了动力学模型的结构稳定性概念。如果一个模型在结构上是不稳定的，那么其动力学的任意一个小扰动，就会导致模型的全局行为发生很大的变化。（当然，这只是一个非技术性的简单描述，结构稳定性是一个有精确定义的概念。）结构上不稳定的模型的解释意义是很值得怀疑的。例如，一个模型中的某个均衡可能是动态稳定的，但是如果该模型在结构上不稳定，那么微小的动力学变化就可能导致那个"均衡"不再是一个均衡。在这一章中，我讨论了面对一些较大的动力学扰动，若干简单的演化模型的动态稳定性、结构稳定性和稳健性。

在《从众偏差的动力学》一文中（本书第 5 章），我们加入了"少许"从众偏差，以考察扰动演化动力学（复制者动力学）。在所有其他东西都相同的情况下，某种行为如果得到了更广泛的遵循，那么相应的方案更容易得到更多人的支持。在文化演化中，从众偏差是一个不可否认的因素。当直接复制者模型在结构上不稳定的时候，微不足道的从众偏差就可能导致非常大的改变。不过我也发现，就从众偏差的好处做出一般性结论为时尚早。从众偏差也许会对群体有益，但是它也可能对群体有害，利弊到底如何取决于正处于演化中的互动的类型。

《混沌及均衡的解释意义：演化博弈动力学中的奇异吸引子》一文（本书第 6 章）则以一种极富戏剧性的方式证明，必须认真对待动力学。如果均衡是不可能实现的，那么均衡分析就是不合用的。该文描述了这样一个动力学模型：（1）它永远不会达到均衡；（2）它甚至是不可预测的。有人可能会认为，在博弈动力学中，混沌是一种罕见的、人为构造的现象，其实不然，相关研究请参阅考恩（Cowan，1992）；佐藤等人（Sato, et al.，2002）；以及盖拉和法默（Galla and Farmer，2013）。还有人可能会怀疑，混沌应该不会出现在任何有现实意义的博弈中，也不尽然，例如请参阅瓦格纳对一个信号传统博弈中的混沌现象的分析（Wagner，2012）。

第 7 章的标题是《N 人猎鹿困境中集体行动的演化动力学》，它是我与豪尔赫·帕切科（Jorge Pacheco）、弗朗西斯科·桑托斯（Francisco Santos）和马克斯·索萨（Max Souza）合写的。该文不再讨论两人博弈，转而讨论有阈值的 N 人公共物品提供博弈。公共物品提供博弈通常被视为 N 人囚徒困境博弈，它只有一个均衡，即在均衡时，没有任何人合作。阈值这个概念，是指要产生任何好处,群体中必须有一定数量的人愿意合作。在许多情况下,这一点是很自然的。然而,有了这个阈值,就可以把这个 N 人博弈从一个囚徒困境博弈转变成一个猎鹿博弈。在猎鹿博弈中,存在着多重均衡。我们对无限种群和有限种群的动力学进行了研究和比较。

《学会轮流坐庄:基础概念》这一章是我与彼得・范德斯赫拉夫(Peter Vanderschraaf)合写的。它是我们两人的一篇长篇论文《学会轮流坐庄》的删简版。在文中,我们引入了一种名为"马尔可夫虚拟行动"(Markov Fictitious Play)的博弈动力学分析,它整合了一种简单的模式学习。博弈参与者就转移进行贝叶斯推断,然后对随之产生的信念做出最优反应。稳定的纳什均衡很可能是不公平的,在这种情况下,轮流坐庄均衡可以提供一种公平的安排。在我们的模型中,拥有模式识别能力的博弈参与者能够学会在这种情况下轮流坐庄。当然,他们不能保证一定会这样做,但是确实可以这样做。这种动力学对应于现实生活中的这种情况:个人可能很难学会轮流坐庄,但是仍然可能会这样做。读者如果想进一步了解轮流坐庄均衡的吸引盆的有关定理和仿真结果,可以阅读我和彼得的那篇长篇论文,以及彼得的专著《学习和协调》(Learning and Coordination,1991)。

《对社会规范的框定过程的演化论思考》这一章原是我与凯文・佐尔曼合写的一篇论文,曾经在一个讨论克里斯蒂娜・比基耶里(Cristina Bicchieri)的著作《社会的语法》(The Grammar of Society)的研讨会上宣读过。在这篇论文中,我们将两个思想融会贯通起来了。第一个思想是,规范是为特定的博弈类而演化出来的,而不是为特定的单个博弈而演化出来的。这些博弈类可以相互嵌套,从而使得某种特定的互动适用于几个博弈类。第二个思想是,可以将规范的构建过程建模为一个信号发送模型,这样就可以适用于特定的博弈类。这就是说,这种信号通常可以触发为这类博弈演化出来的规范。这个理论可以对一系列令人费解的实验现象给出统一的解释。

参考文献

Alexander, J. M. (2007) *The Structural Evolution of Morality*. Cambridge: Cambridge University Press.

Bicchieri, C. (2005) *The Grammar of Society: The Nature and Dynamics of Social Norms*. Cambridge: Cambridge University Press.

Cowan, S. G. (1992) "Dynamical Systems arising from Game Theory." Ph. D. thesis，University of California at Berkeley.

Galla，T. and J. D. Farmer（2013）"Complex Dynamics in Learning Complicated Games." *PNAS* 110：1232—6.

Sato，Y.，E. Akiyama，and J. D. Farmer（2002）"Chaos in Learning a Simple Two-Person Game." *PNAS* 99：4748—51.

Vanderschraaf，P.（1991）*Learning and Coordination.* New York：Routledge.

Wagner，E.（2012）"Deterministic Chaos and the Evolution of Meaning." *British Journal for the Philosophy of Science* 63：547—75.

信任、风险与社会契约

> 两个邻居能够就除去他们共有草地中的积水达成一致意见，因为他们很容易就可以搞清楚彼此的心思，并且每个人都会想到，如果自己不完成自己承担的这一部分工作，那么直接后果就是整个计划都将泡汤。但是，要想让一千个人都同意采取这种行动，却是非常困难的，或者说，实际上是不可能的。

> ——大卫·休谟《人性论》，第三卷第二章第七节

　　社会契约，无论大小，全都依赖于信任。休谟所说的这两个邻居能够维持他们之间的隐性契约，尽管任何一方不履行自己的职责，都会使他们的"合作事业"归于失败。如果我们用博弈论的镜头来观察休谟笔下的这两个邻居，那么最简单的一种表述方法就是：他们在参加一个双人非零和猎鹿博弈。（"猎鹿"博弈这个名称源自卢梭的一个有类似道德含义的故事。）这个博弈有两个均衡：一个是两人都合作；另一个是两人都不合作。其中一人合作、另一人不合作，不是一个均衡，因为在这种情况下，每个人都有改变自己的策略（行动）的激励。在这两个均衡中，两人都合作这个均衡当然要比另一个均衡更好，因为双方的境况都变得更好了，因此这个均衡被称为收益占优（payoff dominant）的。但是，在这个均衡中，每个人都要承担对方不履行自己的职责的风险。而在另一个均衡中，

即两人都不合作时，双方都不用承担风险，因为无论对方怎么做，结果都是一样的。（这与卢梭的故事有所不同。在卢梭那里，猎鹿要想成功，就需要双方合作；而猎野兔则是一个人就能够完成的工作。）一面是双方都可以得益，另一面是对方（或其他人）可能不会信守隐性契约。这正是社会契约要解决的典型问题。

那么，这个问题究竟严重到何等程度？这取决于两件事情。第一，正如休谟所指出的，是关于其他博弈参与者会做什么的信念；第二，合作收益的大小和被潜在合作伙伴背叛的风险的大小。

假设尽自己的本分需要付出的努力为 E，草地排干水后可以给每个人带来的收益为 B，维持现状的价值为 D。这样一来，这个"草地排水博弈"的收益矩阵如下（行博弈参与者的收益，列博弈参与者的收益）：

	工作（排水）	不工作
工作（排水）	$B-E, B-E$	$D-E, D$
不工作	$D, D-E$	D, D

如果这个合作项目是值得各博弈参与者付出努力的，即 $B-E > D$，那么这个博弈的结构就是猎鹿博弈的结构。如果我确信我的潜在合作伙伴是值得信任的，他一定会合作，那么我也合作。

不过，假设我这位潜在合作伙伴工作和不工作的可能性相等，那么我对工作的期望收益为 $[(1/2)(B-E)+(1/2)(D-E)]$，对不工作的期望收益为 D。在这里，如果 $B-D = 2E$，那么工作和不工作对我来说是无差异的。利益多一点或工作时需要付出的努力少一点，都会使天平向有利于合作的方向倾斜；另一方面，利益少一点或工作时需要付出的努力多一点，则会使天平向另一个方向倾斜。无论在哪种情况下，通过这种计算可以得出的均衡（对方合作或不合作的概率相等时）都被称为风险占优（risk dominant）均衡。在简单的情况下，风险占优均衡恰好与收益占优均衡重合。而在艰难的情况下，风险占优均衡和收益占优均衡却指向相反的方向。在这里，我们将主要关注那些艰难的情况。

作为一个例子，假设 $B = 7$，$E = 3$，$D = 3$，这样一来，我们就得到了一个猎鹿博弈。在这个猎鹿博弈中，双方都工作排干草地上的积水是一个收益占优均衡，而双方都不工作则是一个风险占优均衡：

	工作（排水）：鹿	不工作：野兔
工作（排水）：鹿	4，4	0，3
不工作：野兔	3，0	3，3

如果人们的可信任度较适中，即每个人工作的概率＞0.75，那么合作将会出现。但是问题在于，信任从何而来？有人或许会说，信任源于以往的经验，这个答案只是把问题往前推了一步。这是因为，如果不曾有过先前的信任，那么就不会有支付信任的以往的经验，而只有支持不信任的以往经验。

又或者，有人也许会说，演化女神已经把我们变成了一个偏爱合作的物种，这也就是说，在我们的天性中，就已经"内置"了一种在合作项目中信任潜在合作伙伴的初始倾向，不过，这种倾向可能会受到破坏。但是这样说也未能真正解决问题。而且，从更加宏大的演化角度来看，这个问题也同样存在，它表现为：当收益占优均衡与风险占优均衡有冲突的时候，我们能期望演化动力学更"尊重"收益占优均衡吗？

当代演化博弈论对这个问题的答案通常是："不能"。从长期来看，我们所能指望的恰恰相反，这就是说，在几乎所有时间里，我们都只能观察到风险占优均衡。这是坎多里（Kandori）、梅拉什（Mailath）和罗布（Rob）等人在他们的研究中得到的核心结论（Kandori et al., 1993）[①]（另外请参阅 Young，1998）。关键的思想是，由于根本性的分化繁殖（differential reproduction）动力学会受到一些概率非常小的变异的扰动，所以到最后，或迟或早（也许会非常迟），大量的突变会使这个（有限）种群离开一个均衡的吸引盆，移动到另一个均衡的吸引盆，然后这种根本性的分化繁殖动力学很快就会使之达到那个均衡。如果突变是几乎完全不可能发生的，且突变的概率在不同个体之间是独立的，那么突变把你从合作均衡吸引盆带到不合作均衡吸引盆的概率，会比把你从不合作均衡吸引盆带到合作均衡吸引盆的概率高得多。因此，在几乎所有时间里，种群都处于不合作均衡。

至少从表面上看，这种推理是非常有力的。这里所说的"根本性的动力学"（underlying dynamics）不一定是分化繁殖，它可以是有同样的吸引盆的任何东西，即任何向最大的收益方向移动的东西。系统受到的随机冲击，则可以理解为某种试验，或者理解为某种有类似概率结构的外生噪声（请参阅Foster and Young, 1990）。唯一的问题似乎是，这些变异（或试验，或其他任何东西）全都一起出现，所需要的等待时间极其漫长，也许是个天文数字。

这种理论,几乎就像一种由奇迹发生的概率驱动的演化理论。

埃利森从一个颇令人意外的角度提供了另一个答案(Ellison,1993)。他建立了这样的一个局部互动模型:所有个体都位于一个圆圈上,而且只与自己直接相邻的邻居互动。结果发现,当突变的概率非常小的时候,上述结论仍然是正确的,即种群在几乎所有时间里都不合作。但是,在他这个模型中,平均等待时间要短得多。在一个全部由合作者组成的种群中,如果连续突变产生了两个背叛者,那么背叛者就会迅速蔓延开来,并占据整个种群。在后来的研究中(Ellison,2000),他进一步证明,在一个二维局部互动模型中,背叛者占据种群的速度也相当快(尽管不如环状局部互动模型中那么快)。在他这个二维模型中,个体与位于自己东、南、西、北边的直接相邻的邻居互动。②培顿·扬也给出了进一步支持局部互动的博弈中风险占优均衡将会被选择这个结论的证据(Young,1998)。总而言之,在协调博弈的结构中,我们迄今仍然没能提出一个"好"的模型,即一个能够使互利均衡优先于风险占优均衡被选择的模型。

为什么不能?根本原因就在于,前面所述的这些模型都让互动结构保持固定不变。我们应该考虑这种可能性:个体是会学习的,他们能够学会与谁互动、学会如何行动。那样一来,互动结构也将变成一个"动态实体",同时策略和结构将协同演化。这样的模型已经出现了。2000 年,我和佩曼特尔第一次提出了一个模型(Skyrms and Pemantle,2000,即本书第 11 章),并在随后的几年中逐步发展了它(Pemantle and Skyrms,2004a,即本书第 11 章,2004b,即本书第 13 章;Skyrms,2004;Skyrms and Pemantle,2004)。在这个模型中,一小群个体在一开始的时候是随机互动的,我们将他们的互动建模为各种不同的博弈,并根据博弈参与者的类型来确定他们在博弈中的策略。互动结构是演化的,即通过强化学习实现演化,而强化的大小则根据他们在互动中的收益来决定。这就是说,如果你与某些人的互动给你带来了很好的回报,那么就更有可能再次与他们进行互动。

接下来,就在上述情境下考虑我们的猎鹿博弈。猎鹿(合作)是收益占优均衡,而猎兔(不合作)则是风险占优均衡。根据标准的强化学习模型(Roth and Erev,1995),猎鹿者很快就会学会与其他猎鹿者互动。这样一来,在我们给出的那个"典型"的猎鹿博弈中,猎鹿者的收益就变为 4,而猎兔者的收益则变为 3。这就是说,在这种情况下,"风险占优"已经不算什么了,因为一点点的学习就把风险因素踢出了猎鹿博弈。

现在,猎鹿者的处境要比猎兔者更好了,既然如此,猎兔者也应该有可能会注意到这一点,并开始模仿猎鹿者。或者,在生物演化的场景中,猎鹿者的繁殖水平将胜过猎兔者。无论在哪种场景中,猎鹿者都将占据整个种群。要实现这一点,所需要的仅仅是,互动结构的流动性足够高,以保证猎鹿者可以迅速地找到其他猎鹿者。

选择强化学习作为互动的动力学,并不要求个体做什么事情。他们根本不需要拥有对整个环境进行策略性思考的能力,也不需要观察别人的行动或行动的后果。当然,更加精明老练、更加博学多识的那些猎鹿者只要愿意,自然可以在彼此相遇时立即有意识地联合起来。因此,强化学习模式可以应付最坏的情况。

上述"学会联成网络"(learning to network)模型是针对小群体设计的,在这样的小群体中,作为行为主体的个体数量不多,相互之间彼此都能认出对方,并且能够跟踪与某个个体相关联的强化(物)。在大种群中,这种假设可能是不合理的。但是大种群很可能是由更小的群体组成的。现假设,一个大种群由许多小群体组成——这些小群体可以称为同类群(deme)——互动就发生在这些小群体当中,而且互动结构通过学习来调整。至于策略,则既可以通过模仿来进行调整,也可以通过强化来进行调整。各个同类群的学习速度可以各不相同。如果学会与谁互动的速度比策略调整的速度更快,那么猎鹿者就可以占据主导地位。在那些互动结构是刚性的、猎鹿者反复被猎兔者压制的同类群中,如果策略调整的速度很快,那么所有人都会学会猎兔。

现在再假设,人们可以从一个地方迁移到另一个地方,而且只需付出极小的成本,同时假设他们对其他同类群的规范也稍微了解一些,并且可以进行一点点的策略性思考。在这种情况下,原先被困在一个不合作的同类群中的猎鹿者现在就可以迁移到另一个由猎鹿者组成的同类群了。这样一来,猎鹿者就能够在更大的规模上建立起相互之间的关联了。[③] 单只依靠这种效应,就能够保证猎鹿者最终取得成功,即便在同类群内的动态变化仅由变异和随机互动驱动的情况下,也是如此(请参阅 Oechssler, 1999;Ely, 2002;Dieckmann, 1999)。但是问题在于,我们必须等待,等待好运降临,让这个过程启动起来。[④] 在同类群内,"学会联成网络"机制可以启动合作,而且只要同类群之间存在流动性,合作就可以扩展到更大的种群。

要解释猎鹿博弈中合作的可能性,我们需要些什么? 我们并不需要假设合作的演化不得不以某种方式依赖于信任倾向。只要行为有适度的学习能力就足够了。

注 释

① 但是，请比较一下罗布森和维加-雷东多的研究（Robson and Vega-Redondo，1996）。他们指出，坎多里—梅拉什—罗布为了得到他们的结果，特意假设了一种特殊的配对类型（即循环赛配对）。他们还证明，在猎鹿博弈中，有限人口种群中的随机匹配产生的相关性可以导致收益占优均衡。在本章后面的内容中，我们考虑了配对中的相关性，不过不是出于偶然，而是由于参与博弈的行为人的选择。

② 然而，与最初的坎多里—梅拉什—罗布模型以及福斯特—扬模型相比，那个根本性的、确定性的动力学在这里确实至关重要。埃利森运用的是最优反应动力学。如果转而运用其他动力学，例如，运用计算机仿真最优者动力学，例如，你就会得到完全不同的结果（请参阅 Skyrms，2004，第 3 章）。

③ 猎兔者没有必要迁移，他们有可能一直困守在贫穷的猎兔者之乡中，也可能逐步地转变成猎鹿者。这取决他们的眼光有多长远、他们的策略如何演变（请参阅 Skyrms，2004，第 7 章）。

④ 如果参数设置得当，这些模型的速度可以非常快，但是也可能非常慢。

参考文献

Alexander, J. M. (2003) "Random Boolean Networks and Evolutionary Game Theory." *Philosophy of Science* 70:1289—304.

Dieckmann, T. (1999) "The Evolution of Conventions with Mobile Players." *Journal of Economic Behavior and Organization* 38:93—111.

Ellison, G. (1993) "Learning, Local Interaction, and Coordination." *Econometrica* 61:1047—71.

Ellison, G. (2000) "Basins of Attraction, Long-run Stochastic Stability, and the Speed of Step-by-step Evolution." *Review of Economic Studies* 67:17—45.

Ely, J. (2002) "Local Conventions." *Advances in Theoretical Economics* 2.

Foster, D. and H. P. Young (1990) "Stochastic Evolutionary Game Dynamics." *Theoretical Population Biology* 38:219—22.

Kandori, M., Mailath, G., and R. Rob (1993) "Learning, Mutation and Long Run Equilibria in Games." *Econometrica* 61:29—56.

Oechssler, J. (1999) "Competition among Conventions." *Mathematical and Computational Organization Theory* 5:31—44.

Pemantle, R. and B. Skyrms (2004a) "Network Formation by Reinforcement

Learning: the Long and the Medium Run." *Mathematical Social Sciences* 48: 315—27.

Pemantle, R. and B. Skyrms(2004b) "Time to Absorption in Discounted Reinforcement Models." *Stochastic Processes and Their Applications* 109:1—12.

Robson, A.J. and F. Vega-Redondo(1996) "Efficient Equilibrium Selection in Evolutionary Games with Random Matching." *Journal of Economic Theory* 70: 65—92.

Roth, A. and I. Erev(1995) "Learning in Extensive Form Games: Experimental Data and Simple Dynamic Models in the Intermediate Term." *Games and Economic Behavior* 8:164—212.

Rousseau, J.(1984) *A Discourse on Inequality*. Trans. M. Cranston. New York: Penguin Books.

Skyrms, B.(2004) *The Stag Hunt and the Evolution of Social Structure*. New York: Cambridge University Press.

Skyrms, B. and R. Pemantle(2000) "A Dynamic Model of Social Network Formation." *Proceedings of the National Academy of Sciences of the USA* 97: 9340—6.

Skyrms, B. and R. Pemantle(2004) "Learning to Network." In *Probability in Science* ed. E. Eells and J. Fetzer. Chicago, IL: Open Court Publishing.

Vanderschraaf, P. and J.M. Alexander(2005) "Follow the Leader: Local Interactions with Influence Neighborhoods." *Philosophy of Science* 72:86—113.

Young, H.P.(1993) "The Evolution of Conventions." *Econometrica* 61:57—84.

Young, H.P.(1998) *Individual Strategy and Social Structure*. Princeton, NJ: Princeton University Press.

3

与邻居讨价还价：正义会传染吗？*

什么是正义？这个问题在某些情形下比在其他一些情形下更加难以回答。在这里，我们将集中关注一个最简单的情形，即分配正义。两个人要决定如何分配一定数额的意外之财。任何一个人都不拥有某种特权，也都不是特别地需要钱，而且也都没有其他任何特殊情况。总之，他们的地位是完全对称的。无论他们的意图和目的是什么，都无需考虑，他们从这个分配中得到的效用可以简单地视为所分得的钱的数额。如果他们不能做出决定，那么这笔钱就不分给他们，他们将一无所获。事实上，这个情形的本质，约翰·纳什在他于1950年提出的一个最简单的讨价还价博弈中就已经很好地刻画出来了（Nash, 1950）。每个人都要决定自己最少要分得多少钱，如果他们要求分得的钱的总数不超过这笔意外之财，那么每个人都能得到他自己所要求的数额的钱；如果超出了，那么没有人能得到任何东西。这个博弈通常被简称为"分美元"（divide-the-dollar）博弈。

在理想的简单情况下，分配正义问题可以通过如下两个原则决定：

● **最优性**：如果存在一个替代分配方案，使所有接受者的处境都变得更好，那么分配就是不正义的。

* 此文与杰森·亚历山大合写。

- **公平性**:如果接受者的地位是对称的,那么分配也应该是对称的。这就是说,当我们掉换接受者时,分配不会随着改变。

因为我们规定,两个个体的地位是完全对称的,所以公平性原则要求正义的分配必须分给他们同样数额的钱。同时,最优性原则排除了以下这种可能性不大的分配方案:给每个人一分钱,然后把剩下的都扔掉——每个人都必须分得一半的钱。

在这里提出的这两个原则并不是我们的创新。公平性原则可以说是亚里士多德在《政治学》中提出的分配正义理论的一个最简单的结果。它也是康德的绝对命令(categorical imperative)的一个结果。功利主义者倾向于强调最优性原则,但是也从来没有完全忽视过公平性原则。在纳什对讨价还价博弈的公理化处理中,最优性和公平性也是两个最没有争议的要求。如果你请人们判断某个分配是不是正义的,那么他们的回答将表明,最优性和公平性这两个原则确实是强有力的操作性原则(Yaari and Bar-Hillel, 1981)。因此,我们完全可以用一种有些道德化的言辞,将分美元博弈中两人平分这种分配称为"公平分配"(fair division),尽管这并不意味着太多东西。

3.1 理性、行为与演化

两个理性的行为主体进行上述分美元博弈。他们是理性的,这是共同知识。那么他们会做些什么呢?博弈论给我们的答案是,任何分钱要求的组合都是与这些假设相容的。例如,杰克有可能会要求分得90%,因为他认为吉尔将会只要求分得10%,这个要求基于这样的假设,即吉尔认为杰克将会要求分得90%。而吉尔则可能会要求分得75%,因为他认为杰克将会只要求分得25%,这个要求则基于这样的假设,即杰克认为吉尔将会要求分得75%,等等。任何一对要求都是可以予以合理化的,因为它得到了每个博弈参与者的多层级的推测的支持,而且与所有人都是理性的这一共同知识相容。然而,不难看出,在上面给出的例子中,这些猜测都错得相当厉害。

现在,让我们增加一个假设,即假设每个行为主体都在某种程度上知道对方会要求分得多少。那么任何要求的组合都是可能成立的,当然条件是要求的总额必须等于要分配的总额。举例来说,假设杰克在知道吉尔会要求分得10%的前提下,将要求分得90%;同时吉尔在知道杰克会要求分得

90％的前提下，将要求分得 10％。那么，在给定对方的要求的情况下，每个博弈参与者都实现了对自己收益的最大化。这也就是说，这是分美元博弈的一个纳什均衡。如果美元是无限可分的，那么就会有无限多的纳什均衡。

如果博弈论专家们决定做实验，让人们真的进行分美元博弈，那么参加实验的人们总是会平分（van Huyck et al.，1955；Nydegger and Owen，1974；Roth and Malouf，1979）。不过，在存在显著的不对称性的更加复杂的讨价还价博弈实验中，人们就不一定平分了。但是在分美元博弈中确实是这样。理性选择理论无法解释这种现象。看起来，实验被试是运用正义规范选择了这个分美元博弈的一个特定的纳什均衡。但是，这些规范为什么会存在呢？对此，我们又能给出什么解释？

演化博弈论（在这里"演化"应该理解为文化演化）承诺，它可以解释这种现象。但是它的承诺只兑现了一部分。要求分得一半是分美元博弈中的唯一的演化稳定策略（Sugden，1986）。"唯一的演化稳定策略"的意思是：当整个种群都采用了这个策略时，且只有在采用这个策略时，任何采用不同策略的创新小群体或"突变体"所能得到的平均收益，都不可能高于原来种群。如果我们可以肯定，这种独特的演化稳定策略始终能够在整个种群中占据优势，那么前述问题就迎刃而解了。

但是，我们不能肯定这一点将会发生。还存在着其他一些同样是演化稳定的种群状态，即一部分人提出一种要求，而另一部分人提出另一种要求。例如，一半人要求分得 1/3、另一半人要求分得 2/3，这种状态就是该种群的一个演化稳定的多态（polymorphism）。同样地，2/3 的人要求分得 40％、1/3 的人要求分得 60％，也是一种演化稳定的状态。我们可以将这些状态视为通往正义的演化之路上的陷阱。

那么，这种多态性有多重要？这些多态在多大程度上损害了对平等主义规范的演化论解释？在对演化动力学构建明确的模型并搞清楚它们的吸引盆的大小之前，我们不能直接着手回答这些问题。

3.2　与陌生人讨价还价

研究得最深入的动态演化模型，是与陌生人互动的模型。现在假设，一些来自一个大种群的个体随机配对进行讨价还价博弈。我们再假定一个策略出现的概率等于采用该策略的人占种群总人口的比例,而且这个人口比例按照复制者动力学演化。这样,下一代中采用某个策略的人口比例就等于目前这一代采用该策略的人口比例与一个**适合度因子**(fitness factor)的乘积。适合度因子等于采用这个策略的人的平均收益与整个种群的平均收益之间的比值。[①]因此,收益比平均水平高的策略将"增长"(即使用该策略的人口比例将上升),而收益比平均水平低的策略将"收缩"。这种动力学最先出现在生物学中,是无性繁殖的一种典型模式。在这里,更重要的一点在于,它也可以从文化演化的角度来解释,即策略被模仿的程度与它们的成功程度成比例(Björnerstedt and Weibull, 1966;Schlag, 1996)。

这些多态陷阱的吸引盆是不容忽视的。在现实世界中进行的分美元博弈中,策略的数量是有限的,而不像美元无限可分的理想情形下是无限的。对于数量有限的策略,种群状态的吸引盆的大小有直接意义。这可以通过计算机仿真来评估。在分美元博弈中,我们既可以将美元分得"粗"一些,也可以将美元分得"细"一些;例如,要分配的美元可以都是 25 美分一枚的硬币,也可以是 10 美分一枚的,或者是 1 美分一枚的。某些仿真结果在美元的各种细分法当中都始终存在。对半平分总是拥有面积最大的吸引盆,而且始终比所有多态陷阱的吸引盆的总面积更大。如果你随机选择一个初始种群状态,复制者动力学收敛于要求分得一半的固定状态的可能性比其他可能性都要大。仿真结果从 57% 至 63% 的初始点移向平分。第二大的吸引盆也总是最接近于平分的吸引盆:例如,在分 10 枚 10 美分硬币时,4—6 多态的吸引盆是第二大的吸引盆;在分 100 枚 1 美分硬币时,49—51 多态是第二大的吸引盆。其余的多态均衡都遵循这个一般规律,即越接近平分,吸引盆越大。

例如,请读者看如表 3.1 所示的用 10 枚 10 美分硬币进行分美元博弈的仿真结果。我们进行了 10 万次计算机仿真实验(即用计算机程序运行离散的复制者动力学直至其收敛,并且将该过程重复 10 万次)。

表 3.1 复制者动力学的收敛结果(仿真实验运行 10 万次)

平 分	62 209
4—6 多态	27 469
3—7 多态	8 801
2—7 多态	1 483
1—9 多态	38
0—10 多态	0

预想中的演化论解释似乎尚有不足之处。在纯粹复制者动力学的基础上,我们最多可以说平分这个不动点比不平分更有可能出现,同时远远偏离平分的多态则不太可能出现。

不过,如果在模型中注入一点概率"元素",那么我们就可以得出更多的结论。假设每隔一小段时间,种群中的某个成员就会随机地选择一个策略加以尝试(这也许是一种实验,也许就是一个错误)。再假设这种种群处于某种多态均衡,例如,在对 10 枚 10 美分硬币进行分配时出现的 4—6 均衡。如果某个实验(或错误)的概率是固定的,而且各个实验是相互独立的;如果我们能够等待足够长的时间,那么就会出现足够多的适当类型的实验,使得种群摆脱 4—6 多态均衡的吸引盆,进入平分均衡的吸引盆。而且,演化动力学将使得平分固定化。当然,到最后,实验(或错误)也会使得种群脱离平分吸引盆,但是,我们有理由期待这需要等上更长的时间。从长期的角度来看,该系统将大部分时间都处于平分均衡。培顿·扬证明(Young, 1993a;又见 Foster and Young, 1990; Young, 1993b),当有人去做这种实验的概率变得越来越小时,如果我们取其极限,即当概率接近 0 时,系统处于平分均衡的时间比例将接近 1。用培顿·扬自己的术语,平分就是这个讨价还价博弈的随机稳定均衡(stochastically stable equilibrium)。

在上述这种解释中,我们得到了一个概率,这个概率无限接近于发现一个平分均衡的概率——如果我们愿意等待一个无限长的时间的话。对于这种用"永生者"才可能看得到结果来给出的解释,许多人可能会觉得不满。(不妨先把上述极限分析放到一边,问问你自己,你预期需要多长时间才会出现下面这个结果:在一个有 10 000 个个体的种群中,要求分得 6 个硬币的个体有 1 334个,这些个体同时还会尝试要求分得 5 个硬币,从而使整个种群脱离 4—6 多态吸引盆,进入平分吸引盆。[②])演化论似乎仍然无法令人完全信服。

3.3 与邻居讨价还价

无限人口种群随机相遇模型虽然激发了复制者动力学,但是这个模型却可能不是一个适合研究分配正义问题的模型。现在我们假设,个体与自己的邻居互动。对囚徒困境和一些其他博弈的元胞自动机(cellular automation)模型研究的结果表明,与邻居的互动可能会产生一种完全不同于与陌生人互动的动态行为(Pollack,1989;Nowak and May,1992;Lindgren and Nordahl,1994;Anderlini and Ianni,1997)。不过,就我们所知,与邻居进行的讨价还价博弈迄今还没有人进行过研究。

在这里,我们考察了一个由 10 000 个个体组成的一个种群,它分布在一个 100×100 的正方形网格上,每个个体占据一个格子。这样,每个个体都有 8 个邻居,分别位于北、东北、东、东南、南、西南、西和西北。这就是元胞自动机文献中所称的摩尔(8)邻域。③ 这里的动力学是通过模仿来驱动的。个体会模仿最成功的邻居。每一代——即离散动力学的一次迭代——都分为两个阶段。首先,每个个体运用他自己的当前策略,分别与每个邻居进行分配 10 枚 10 美分硬币的分美元博弈;将每次博弈的收益加总起来,就可以得出他当前的成功水平。然后,每个博弈参与者都"环顾八方",通过模仿最成功的邻居来改变自己的策略。当然,只有当他最成功的邻居必须比他自己更加成功时才去模仿,否则他就用不着改变自己的策略。(如果出现平局,那么就通过掷硬币来决定是否要改变策略。)

在这个模型的最初几轮试验中,平分总是会固定化。这不可能是一个普遍规律,因为你可以通过改变设计,人为地进行"操纵",例如,将少数要求分得一半的人放入一个由要求分得 40% 的人和要求分得 60% 的人组成的种群中,并且通过某种安排使得要求分得 60% 的人成为要求分得 50% 的人的邻居中最成功的人。只要随机选择起点,进行足够多次仿真,你迟早肯定会有一次仿真是从这样的一个起点开始进行的。

我们完成了一个大型仿真,每一次仿真实验都从随机选择的起点开始。在超过 99.5% 的仿真实验中,平分都会固定化。而在平分未能固定化的那些实验中,10 000 的初始人口当中,只包含了不到 17 个要求分得一半的人。此外,收敛的速度也非常快。分配方案固定化为平分的平均时间仅为大约 16 代。相比之下,在离散复制者动力学中,则需要大约 46 代的时间才能收敛。④ 而且,随机稳定均衡的超长时间特征也非常明显。

在分配 10 枚 10 美分硬币这样一个分美元博弈中,完全可以在初始的可能策略中将平分排除出去,并从包含其他策略的随机起点开始博弈。仿真结果表明,如果我们这样做,那么除要求分得 4 枚 10 美分硬币和要求分得 6 枚 10 美分硬币这两个策略之外,所有其他策略都将被淘汰掉,从而使 4—6 多态种群陷入一个两阶段"闪烁"的循环。如果我们再开始进行随机实验或让"突变"发生,引入一点点要求分得 5 枚 10 美分硬币的可能性,那么我们就会现,只要出现了非常小的一小簇要求分得 5 枚 10 美分硬币的博弈参与者,这种类型的博弈参与者就会"系统性"地增加起来,直到占据整个种群为止。(如图 3.1 所示。)因此,正义是会传染的。⑤

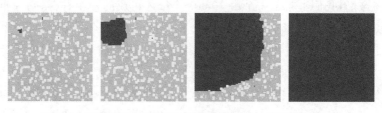

■ 要求分得4个（10美分硬币）   ■ 要求分得5个   □ 要求分得6个

图 3.1　公平分配的稳步扩展

3.4　稳健性检验

以上一切所述的"与邻居讨价还价"模型在许多方面都不同于与陌生人讨价还价的模型。也许,我们刚才所描述的行为差异可能源于对最成功者的模仿,而不是一种邻居效应? 要回答这个问题,就要进行稳健性检验,为此我们分别独立地改变了这些因素,然后进行了仿真实验。

首先,我们既考虑了固定邻域,也考虑了随机邻域。固定邻域模型使用的是如上一节所述的摩尔(8)邻域。而在随机邻域模型中,每一代的每一个个体都要从种群中随机选择一组新"邻居",这也就是说,每一代的邻居都是陌生人。

我们还考察了两种可供选择的动力学。一种动力学与前面所述的与邻居讨价还价模型一样,源于对最成功的邻居的模仿。另一种动力学则对模仿最成功的邻居模式中的全有或全无的特点进行了调整,在这种动力学中,个体以一定概率模仿比自己更加成功的邻居的策略中的某一种(如果存在的话),其概率与该策略在整个邻域中的成功度成正比。这种动力学向复制者动力学的方向迈出了一步。

在表 3.2 中,A 栏和 B 栏给出了与邻居讨价还价的仿真结果,这里对比了两种动力学为:一为只模仿最成功的邻居;二为模仿各邻居的概率与各邻居的成功率成正比。两者的结果几乎没有任何区别。C 栏和 D 栏给出了与 A 栏和 B 栏相对应的随机邻居模型的仿真结果。不难看出,这些结果更接

近于表 3.1 给出的复制者动力学的结果。在收敛于平分这一点上,我们这两
个模型出现了巨大的差异,这源于与邻居的互动结构。

表 3.2　10 000 次仿真实验的收敛结果

	与邻居讨价还价		与陌生人讨价还价	
	A	B	C	D
0—10	0	0	0	0
1—9	0	0	0	0
2—8	0	0	54	57
3—7	0	0	550	556
4—6	26	26	2 560	2 418
平分	9 972	9 973	6 833	6 964

3.5　分析

正义为什么会传染?对于某个策略来说,如果由一开始就采用该策略的
那一小"片"区域是能够扩展的,能够变得越来越大的,那么它就是会传染
的。一个策略是否具有传染性,关键在于采用该策略的那个区块的边界区
域的互动结构和互动情况如何,因为在区块内部,策略只能模仿自己。[⑥]

考虑这样一个边界区域:在"边界线"的一侧,是要求分得 5 枚 10 美分硬
币的博弈参与者;另一侧则为采用某一种多态的互补策略的博弈参与者。
由于第二级要求分得 5 枚 10 美分硬币的博弈参与者始终与同类型的人相
遇,因此他们每人从他们的 8 个邻居那里获得的总收益为 40。这样一来就
意味着,第一级要求分得 5 枚 10 美分硬币的博弈参与者将模仿他们,除非某
个来自某一多态性的邻居获得了更高的收益。而在一个多态策略组合中,
要求分得较少的低策略不可能得到更高的收益。因此,如果要求分得 5 枚
10 美分硬币的博弈参与者的策略被替换掉了,那么他必定是被某个多态组
合中要求分得较多的高策略替换的。

在 4—6 多态中(这是复制者动力学中吸引盆最大的多态),这种替换根
本不可能发生,即使是在最有利的情况下也是如此。假设我们让第一级多
态中的某个博弈参与者采用要求分得 6 枚 10 美分硬币的策略,那么给定该
博弈参与者的策略,它的邻居中与该策略相容的、要求分得 4 枚 10 美分硬币

的那些博弈参与者将尽可能地最大化自己的收益。[7]由于该博弈参与者位于第一级,所以他将面对与他不相容的要求分得 5 枚 10 美分硬币的博弈参与者,这样他得到的总收益将是 30,而他的要求分得五枚 10 美分硬币的邻居则可以获得 35 的总收益。这样一来,要求分得 5 枚 10 美分硬币的博弈参与者就开始了其不可阻挡的前进步伐,如图 3.2 所示。(我们假设,该模式是从图中所示的边界处向各个方向扩展的,以便计算各博弈参与者的收益。)

初始		迭代 1
5544		5554
5544		5554
5564	⇒	5554
5544		5554
5544		5554

图 3.2　平均分配 vs 4—6 多态

不过,如果我们选择的是一个更极端的多态,那么高策略有可能在一段时间内替换掉某些要求分得 5 枚 10 美分硬币的博弈参与者。例如,考虑 1—9 多态,在边界处,要求分得 9 枚 10 美分硬币的博弈参与者能够得到与他相容的要求分得 1 枚 10 美元硬币的邻居的支持。这样,这个要求分得 9 枚 10 美分硬币的博弈参与者的总收益为 45,高于其他任何人,因此他的所有邻居都会模仿他。图 3.3 的第一个过渡阶段显示了这一点。

初始		迭代 1		迭代 2		迭代 3
55111		55511		55551		55555
55111		55511		55559		55559
55111	⇒	59991	⇒	55999	⇒	55599
55911		59991		55999		55599
55111		59991		55999		55599
55111		55511		55559		55559
55111		55511		55551		55555

图 3.3　平均分配 vs 1—9 多态

但是,要求分得 9 枚 10 美分硬币策略的成功,也预示了它的末路。在一个要求分得 9 枚 10 美分硬币策略的集群中,同类型策略相遇过于频繁,但是这种相遇不可能带来好的结果。第二个过渡阶段,要求分得 5 枚 10 美分硬币的策略不但"收复了失地",而且"略有进展";而到了第三个过渡阶段,要求分得 5 枚 10 美分硬币的策略就不可阻挡地突进了 1—9 多态的"领土"。

对于沿着边界分得 5 枚 10 美分硬币的策略与其他多态之间的边界进行互动的分析,全都与我们在这里所举的两个例子类似。⑧这就是说,多态要么无法向前突进,那么向前突进反而创造了立即被反转的条件。限于篇幅,我们无法在这里给出对这个复杂系统的完整的分析。但是通过前面的分析,我们已经能够一窥"与邻居讨价还价"中平均分配的传染性动力学的奥秘了。

3.6 结论

我们有时与邻居讨价还价,有时则与陌生人讨价还价。这两种互动的动力学有非常大的不同。我们在本章中考虑的第一种讨价还价博弈,是用复制者动力学建模的"与陌生人讨价还价",如果起点是随机选择的,那么 60%的时间都会导致平分。如果我们将问题改为超长期内的随机稳定性问题,那么平分将成为"与陌生人讨价还价"的唯一的解。但是,由于预期等待时间超长,人们对随机稳定性结果的解释意义产生了疑问。

"与邻居讨价还价"则几乎总是收敛于平分,而且收敛的速度非常快。在与邻居的讨价还价中,局部互动产生了策略集群,它由在局部取得成功的策略构成。集群和局部互动在一起,产生了类似策略之间的正相关关系。正如我们在其他地方曾经指出过的(Skyrms,1994,1996),正相关关系更有利于平分,而不利于多态。在与邻居的讨价还价中,这种正相关关系不是外部强加的,而是局部互动的动力学不可避免的结果。因此,一旦要求分得 5 枚 10 美分硬币的博弈参与者组成了一个小群体,正义就变成了可以传染的,并将迅速占据整个种群。

当然,无论是与陌生人讨价还价,还是与邻居讨价还价,都只是一种人为的抽象。在人类文化演化的初始阶段,与邻居讨价还价可能比与陌生人讨价还价更接近现实世界的实际情况。与邻居讨价还价的动力学,大大增加了关于公平分配规范的演化论的解释威力。

注 释

① 这是离散时间的复制者动态,特别适合用来与我们在这里讨论的"与邻居讨

价还价"动态相比较。当然,还有连续时间的复制者动态,请参阅 Hofbauer 和 Sigmund(1988);Weibull(1995);以及 Samuelson(1997)。

② 关于预期等待时间,请参阅埃利森和阿克斯特尔等人的研究(Ellison,1993;Axtell et al.,1999)。

③ 我们发现,使用"冯·诺依曼邻域"(即每个个体有北、东、南、西 4 个邻居),得到的结果与使用更大的"摩尔邻域"(8 个邻居)没有什么不同。

④ 在 0.999 9 这个水平,以便于比较。

⑤ 埃利森(Ellison,1993)发现,当博弈参与者被安排在一个圆圈上进行局部互动并进行纯粹的协调博弈时,也会出现这种传染效应。

⑥ 也正是因为这个原因,埃舍尔等人(Eshel et al.,1996)用"边界优势"来定义一个无可匹敌的策略。

⑦ 通过将多态策略组对中的高策略安排到一大群低策略博弈参与者组成的"海洋"中,我们为多态侵入要求分得 5 枚 10 美分硬币策略的"领土",创造了最好的条件。

⑧ 不过,由于会出现一些"平局",可能会稍稍复杂一点。

参考文献

Anderlini, L. and A. Ianni(1997)"Learning on a Torus." In *The Dynamics of Norms*, ed. C. Bicchieri, R. Jeffrey, and B. Skyrms, 87—107. New York: Cambridge.

Axtell, R., J. M. Epstein, and H. P. Young(1999)"The Emergence of Economic Classes in an Agent-Based Bargaining Model." Preprint, Brookings Institution.

Björnerstedt, J. and J. Weibull(1996)"Nash Equilibrium and Evolution by Imitation." In *The Rational Foundations of Economic Behavior*, ed. Kenneth J. Arrow et al., pp.155—71. New York: Macmillan.

Ellison, G.(1993)"Learning, Local Interaction and Coordination." *Econometrica* 61:1047—71.

Eshel, I. E. Sansone, and A. Shaked(1996)"Evolutionary Dynamics of Populations with a Local Interaction Structure." Working paper, University of Bonn.

Foster, D. and H. P. Young(1990)"Stochastic Evolutionary Game Dynamics," *Theoretical Population Biology* 38:219—32.

Hofbauer, J. and K. Sigmund(1988)*The Theory of Evolution and Dynamical Systems*. New York: Cambridge.

Lindgren, K. and M. Nordahl(1994)"Evolutionary Dynamics in Spatial Games." *Physica D 75*:292—309.

Nash, J. (1950) "The Bargaining Problem." *Econometrica* 18:155—62.

Nowak, M. A. and R. M. May (1992) "Evolutionary Games and Spatial Chaos." *Nature* 359:826—29.

Nydegger, R. V. and G. Owen (1974) "Two-Person Bargaining: An Experimental Test of the Nash Axioms." *International Journal of Game Theory* 3:239—50.

Pollack, G. B. (1989) "Evolutionary Stability on a Viscous Lattice." *Social Networks* 11:175—212.

Roth, A. and M. Malouf (1979) "Game Theoretic Models and the Role of Information in Bargaining." *Psychological Review* 86:574—94.

Samuelson, L. (1997) *Evolutionary Games and Equilibrium Selection*. Cambridge: MIT.

Schlag, K. (1996) "Why Imitate, and If So How?" Discussion Paper B-361, University of Bonn, Germany.

Skyrms, B. (1994) "Sex and Justice." *Journal of Philosophy* 91, 6:305—20.

Skyrms, B. (1996) *Evolution of the Social Contract*. New York: Cambridge University Press.

Sugden, R. (1986) *The Economics of Rights, Cooperation, and Welfare*. New York: Blackwell.

Van Huyck, J., R. Batallio, S. Mathur, P. Van Huyck, and A. Ortmann (1995) "On the Origin of Convention: Evidence From Symmetric Bargaining Games." *International Journal of Game Theory* 24:187—212.

Weibull, J. W. (1995) *Evolutionary Game Theory*. Cambridge: MIT.

Yaari, M. and M. Bar-Hillel (1981) "On Dividing Justly." *Social Choice and Welfare* 1:1—24.

Young, H. P. (1993a) "An Evolutionary Model of Bargaining." *Journal of Economic Theory* 59:145—68.

Young, H. P. (1993b) "The Evolution of Conventions." *Econometrica* 61:57—94.

4

若干简单的演化模型的稳定性和解释意义

4.1 引言

均衡的解释价值取决于它背后的根本性的动力学。首先是一系列与均衡的动态稳定性有关的问题，它们涉及要研究的动力学系统的内在性质。例如，均衡是不是局部稳定的，从而靠近它的状态能够继续保持在靠近它的位置上？或者，更理想一些，均衡是不是渐近稳定的？从而动力学能够将靠近它的状态推到均衡？如果不具备这些稳定性，那么我们就不应该期望真的能够观察到均衡。但是，即使均衡是渐近稳定的，也不能保证系统肯定能够达到均衡，除非我们知道，系统的初始状态本就足够接近均衡。全局稳定的均衡拥有更加强大的解释力。如果动力学能够将状态空间域内的每一个可能的初始状态都带入均衡，那么这个均衡就是全局渐近稳定（globally asymptotically stable）的。如果一个均衡是全局稳定的，那么即使我们完全不知道系统的初始状态，这个均衡也是有解释价值的。

动力学系统的动态稳定性问题一旦得到了回答，更深一层的关于系统本身的结构稳定性问题就会浮出水面。这也就是说，与要研究的那个动力学系统相近的其他动力学系统是不是拓扑等价于该系统的？如果不是，那么只要模型设定略失误，就可能导致完全错误的预测。

结构稳定性是通过模型中微小的变化来定义的。但是，我们也可能会对模型中发生的某些比较大的变化发生兴趣。毕竟，一个结构稳定的模型也有可能是严重误设的。对这些问题的兴趣取决于所考虑的大的改变的合理性。

在这里，我将针对我的一本书《社会契约演化论》(*Evolution of the Social Contract*, 1996)中的三个简单的动态演化模型，讨论一下这些稳定性问题。其中两个是简化的讨价还价博弈模型（一个是随机相遇模型，另一个是相关相遇模型）。第三个是简化的信号传递博弈模型。这些模型全都使用了复制者动力学。

在对演化建模（甚至对文化演化建模）时，我们面临的一个很大的不确定性是系统的早期状态的不确定性。因此在评估模型的解释意义时，必须考虑动态稳定性，这是至关重要的。如果我们只能证明一个均衡是稳定的（也就是说，局部稳定的），我们其实只能给出一个关于"何以可能"的解释。如果我们能够证明一个均衡是全局稳定的，那么系统的早期状态就无关紧要，只要动力学系统建模是正确的，那么我们就已经接近了"为什么一定会如此"的解释。

复制者动力学是文化演化的动力学的一个很合理的候选对象。对此，我们可以给出很多很好的理由。现已证明，许多不同的社会学习模型（通过模仿进行学习）都会产生复制者动力学(Binmore, Gale and Samuelson, 1995; Sacco, 1995; Björnerstedt and Weibull, 1996; Schlag, 1998)。正如我在其他地方已经指出过的，复制者动力学是我们着手对文化演化的动力学模型进行研究的非常自然的出发点，但是我并不认为复制者动力学就是一切(Skyrms, 1999)。这也就意味着，结构稳定性，以及更一般地，动力学本身在扰动冲击下的稳定性，是非常重要的。动力学本身在扰动时的结果越稳健，它对文化演化的现实意义越重大。

在《社会契约演化论》一书中，我提出了一些关于稳定性的主张，但是没有给出证明。在这里，我将补充这些主张。我将证明随机相遇讨价还价博弈中的局部渐近动态稳定性，还将证明另两个模型中的全局渐近动态稳定性。

与第5章的信号传递博弈相比，动力学稳定性结果是第1章的讨价还博弈的一个相当不同的特征（Skyrms，1996）。因此，我分别对这两种情况给出了不同力度的解释性说明。在随机相遇讨价还价博弈中，存在着两个吸引均衡：一是每个人都满足于平分；另一个是种群中一部分人要求分得很多而另一部分人只要求分得很少。我认为，在这个博弈中，平分均衡也是我们共同秉持的正义规范的选择。平分均衡的吸引盆面积最大，但是不平等均衡的吸引盆也并不是小得可以忽略不计。从这一点来看，用来解释平等规范的文化演化的动力学无法令人留下特别深刻的印象。我确实就是这么说的。然而，这种准则也可能不是在随机相遇的环境中演化出来的，而是在不同类型之间存在正相关关系的环境中演化出来的，至于这种正相关的原因，则可能五花八门。在第二个讨价还价模型引入少量的正相关性之后，不平等均衡的吸引盆就消失了，从而使平分均衡变成了一个全局吸引子。（更大的正相关性会导致同样的定性结果。）对此，我的结论是："这或许是我们解释'正义'概念如何起源的开始。"（Skyrms，1996，第 21 页）。我是字斟句酌地说这句话的，因为任何关于解释性意义的断言，都必须适度。

而在信号传递博弈中，动力学稳定性（dynamical stability）的性质则有很大的不同。在那个随机遭遇，并有一个信号系统均衡和两个抗信号系统均衡的模型中（那是我的第三个模型），信号系统均衡是一个全局吸引子。如果引入正相关性，这一点仍然成立。在一个更大、有两个信号系统均衡的模型中，几乎所有可能的初始种群都被带入了一个信号系统均衡或另一个信号系统均衡。在这种情况下，动力学稳定性结果比在讨价还价博弈中强大多了，因此我给出了一个更加肯定的解释性主张："意义的出现是一种道德确定性"（Skyrms，1999：93）。（关于这个主张的证明和进一步讨论，见本章4.3节。）

达姆斯、巴特曼和戈尔尼在他们的一篇论文中（D'Arms，Batterman and Gorny，1998：91），对我的第二个模型的结构稳定性提出了质疑（尽管他们与我都同意稳定性有重要意义）。然而，事实却是，正如我将证明的，这第三个模型是三个模型中唯一结构稳定的一个。不过，对第三个模型稍作修改，即允许相关相遇，就可以导致一个结构稳定的系统。因此，接下来我将证明，如果我们用一大类定性自适应（qualitatively adaptive）动力学替换任何一种动力学，大多数结果仍然成立。这在事实上增强了我的模型的解释力，因为它指认出，不依赖于复制者动力学（或某种非常接近于复制者动力学）的行为，才是文化演化的理论所适用的正确的动力学。当然，"更长远""更外围"的动力学也可能是有用和重要的。但是我认为,先把这里提出的问题解决掉是有好处的,而且在这过程中所用的技术也可能对更复杂的模型分析有益。

4.2 三个动力学模型

这里要说的三个模型背后的根本性的动力学都是复制者动力学(replicator dynamics)。令种群中采用策略 i 的人口比例为 x_i。在本章所考虑的所有模型中,都存在 3 种策略,所以种群的状态是这样一个向量 $x = \langle x_1, x_2, x_3 \rangle$。状态空间是 3 单形,其中 $x_1 + x_2 + x_3 = 1$,且 x_1, x_2, x_3 均取非负值(如图 4.1 所示)。在种群状态 x 中,策略 i 的平均适合度记为 "$U(x_i|x)$"。[为了便于下文中引用,我们再引入了这个记号:$U(y|x)$,它表示一个无穷小的亚种群的平均适合度,这个亚种群采用的是由向量 y 指定的那部分人口的策略,并与状态为 x 的种群随机配对,即平均适合度为:$\Sigma_i y_i \cdot U(x_i \mid x)$。]整个种群在状态为 x 时的平均适合度则记为"$U(x|x)$"。这样一来,复制者动态就可以由如下用微分方程系统给出:

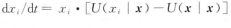

$$\mathrm{d}x_i/\mathrm{d}t = x_i \cdot [U(x_i \mid x) - U(x \mid x)]$$

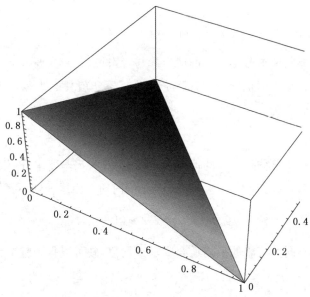

图 4.1　一个 3 单形

在这个动力学系统中，3 单形是固定不变的。如果某一时刻 x 在 3 单形内，那么它将永远在 3 单形内。因此，三个策略的动力学都驻在一个平面上。

复制者动力学是泰勒和琼克率先引入的（Taylor and Jonker, 1978），他们将它作为差别繁殖的简化模型，而差别繁殖则是梅纳德·史密斯和普赖斯（Maynard Smith and Price, 1973）提出的演化稳定策略概念的基础。复制者动力学也被用于各种文化演化模型（Binmore, Gale and Samuelson, 1995；Björnerstedt and Weibull；1996；Schlag, 1998），还被视为强化学习的极限情形（Borgers and Sarin, 1997）。

4.2.1 模型 1

三个模型的其中一个不同之处在于，确定适合度的方法不同。在第一个模型中，来自一个无限种群的个体被随机配对并进行讨价还价博弈。他们可以在三个策略中进行选择。S_1 要求分得蛋糕的 1/3；S_2 要求分得蛋糕的 2/3；S_3 要求分得蛋糕的 1/2。如果要求总额大于 1，那么没有人能够得到任何东西；否则，每个博弈参与者各自得到他们所要求分得的份额。在这个模型中，适合度等于蛋糕的大小。很显然，那些要求分得 1/3 的博弈参与者是可以与所有博弈参与者相容的，而且他们总能得到 1/3，因此他们的平均适合度为：

$$U(x_1 \mid \boldsymbol{x}) = 1/3$$

而对于那些要求分得 2/3 的博弈参与者来说，只有在要求分得 1/3 的博弈参与者与他们配对的时候，才能得到 2/3，不然就什么也得不到。因此他们的平均适合度为：

$$U(x_2 \mid \boldsymbol{x}) = 2/3 \cdot x_1$$

至于那些要求分得 1/2 的博弈参与者，则只有当与要求分得 2/3 的博弈参与者配对时，才会什么都得不到。因此他们的平均适合度为：

$$U(x_3 \mid \boldsymbol{x}) = 1/2 \cdot (1 - x_2)$$

对所有不同的策略的平均适合度求平均值，就可以得到整个种群的平均适合度：

$$U(\boldsymbol{x} \mid \boldsymbol{x}) = x_1 \cdot U(x_1 \mid \boldsymbol{x}) + x_2 \cdot U(x_2 \mid \boldsymbol{x}) + x_3 \cdot U(x_3 \mid \boldsymbol{x})$$

4.2.2 模型 2

在第二个模型中,策略类型和基础博弈结构都与第一个模型相同,但是个体的配对则不再是随机的。相反,个体的相遇有正相关性,该相关性由参数 e 决定。策略 i 与自己的同类相遇的概率 $p(S_i|S_i)$ 不再像在随机相遇时一般,只是简单采用这种策略的人口比例 x_i,而是有所"膨胀"了:

$$p(S_i \mid S_i) = x_i + e \cdot (1 - x_i)$$

相应地,策略 S_i 与另一种策略 S_j 相遇的概率,则"缩水"为:

$$p(S_j \mid S_i) = x_j - e \cdot x_j$$

我们取 $e = 1/5$,取这个值的原因,我(Skyrms, 1996)及达姆斯、巴特曼和戈尔尼(D'Arms, Batterman and Górny, 1998)都曾经讨论过。然后是各种策略以及整个种群的适合度。与前面一样,

$$U(x_1 \mid \boldsymbol{x}) = 1/3$$

$$U(x_2 \mid \boldsymbol{x}) = 2/3 \cdot 4/5 \cdot x_1$$

$$U(x_3 \mid \boldsymbol{x}) = 1/2 \cdot \left(x_3 + 1/5(1 - x_3)\right) + 1/2 \cdot 4/5 \cdot x_1$$

种群的平均适合度的计算方法与前面一样。

4.2.3 模型 3

第三个模型与第一个模型一样,也是随机配对的,但是其基础博弈是一个信号传递博弈(Skyrms, 1996,第 5 章,第 91—93 页)。这个模型中有两个抗信号系统策略 x_1, x_2,以及一个信号系统策略 x_3。每个抗信号系统策略如果与同类配对,那么结果就会很糟糕——其适合度为 0,不过在与另一个抗信号系统策略配对时适合度却为 1,而在与信号系统策略配对时适合度则为中等的 1/2。信号系统策略在与任何一个抗信号系统策略配对时,适合度都为 1/2,而在与同类配对时,适合度则为 1。据此,三个策略的平均适合度为:

$$U(x_1 \mid \boldsymbol{x}) = x_2 + (1/2) \cdot x_3$$

$$U(x_2 \mid \boldsymbol{x}) = x_1 + (1/2) \cdot x_3$$

$$U(x_3 \mid \boldsymbol{x}) = x_3 + 1/2 \cdot (x_1 + x_2)$$

4.3 均衡的局部动态稳定性

首先,我们将确定我们这三个模型的均衡及其局部稳定性特征。均衡可以通过求解方程组来得到。至于其动力学稳定性特征,则可以通过评估其在均衡点的偏导数的雅可比矩阵的特征值来考虑(见,例如,Hirsch and Smale,1974,第 9 章)。如果特征值都具有非零实部,那么均衡就可以被认为是双曲线型的(hyperbolic),同时特征值决定了均衡的局部动力学稳定性特征。如果特征值的实部是负的,那么那个均衡点就被称为一个汇点(sink),并且它是渐近稳定的。如果该特征值的实部是正的,那么该均衡点就被称为一个源点(source)。如果负实部和正实部同时出现,那么该均衡点就被称为一个鞍点(saddle)。源点和鞍点都是不稳定的。如果该点是非双曲线型的,那么局部稳定性就必须用别的方法来考察。

4.3.1 模型 1

回想一下,这个讨价还价博弈只有三个策略:S_1(谦让)=要求分得 $1/3$;S_2(贪婪)=要求分得 $2/3$;S_3(公平)=要求分得 $1/2$。单形的每个顶点都代表着这样一个状态,即种群完全由同一种类型的人构成。在这里,也像所有的复制者动力学一样,每个顶点都是一个动态均衡。(如果其他类型的人都灭绝了,那么他们当然就无法繁殖了。)还有一个均衡位于 $S_1 S_2$ 这条棱上,在这个均衡中,这两种策略必须具有相同的适合度,因此只需要求解方程:和 $x_1 + x_2 = 1$ 和 $(1/3)=(2/3)x_1$,我们就可以得到 $x_1 = 1/2$,$x_2 = 1/2$ 处的"谦让—贪婪"均衡。不过,其他棱上不存在别的均衡。单形内部的均衡,三种策略的适合度必须相等。只要求解对应的方程,我们就可以找到一个"谦让—贪婪—公平"均衡,它位于 $x_1 = 1/2$,$x_2 = 1/3$,$x_3 = 1/6$ 处。上面这五个状态是该模型中仅有的均衡状态。

我们继续考察这些点上的雅可比矩阵的特征值。由于状态空间(即 3 单形)是一个二维对象,因此我们只需要从三个变量当中的其中两个来进行动力学分析,两个就足够了。这样,对于每一个点,我们可以得到两个特征值。[当然,我们也可以考察三变量系统的雅可比矩阵的特征值,但是这会产生一个伪零特征值,与指向单形之外的特征向量关联(见 Bomze,1986,第 48

页;van Damme,1987,第 222 页).]本章对特征值的计算都是利用 Mathematica 软件完成的,我们在附录中给出了对模型 1 的计算过程。

在"所有人都公平分配"这个均衡中($x_3 = 1$),特征值是$\{1/2, 1/6\}$。双负特征值说明,这是一个汇点,即该均衡是一个渐近稳定均衡。类似地,"谦让—贪婪"均衡($x_1 = x_2 = 1/2$)也是一个渐近稳定均衡,因为也有一对负特征值$\{-1/6, -1/12\}$。而位于单形内部的"谦让—贪婪—公平"均衡($x_1 = 1/2$, $x_2 = 1/3$, $x_3 = 1/6$)则具有一个负特征值和一个正的特征值,其值大约为$\{-0.146\,525, 0.061\,921\}$。这就表明这个均衡是一个鞍点,即在一个方向上吸引,在另一个方向上排斥。这种均衡在动力学上是不稳定的。而在"所有人都谦让"这个均衡中($x_1 = 1$),则有两个正的特征值$\{1/6, 1/3\}$,这说明该均衡点是一个源点,即不稳定的排斥均衡。最后剩下的是"所有人都贪婪"这个均衡($x_2 = 1$),其特征值为$\{0, 1/3\}$,因为出现了零特征值,所以这不可能是一个双曲型均衡,并且局部动力学稳定性特征不能完全根据雅可比矩阵的特征值来推断。不过,由于有一个正的特征值,这表明它是不稳定的。在 4.4 节中,我们将运用不同的技术,试图进一步了解它。我们到目前为止掌握的关于模型 1 中的信息,总结在了表 4.1 中。

表 4.1　模型 1 的均衡稳定性

均　　衡	特　征　值	稳定性
$x_1 = 1$, $x_2 = 0$, $x_3 = 0$	$1/6$, $1/3$	不稳定(源点)
$x_1 = 0$, $x_2 = 1$, $x_3 = 0$	0, $1/3$	(非双曲线型)
$x_1 = 0$, $x_2 = 0$, $x_3 = 1$(平分)	$-1/2$, $-1/6$	稳定(汇点)
$x_1 = 1/2$, $x_2 = 1/2$, $x_3 = 0$	$-1/6$, $-1/12$	稳定(汇点)
$x_1 = 1/2$, $x_2 = 1/3$, $x_3 = 1/6$	$-0.146\,525$, $0.063\,192\,1$	不稳定(鞍点)

4.3.2　模型 2

模型 2 是一个相关相遇的讨价还价博弈,其相关性水平为 0.2。这个模型有 4 个均衡。首先,每个顶点都是一个均衡。其次,在"贪婪—谦让"棱上,也有一个均衡,位于 $x_1 = 5/8$, $x_2 = 3/8$ 处。3 单形的内部则不存在均衡。考察这些均衡的雅可比矩阵的特征值,我们发现,他们都是双曲线型的,所以可以给出关于这些均衡的局部稳定性特征的完整描述,见表 4.2。

表 4.2　模型 2 的均衡稳定性

均　　衡	特 征 值	稳定性
$x_1 = 1$，$x_2 = 0$，$x_3 = 0$	$1/6$, $1/5$	不稳定(源点)
$x_1 = 0$，$x_2 = 1$，$x_3 = 0$	$1/10$, $1/3$	不稳定(源点)
$x_1 = 0$，$x_2 = 0$，$x_3 = 1$(平分)	$-1/2$, $-1/6$	稳定(汇点)
$x_1 = 5/8$，$x_2 = 3/8$，$x_3 = 0$	$-1/8$, $-1/60$	不稳定(鞍点)

4.3.3　模型 3

在模型 3 中，x_1 和 x_2 是两个"抗信号系统策略"，而 x_3 则是一个信号系统策略。该模型存在 4 个均衡：3 个顶点和 1 个抗信号多态(位于 $x_1 = x_2 = 1/2$ 处)。于是，它就有 3 个双曲线型均衡和 1 个非双曲线型均衡。关于模型 3 的均衡的稳定性分析见表 4.3。

表 4.3　模型 3 的均衡稳定性

均　　衡	特 征 值	稳定性
$x_1 = 1$，$x_2 = 0$，$x_3 = 0$	$1/2$, 1	不稳定(源点)
$x_1 = 0$，$x_2 = 1$，$x_3 = 0$	$1/2$, 1	不稳定(源点)
$x_1 = 0$，$x_2 = 0$，$x_3 = 1$(信号传递)	$-1/2$, $-1/2$	稳定(汇点)
$x_1 = 1/2$，$x_2 = 1/2$，$x_3 = 0$	$-1/2$, 0	非双曲线型

4.4　均衡的全局动态稳定性

4.3 节中确定的那些汇点都是渐近稳定的。这是一个局部性质，由均衡点某些邻域的动态行为所建立。但是，这个邻域可能是非常小的。如果我们可以证明，一个均衡具有一个非常显著的吸引盆，或者证明它是全局渐近稳定的，那么解释力就会大大增强。全局渐近稳定性是指，在极限情况下，动力学会把状态空间内的每一个点都带到均衡点上去。

在本节中，我们采用的主要分析技术是，利用库尔贝克—莱布勒(Kullback-Leibler)相对熵，作为复制者动力学的李雅普诺夫(Liapunov)函数。李雅普诺夫函数是位势概念的推广。李雅普诺夫证明，如果 x 是一个

均衡,V 在 x 的某个邻域 W 上定义的一个连续的实值函数,且在 W-x 上可微,使得:

(i) $V(x) = 0$,且对于 W 上的 $y \neq x$,有 $V(y) > 0$,

(ii) 在 W-x 中,V 的时间导数,$V' < 0$,

那么,当时间趋向于无穷大时,W 中的任意一点的轨道,都向趋近于 x。如果可以证明,当视邻域为整个状态空间(或其内部)时,这些条件仍然成立,那么 x 就是全局渐近稳定的(globally asymptotically stable)(见 Hirsch and Smale,1974,第 9 章,第 3 节;以及 Guckenheimer and Holmes,1986,第 5 页及以下诸页)。

如前所述,库勒巴克—莱布勒相对熵可以作为一个很好的李雅普诺夫函数。状态 y 相对于状态 x 的库勒巴克—莱布勒相对熵可以表示为:

$$H_x(y) = \Sigma_i x_i \log(x_i/y_i)$$

其中,求和是对 x 的载体进行的,也就是说,是对状态 x 中拥有正的人口比例的各种策略进行的。这个函数能满足李雅普诺夫函数所要求的连续性和可微性要求,且其最小值出现在 x 上。

它的时间导数是 $-[U(x \mid y) - U(x \mid y)]$,它必须是负的,以保证李雅普诺夫函数的要求都能得到满足。所以我们只需要确认 $[U(x \mid y) - U(x \mid y)]$ 在我们所研究的邻域上处处为正就可以了(见 Bomze,1991;Weibull,1997,第 3.5 节和第 6.5 节)。

4.4.1　模型 3

现在,我们可以来证明模型 3 中的信号系统均衡的全局收敛性了。信号系统策略的固定状态是在 $x_3 = 1$ 处。我们考虑其邻域 $x_3 > 0$,在那里,这个策略也没有灭绝。这个邻域包括了顶点 $x_3 = 1$,两条棱 $x_1 - x_3$ 和 $x_2 - x_3$,以及 3 单形的内部。我们使用相对于 $x_3 = 1$ 处的状态的相对熵,作为一个李雅普诺夫函数。接下来,我们需要先检验一下,如果 $x_3 > 0$,$[U(x_3 \mid x) - U(x \mid x)]$ 是不是处处非负的,而且只在 $x_3 = 1$ 处等于 0。

首先,我们需要证明,对于 x_3 的一个定值,$[U(x_3 \mid x) - U(x \mid x)]$ 在 $x_1 = x_2$ 处取最小值。证明了这一点之后,我们就只需要仔细观察 $x_1 = x_2$ 这条线,就可以得到想要的结果了。对于 x_3 的一个定值,$U(x_3 \mid x) = 1/2x_1 + 1/2x_2 + x_3$,是一个恒定不变的值,因而 $U(x \mid x)$ 取最大值时,

$[U(x_3 \mid \boldsymbol{x}) - U(\boldsymbol{x} \mid \boldsymbol{x})]$ 出现最小值。对于固定的 x_3，有 $(\boldsymbol{x} \mid \boldsymbol{x}) = x_1 U(x_1) + x_2 U(x_2) + x_3 U(x_3)$，在 $[x_1 U(x_1) + x_2 U(x_2)]$ 取最大值时取最大值。而 $x_1 U(x_1) + x_2 U(x_2) = x_1(x_2 + x_3/2) + x_2(x_1 + x_3/2) = 2x_1 x_2 + x_3/2(x_1 + x_2)$。* 该式在 $2x_1 x_2$ 取最大值时（即在 $x_1 = x_2$ 处）取最大值。

现在考虑 $x_1 = x_2$ 这条线上的一个点 $\boldsymbol{x}$。这里有 $U(x_3 \mid \boldsymbol{x}) = (1/2)(2x_1) + (1 - 2x_1) = 1 - x_1$；以及 $U(x_2 \mid \boldsymbol{x}) = U(x_1 \mid \boldsymbol{x}) = x_2 + (1/2)x_3 = x_1 + (1/2)(1 - 2x_1) = 1/2$。因此，只要 x_1、x_2 和 x_3 都为正，那么当 $1 - x_1 > 1/2$ 时，就有 $U(x_3 \mid \boldsymbol{x}) > U(\boldsymbol{x} \mid \boldsymbol{x})$。在单形内部的 $x_1 = x_2$ 这条线上，$1/2 > x_1 > 0$，因此，$U(x_3 \mid \boldsymbol{x}) > U(\boldsymbol{x} \mid \boldsymbol{x})$。根据定义，在 $x_3 = 1$ 处，$U(x_3 \mid \boldsymbol{x}) = U(\boldsymbol{x} \mid \boldsymbol{x})$。因此，在全局邻域 $x_3 > 0$ 内（在那里，信号系统策略不会灭绝），我们的李雅普诺夫函数是处处非负的，而且只在该策略的不动点处等于 0。这就证明了，在模型 3 中，存在着向信号系统均衡的全局收敛。

这个结果回答了一个关于均衡 $x_1 = x_2 = 1/2$ 的局部稳定性的曾经挥之不去的问题。这是一个遗留问题，我们在 4.3 节进行局部稳定性分析时，由于出现了零特征根，所以无法解决这个问题。这个均衡在 3 单形内部是局部动态不稳定的。然而，在由 $x_1 x_2$ 这条线构成的子单形内（在这里，x_3 已灭绝了），这个均衡点却是全局稳定的。这一点可以通过对子单形运用同样的分析技术来证明。

4.4.2　模型 2

对模型 2 的定性分析与模型 3 很类似。我们同样使用相对熵李雅普诺夫函数。在模型 2 中，$[U(x_3 \mid \boldsymbol{x}) - U(\boldsymbol{x} \mid \boldsymbol{x})]$ 可以化简为 $1/30\big(x_1(5 - 28x_2) + 3(5 - 4x_2)x_2\big)$，它在 $x_3 > 0$ 的整个区域内处处为正。在这里我不再列出代数证明过程，而以图示方式来说明。图 4.2 给出了模型 2 的李普雅诺夫函数高于 $x_1 - x_2$ 平面的那部分图形。在我们关注的区域 $[x_1 > 0, x_2 > 0, (x_1 + x_2) < 1]$，它取正值。$x_3 = 0$ 这条线构成了一个子单形，在这个子单形内，贪婪—谦让混合均衡是全局渐近稳定的（尽管它在整个 3 单形内，甚至不是局部稳定的）。

---

* 此处原文为"$2x_{12}$"，疑有误。已改。——译者注

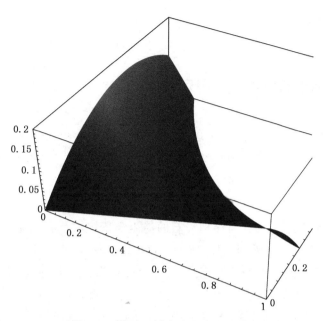

图 4.2 模型 2 的李雅普诺夫函数

4.4.3 模型 1

在模型 1 中,不存在全局渐近稳定均衡。无论是"所有人都要求公平分配"均衡($x_3 = 1$),还是贪婪——谦让均衡($x_1 = x_2 = 1/2$),都是渐近稳定的汇点。它们都有各自的吸引盆,包含了 3 单形内部的一些点。像在模型 2 和模型 3 中一样,在这里依然可以运用李雅普诺夫函数去证明一个均衡能够吸引显著扩大了的某些邻域中所有的点。作为一个例子,考虑由 $x_3 > 0.7$ 所界定的"所有人都要求公平分配"均衡的邻域。(必须注意的是,这个邻域绝不是这个均衡的全部吸引盆,在这里只是举一个简单的例子。)读者不难看出,$[U(x_3 \mid \boldsymbol{x}) - U(\boldsymbol{x} \mid \boldsymbol{x})]$ 在整个邻域内必定是处处为正的。$U(x_3 \mid \boldsymbol{x})$ 的最小值为 $(0.7)(0.5) = 0.35$。$U(x_1 \mid \boldsymbol{x})$ 的值恒为 $1/3$。$U(x_2 \mid \boldsymbol{x})$ 的最大值则为 $(2/3)(0.3) = 0.2$。因此,$U(x_3 \mid \boldsymbol{x})$ 必定大于它们的平均值 $U(\boldsymbol{x} \mid \boldsymbol{x})$。在本章 4.6 节中,我们还会回到这个例子上来。

下面总结一下。我们已经证明:

(1)模型 2 和模型 3 中的"所有人都要求公平分配"均衡和信号系统均衡都是全局渐近稳定的。

(2)模型 1 中的"所有人都要求公平分配"均衡是局部渐近稳定的,它能

够吸引其邻域 $x_3 > 0.7$ 中的每一个点。

4.5　动力学系统的结构稳定性

　　一个动力学系统如果足够小，那么它就是结构稳定的（structurally stable），不然的话就是一个"任意"的系统，扰动会导致拓扑等价的系统。这也就是说，所有足够接近正在研究的动力学系统，都是拓扑等价的。对此，下文将给出精确的定义。

　　人们有时会认为，只有结构稳定的动力学系统才有解释价值，但是这种"稳定性教条"，已经受到了质疑（例如，Guckenheimer and Holmes，1986，第5章）。这里的重点在于，对于要研究的现象来说，只有那些在物理上有可能实现的扰动，才是至关重要的扰动。结构稳定性既可能是一个过分的要求，也可能是一个过低的要求，因为动力学系统的合理扰动可能会非常大。

　　然而无论如何，分析一下某个动力学系统是不是结构稳定的（如果它不是结构稳定的，那么为什么会这样），肯定还是有意义的。就我们在这里所考虑的这几个模型而言，达姆斯、巴特曼和戈尔尼在他们的论文中（D'arms，Batterman and Górny，1998:91）对模型 2 的结构稳定性提出了质疑（他们还考虑了该模型的大型扰动）。这个质疑着实令我惊讶，因为正如我将证明的，在这三个模型中，模型 2 恰恰是唯一一个结构稳定的模型。

　　首先，我们需要给结构稳定性下一个精确的定义（Peixoto，1962；Smale，1980；Guckenheimer and Holmes，1986）。在我们的每一个模型中，复制者动力学的微分方程组构成了一个动力学系统，它定义在 $x_1 - x_2$ 平面的一个紧子集上，其中 x_1 和 x_2 都是非负的，而且它们的和不超过 1。我们将这个区域称为 M。（如前所述，我们只需要考虑这个系统就足够了，因为 x_1 和 x_2 的值确定了 x_3 的值。）M 的平面性质，可以从很多方面大大简化我们的讨论。

　　在区域 M 内，微分方程组定义了一个连续可微向量场。这个向量场本身也是一个函数，它将向量 $\langle dx_1/dt, dx_2/dt \rangle$ 与该点的导数联系起来。我们可以把这个向量场也看作一个动力学系统，它确定了 M 上的一个解曲线族，或者说一组轨道。如果存在一个从 M 到 M 的同胚映射，那么这两个动力学系统就是拓扑等价的，该同胚映射保存了轨道以及它们的时间意义。

为了对"接近"于我们的某个模型的动力学系统进行考察，我们需要为动力学系统给出一个空间，并刻画该空间的"紧密度"或"闭性"。就动力学系统的空间而言，我们取 M 上的连续可微向量场，$\chi(M)$。至于紧密度，它的界定相对简单一些，因为我们的基础状态空间 M 的性质非常好。对于每个动力学系统，X 都在 $\chi(M)$ 上。令其范数（norm）$\|X\|$ 为以下数字中的最大的一个：

$$最小上界\,|\mathrm{d}x_1/\mathrm{d}t|$$
$$最小上界\,|\mathrm{d}x_2/\mathrm{d}t|$$
$$最小上界\,|\partial[\mathrm{d}x_1/\mathrm{d}t]/\partial x_1|$$
$$最小上界\,|\partial[\mathrm{d}x_1/\mathrm{d}t]/\partial x_2|$$
$$最小上界\,|\partial[\mathrm{d}x_2/\mathrm{d}t]/\partial x_1|$$
$$最小上界\,|\partial[\mathrm{d}x_2/\mathrm{d}t]/\partial x_2|$$

其中最小上界是对 M 中的所有点上取的。现在，我们可以在动力学系统空间上定义一个度量了。对于 X 和 Y 两个动力学系统，我们取 $\mathrm{d}(x,y)=\|X-Y\|$。下面给出结构稳定性的精确定义：

如果存在一个向量场 X 在它的一个邻域内，可以使得每个向量场 Y，都拓扑等价于 X，那么这个向量场 X 就是结构稳定的。

本节用来证明结构稳定性的工具是佩肖托定理（Peixoto，1962；Guckenheimer and Holmes；1986，第60页）：平面的一个紧致域上的一个向量场是结构稳定的，当且仅当

（1）均衡点的数量和闭合轨道的数量都是有限的，而且各自都是双曲线型的；

（2）没有任何轨道与鞍点相连。

（我们再次提请读者注意，M 的平面性质简化了在这里应用的定理的形式。）

既然上述条件是结构稳定性的必要条件，既然模型1和模型3都具有非双曲线型均衡，所以我们马上就可以得出结论，这些动力学系统都不是结构稳定的。那么，模型2又如何？在4.3节中，我们已经看到，在模型3中，存在数量有限的均衡，而且它们都是双曲线型的。在4.4节中，我们又看到，在 $x_3=1$ 处的"所有人都要求公平分配"均衡对于子域 $x_3>0$ 是全局渐进稳定的。于是要考虑的就只剩下了 $x_3=0$ 这条线。我们看到，贪婪—谦让混合

均衡在那条线内部是全局渐近稳定的，因此那里不存在闭合轨道，也没有轨道与鞍点相连。这样，结构稳定性的所有条件都满足了，所以模型 2 是结构稳定的。于是我们有：

（1）模型 1 和模型 3 不是结构稳定的。

（2）模型 2 是结构稳定的。

［结构稳定性分析在更高维的系统中将变得更加复杂。模型 2 是一个莫尔斯—斯梅尔系统（Morse-Smale system）（Guckenheimer and Holmes，1986，第 64 页）。在更高维的情况下，是莫尔斯—斯梅尔系统，就是结构稳定的充分条件，但不再是一个必要条件。］

4.6 定性自适应动力学分析

如果根据某个动力学，某个没有灭绝的策略的人口比例按如下方式增减，我们就说这个动力学是定性自适应的：当该策略的适合度高于种群的平均适合度时，其人口比例就上升；当该策略的适合度低于种群的平均适合度时，其人口比例就下降；当该策略的适合度等于种群的平均适合度时，其人口比例就保持不变。这也就是说：

如果 $x_1 > 0$，那么 $\mathrm{d}x_i/\mathrm{d}t$ 与 $[U(x_i \mid \boldsymbol{x}) - U(\boldsymbol{x} \mid \boldsymbol{x})]$ 同号。

复制者动力学是定性自适应动力学的一种，当然还有许多其他的定性自适应动力学。在本章所述的三个模型中，如果用另一种定性自适应动力学替代复制者动力学，那么向量场就会显著地受到扰动。在这类扰动下，结构稳定性并不能保证动力学系统的行为将会如何。不过，我们可以证明，4.4 节得出的全局稳定性结果可以推广到所有这些系统中。

我们还是同样以相对熵为李雅普诺夫函数。为了证明当 $x_3 = 1$ 时会收敛到均衡，在状态 $\boldsymbol{x}$ 处均衡的相对熵须为：

$$- \log(x_3)$$

在单形中，这个函数是连续和非负的，而且只在均衡处等于 0。它的时间导数为：

$$- (1/x_3)\mathrm{d}x_3/\mathrm{d}t$$

现在，要想证明收敛，我们只需要证明，在由移走了均衡点的邻域 $x_3 > 0$

构成的区域内,上式为负就可以了。也就是说,当 $0 < x_3 < 1$ 时,上式为负。在这里,时间导数为负的地方,恰恰是 dx_3/dt 为正的地方,即 $[U(x_3 \mid x) - U(x \mid x)]$ 为正的地方,因为这是自适应的动力学。

因此,4.4 节的结果仍然有效:

(1) 对于用来替换复制者动力学的任一定性自适应动力学,模型 2 和模型 3 的"所有人都要求公平分配"均衡和信号系统均衡仍然是全局渐近稳定的。

(2) 对于用来替换复制者动力学的任一弱定性自适应动力学,模型 1 的"所有人都要求公平分配"均衡是渐近稳定的,它能够吸引其邻域 $x_3 > 0.7$ 中的每一个点。

对于上面的结论(2),我们甚至还可以进一步推广,以便将更广泛的动力学也包括进来。这就是弱定性自适应(weakly qualitatively adaptive)的概念。如果某个策略 s_i 在任何一个该策略不会灭绝的状态中,其人口比例有正的增长率(即 $dx_i/dt > 0$),且其适合度是所在种群表达出来的所有策略中最高的,那么就说一个动力学是弱定性自适应的。(一个动力学可以是弱定性自适应的,却不一定是定性自适应的。例如,仅次于最好的或好于平均水平的,可能毫无意义。)现在,我们可以说,在模型 1 中,如果 $x_3 > 0.7$,那么策略 S_3,即要求分得 $1/2$,是适合度最高的策略。这样一来,与前面同理,我们有:

(3) 对于替换复制者动力学的任一定性自适应动力学,模型 1 的"所有人都要求公平分配"均衡是渐近稳定的,它能够吸引其邻域 $x_3 > 0.7$ 中的每一个点。

在《社会契约演化论》一书的第 1 章中,有一段话被达姆斯、巴特曼和戈尔尼在他们的论文中(D'arms, Batterman and Górny, 1998)引用了。在那段话中,我断言,对一大类自适应动力学而言,"所有人都要求公平分配"均衡的渐近稳定性是一个非常稳健的事实:

> [要求分得 $1/2$ 这个策略]的强稳定性保证了,它不但是复制者动力学中的一个极具吸引力的均衡,而且还使得复制者动力学的细节不再重要。任何一个动力学,只要它有这种倾向,即,使支付更高的策略的人口比例(或被采用的概率)上升,那么公平分配策略就是稳定的。因为对公平分配策略的任何单方面的偏离,都只能导致更加糟糕的收益。基于这个理由,我们可以将达尔文的故事转置于文化演化的情境中。在文化演

化中,模仿和学习在动力学中起着非常重要的作用。(Skyrms,1996,第
11 页)

上述结论(2)为我在上面这段话中的断言提供了技术根据,而结论(3)
则支持了我的一般结论(Skyrms,1996,第 11 页)。

4.7 相关结构

对于相关结构中出现的任意变化,模型 2 是不是稳健的?模型 1 肯定不
是。模型 2 并不拓扑等价于模型 1。如果一步一步地尝试,逐渐减少模型 2
中的相关性,那么总会碰到这样一个分岔点,到那时,4 个均衡的模型 2 变成
了 5 个均衡的模型 1,而且谦让—贪婪均衡也会从 1 个鞍点变成 1 个汇点。
在这里,相关结构的任意改变,导致了质的变化,就像在几乎所有博弈中都
会发生的那样。(达姆斯、巴特曼和戈尔尼构建了一个抗相关的模型,也得
出了同样的结论。)但是,正如我们已经知道的,模型 2 则不同,它在相关结
构发生了局部(即在某个小的邻域中)变化时仍然很稳健。这是我们的结构
稳定性分析的结果之一。

模型 3 不是结构稳定的。那么,如果我们在模型 3 中加入少许正相关
性,会发生什么呢?哈哈,我们将得到模型 4。

4.7.1 模型 4

$$U(x_1 \mid \boldsymbol{x}) = (1-e) \cdot x_2 + (1/2) \cdot (1-e) \cdot x_3$$

$$U(x_2 \mid \boldsymbol{x}) = (1-e) \cdot x_1 + (1/2) \cdot (1-e) \cdot x_3$$

$$U(x_3 \mid \boldsymbol{x}) = x_3 + e \cdot (x_1 + x_2) + 1/2 \cdot (1-e) \cdot (x_1 + x_2)$$

当 $e = 0$ 时,模型 4 就"还原"为模型 3,而且在 $x_1 = x_2 = 1/2$ 处的均衡
是非双曲型的,其特征值为 $\{-1/2, 0\}$。在模型 4 中,在这个均衡中的雅可
比矩阵的特征值是:

$$\left\{ 1/4(-1 + 3e - \text{SQR}(1 + 2e + e^2)), \ 1/4(-1 + 3e + \text{SQR}(1 + 2e + e^2)) \right\}$$

如果 e 很小且为正,那么这个均衡就会变成双曲线型的。例如,对于
$e = 0.001$,上述特征值为 $\{-0.499\ 5, 0.001\}$。这时均衡是一个鞍点,因此

是不稳定的。而其他均衡的局部稳定性特征都保持不变。现在,我们有了一个结构稳定的系统,它的性质与模型 2 相似。(这也就是说,在 $x_1 = 1$ 和 $x_2 = 1$ 处分别有两个源点,在 $x_1 - x_2$ 线上有一个混合均衡鞍点,而 $x_3 = 1$ 处有一个汇点。)

很显然,相关结构在决定一个演化动力学系统的稳定性时,可以发挥非常重要的作用。当相关性是内生的,且要在一些可相互替代的备择模型中进行选择时,这一点特别有意义。达姆斯、巴特曼和戈尔尼(D'Arms, Batterman and Górny, 1998)在这个方面提出了一些想法,如果进一步深入探索的话,应该会取得丰硕成果。如果我没有记错的话,加入更加简单的(因而更高水平的)相关性以及他们在他们的论文中考虑的那种抗相关性,贪婪—适度均衡将再一次变得不稳定。在这个方向上的探索应该是非常有意思的。

另一种研究内生相关结构的进路是,在一个明确的空间结构中与邻居互动。我和亚历山大证明(Alexander, 1999;Alexander and Skyrms, 1999),这类讨价还价博弈(类似于模型 1)中涌现出来的相关性,无论是对作为初始条件之一的人口比例(它演化为"所有人都要求公平分配"均衡),还是对演化过程的速度,都有非常显著的影响。

4.8 稳定性和解释意义

对稳定性的种种考虑,说到底也只是评估动力学模型的解释意义时的一个方面。关于某个(或某类)模型是不是适合用来对正在被建模的过程建模(在我们这里指的就是文化演化过程),还有其他更重要的需要考虑的因素。我不可能在这里讨论所有这些因素,但是它们已经在其他地方得到了一些探讨(例如:D'Arms, 2000;Barrett et al., 1999;Bicchieri, 1999;Bolton, 1997, 2000;Carpenter, 2000;Gintis, 2000;Güth and Güth, 2000;Harms, 2000;Kitcher, 1999;Krebs, 2000;Mar, 2000;Nesse, 2000;Proulx, 2000;Skyrms, 1999, 2000)。但是无论如何,这些并不影响我们讨论本文考虑的稳定性结果对这里所讨论的模型的解释意义。

在模型 1 和模型 2 的讨价还价博弈中,"所有人都要求公平分配"这个均衡是一个强大的吸引子,这个事实是一个非常稳健的结果。不仅在这两个模型中会出现这个结果,而且在用任何其他弱定性自适应动力学替换掉复制者动力学之后的模型中,也会出现这个结果。但是,在模型 1 中,"所有人都要求公平分配"均衡并不是一个全局吸引子。不过,在加入了少许正相关性($e = 1/5$ 或以上)之后,它就转变成了一个全局吸引子,从而使整个系统成了一个结构稳定的动力学系统。当然,为什么可以在关于规范演化的动力学模型中(或其他类似的动力学模型中)加入这种程度的正相关性,是需要给出独立的解释的。因此,我给出的这些模型尚未给出关于公平分配的演化的全部故事。事实上,它们只是给这个故事起了一个头。

模型 3 中的信号系统均衡是一个全局吸引子,而且,当复制者动力学被替换为任何其他定性自适应动力学之后,它仍然是一个全局吸引子。这个事实使这个模型拥有令人惊叹的强大解释力。但是,我们还必须注意到,模型 3 不是结构稳定的。只要在模型 3 中引入少许正相关性,我们就得到了模型 4,它是结构稳定的,而且其信号系统均衡仍然是一个全局吸引子。更重要的是,在这里,与讨价还价博弈中不同,任何程度的正相关性都可以起到这种作用。是的,无论怎么小的正相关性都行。

总的来说,这些模型的上述结果提醒我们,应该把注意力集中到相关性上。相关结构是极其重要的。策略性互动与相关结构的协同演化的模型,无疑是今后一个极有前途的研究方向。

附 录

下面给出用 Mathematica 软件计算模型 1 的均衡的雅可比矩阵特征值的过程。

$In[1] := $ **Ux[x_, y_] := (1/3);**

   Uy[x_, y_] := (2/3)*x;

   Uz[x_, y_] := (1/2)*(1−y);

   Ubar[x_, y_] := x*Ux[x, y]+y*Uy[x, y]+(1−x−y)*Uz[x, y];

   dxdt[x_, y_] := x*(Ux[x, y]−Ubar[x, y]);

   dydt[x_, y_] := y*(Uy[x, y]−Ubar[x, y]);

$In[2] := \textbf{Outer}[\textbf{D}, \{\textbf{dxdt}[\textbf{x, y}], \textbf{dydt}[\textbf{x, y}]\}, \{\textbf{x, y}\}]$

$$Out[2] := \left(\left(\left(\frac{1-y}{2} - \frac{1}{3} - \frac{2y}{3}\right)x - \frac{x}{3} - \frac{2xy}{3} - \frac{1}{2}(1-y)(-x-y+1)\right.\right.$$
$$\left. + \frac{1}{3}\left(\frac{1-y}{2} - \frac{2y}{3} + \frac{1}{3}\right)y\right.$$
$$x\left(-\frac{1}{3}(2x) + \frac{1-y}{2} + \frac{1}{2}(-x-y+1)\right)\frac{x}{3} - \frac{2xy}{3} - \frac{1}{2}(1-y)(-x-y+1)$$
$$\left.\left. + \left(-\frac{1}{3}(2x) + \frac{1-y}{2} + \frac{1}{2}(-x-y+1)y\right)\right)\right.$$

$In[3] := \textbf{Eigenvalues}[\%]$

$$Out[3] := \left\{\frac{1}{12}(18y + 7x - 28xy - 12y^2 - \right.$$

$$\sqrt{36y^4 + 168xy^3 + 196x^2y^2 + 60y^2 + 156xy + 9x^2 - 12x - 24y - 324xy^2 - 72y^3 + 4} - 4),$$

$$\left\{\frac{1}{12}(18y + 7x - 28xy - 12y^2 - \right.$$

$$\sqrt{36y^4 + 168xy^3 + 196x^2y^2 + 60y^2 + 156xy + 9x^2 - 12x - 24y - 324xy^2 - 72y^3 + 4} - 4,)\right\}$$

$In[4] := \textbf{eig} = \%;$

$In[5] := \textbf{eig}/.\{\textbf{x} \rightarrow \textbf{1}, \textbf{y} \rightarrow \textbf{0}\}$

$$Out[5] := \left\{\frac{1}{6}, \frac{1}{3}\right\}$$

$In[6] := \textbf{eig}/.\{\textbf{x} \rightarrow \textbf{0}, \textbf{y} \rightarrow \textbf{0}\}$

$$Out[6] := \left\{-\frac{1}{2}, -\frac{1}{6}\right\}$$

$In[7] := \textbf{eig}/.\{\textbf{x} \rightarrow (\textbf{1/2}), \textbf{y} \rightarrow (\textbf{1/2})\}$

$$Out[7] := \left\{-\frac{1}{6}, -\frac{1}{12}\right\}$$

$In[8] := \textbf{eig}/.\{\textbf{x} \rightarrow (\textbf{1/2}), \textbf{y} \rightarrow (\textbf{1/3})\}$

$$Out[8] = \left\{\frac{1}{12}\left(-\frac{1}{2} - \frac{\sqrt{\frac{19}{3}}}{2}\right), \frac{1}{12}\left(-\frac{1}{2} + \frac{\sqrt{\frac{19}{3}}}{2}\right)\right\}$$

$In[9] := \textbf{N}[\%]$

$Out[9] := \{-0.146\,525, 0.063\,192\,1\}$

$In[10] := \textbf{eig}/.\{\textbf{x} \rightarrow \textbf{1}, \textbf{y} \rightarrow \textbf{0}\}$

$$Out[10] := \left\{ \frac{1}{6}, \frac{1}{3} \right\}$$

$$In[11] := \mathbf{eig/.\{x \to 0, y \to 1\}}$$

$$Out[11] := \left\{ 0, \frac{1}{3} \right\}$$

致　谢

　　我要感谢 Bruce Bennett,在与结构稳定性和莫尔斯—斯梅尔系统有关的问题上,他教会了我不少。同时还要感谢两位匿名审稿人的有益建议。

参考文献

Alexander, J. (1999) "The (Spatial) Evolution of the Equal Split", Institute for Mathematical Behavioral Science, University of California Irvine.

Alexander, J. and B. Skyrms (1999) "Bargaining with Neighbors: Is Justice Contagious?" *Journal of Philosophy* 96:588—98.

Andronov, A.A. et al. (1971) *Theory of Bifurcations of Dynamical Systems on a Plane* (tr. from the Russian original of 1967). Jerusalem: Israel Program of Scientific Translations.

Barrett, M., E. Eells, B. Fitelson, and E. Sober (1999) "Models and Reality: A Review of Brian Skyrms's *Evolution of the Social Contract*." *Philosophy and Phenomenological Research* 59:237—41.

Bicchieri, C. (1999) "Local Fairness." *Philosophy and Phenomenological Research* 59:229—36.

Binmore, K., J. Gale, and L. Samuelson (1995) "Learning to be Imperfect: The Ultimatum Game." *Games and Economic Behavior* 8:56—90.

Björnerstedt, J. and J. Weibull (1996) "Nash Equilibrium and Evolution by Imitation." In *The Rational Foundations of Economic Behavior*, ed. K. Arrow et al., 155—71. New York: Macmillan.

Bolton, G. (1997) "The Rationality of Splitting Equally." *Journal of Economic Behavior and Organization* 32:365—81.

Bolton, G. (2000) "Motivation and the Games People Play." *Journal of Consciousness Studies* 7:285—90.

Bomze, I. (1986) "Non-Cooperative Two Person Games in Biology: A Classification." *International Journal of Game Theory* 15:31—59.

Bomze, I. (1991) "Cross-Entropy Minimization in Uninvadable States of Complex

Populations." *Journal of Mathematical Biology* 30:73—87.

Borgers, T. and R.Sarin(1997) "Learning Through Reinforcement and the Replicator Dynamics." *Journal of Economic Theory* 77:1—14.

Carpenter, J. (2000) "Blurring the Line Between Rationality and Evolution." *Journal of Consciousness Studies* 7:291—5.

D'Arms, J.(1996) "Sex, Fairness and the Theory of Games." *Journal of Philosophy* 96:615—727.

D'Arms, J.(2000) "When Evolutionary Game Theory Explains Morality, What Does It Explain?", *Journal of Consciousness Studies* 7:296—9.

D'Arms, J., R.Batterman, and K.Górny(1998) "Game Theoretic Explanations and the Evolution of Justice." *Philosophy of Science* 65:76—102.

Gintis, H. (2000) "Classical vs. Evolutionary Game Theory." *Journal of Consciousness Studies* 7:300—4.

Guckenheimer, J. and P.Holmes(1986) *Nonlinear Oscillations, Dynamical Systems, and Bifurcations of Vector Fields*. New York: Springer.

Güth, S. and W. Güth (2000) "Rational Deliberation versus Behavioral Adaptation: Theoretical Perspectives and Experimental Evidence." *Journal of Consciousness Studies* 7:305—8.

Harms, W. (2000) "The Evolution of Cooperation in Hostile Environments." *Journal of Consciousness Studies* 7:308—13.

Hirsch, M. and S.Smale(1974) *Differential Equations, Dynamical Systems, and Linear Algebra*. New York: Academic Press.

Hofbauer, J. and K.Sigmund(1988) *The Theory of Evolution and Dynamical Systems*. New York: Cambridge University Press.

Kitcher, P.(1999) "Games Social Animals Play: Commentary on Brian Skyrms' *Evolution on the Social Contract*." *Philosophy and Phenomenological Research* 59:221—8.

Krebs, D.(2000) "Evolutionary Games and Morality." *Journal of Consciousness Studies* 7:313—21.

Mar, G.(2000) "Evolutionary Game Theory, Morality and Darwinism." *Journal of Consciousness Studies* 7:322—6.

Maynard-Smith, J. and G.Price(1973) "The Logic of Animal Conflicts." *Nature* 246:15—18.

Nesse, R.(2000) "Strategic Subjective Commitment." *Journal of Consciousness Studies* 7:326—30.

Peixoto, M.M.(1962) "Structural Stability on Two-Dimensional Manifold." *To-*

pology 1:101—20.

Proulx，C.(2000) "Distributive Justice and the Nash Bargaining Solution." *Journal of Consciousness Studies* 7:330—4.

Sacco，P.L.(1995) "Comment." In *The Rational Foundations of Economic Behavior*，ed. K.Arrow et al.，155—71. New York：Macmillan.

Schlag，K.(1998) "Why Imitate，and If So How? A Bounded Rational Approach to the Multi-Armed Bandits." *Journal of Economic Theory* 78:130—56.

Skyrms，B.(1994) "Darwin meets *The Logic of Decision*." *Philosophy of Science* 61:503—28.

Skyrms，B.(1996) *Evolution of the Social Contract*. New York：Cambridge University Press.

Skyrms，B.（1997） "Chaos and the Explanatory Significance of Equilibrium：Strange Attractors in Evolutionary Game Dynamics." In *The Dynamics of Norms*，ed. C.Bicchieri et al.，199—222. New York：Cambridge University Press.

Skyrms，B.(1999) "Precis of *Evolution of the Social Contract*" and "Reply to Critics." *Philosophy and Phenomenological Research* 59：217—20 and 243—54.

Skyrms，B.(2000) "Game Theory，Rationality and Evolution of the Social Contract" and "Reply to Commentary." *Journal of Consciousness Studies* 7:269—84,335—9.

Smale，S.(1980) *The Dynamics of Time：Essays on Dynamical Systems，Economic Processes and Related Topics*. New York：Springer.

Taylor，P. and L.Jonker(1978) "Evolutionarily Stable Strategies and Game Dynamics." *Mathematical Biosciences* 40:145—56.

van Damme，E.(1987) *Stability and Perfection of Nash Equilibria*. Berlin：Springer.

Weibull，J.(1997) *Evolutionary Game Theory*. Cambridge，MA：MIT Press.

5

从众偏差的动力学

5.1　复制者动力学

　　研究最充分的关于文化演化的动力学模型是复制者动力学(Taylor and Jonker，1978；请参阅霍夫鲍尔和西格蒙德的全面综述：Hofbauer and Sigmund，1998)。最初，复制者动力学是用来解释单倍体遗传学中的分化繁殖现象的。但是，它也可以用来对基于分化模仿的文化演化建模(Schlag，1997)，即越成功的策略被越频繁地模仿。在这种模型中，通常假设种群规模足够大，以保证这种确定性动力学可以作为对真实的有噪声的行为的一个有用的近似。下面约定一些记号。对于某种策略 A_i，我们将这种策略在种群中的平均价值记为 $U(A_i)$，将种群中采用这种策略的人口比例记为 $P(A_i)$，并把整个种群中各种策略的平均价值记为 $\Sigma_i P(A_i)U(A_i)$。 这样一来，复制者动力学就可以由以下微分方程组给出：

$$dP(A_i)/dt = P(A_i)[U(A_i) - Ubar]$$

　　即高于平均水平的价值(或者适合度、效用)导致采用该策略的人口比例正增长，低于平均水平的价值导致人口比例负增长。

5.2 价值

　　某个策略的平均价值通常源于采用该策略的博弈参与者与从种群中随机选择出来的博弈对手进行博弈时得到的平均支付。我们主要关注一些已经得到了充分研究的二人博弈,包括:连续弯路博弈、猎鹿博弈、囚徒困境博弈,以及"石头剪刀布"博弈。一个博弈参与者得到的收益不仅取决他自己的策略,而且取决于与他配对的博弈参与者的策略。我们假定,博弈参与者的身份并不重要,重要的只是策略。这样一来,各位博弈参与者的支付就可以用一个支付矩阵 V_{ij} 表示,它给出了策略 A_i 在与策略 A_j 博弈时的价值。在大种群、随机相遇的博弈中,所有价值都源于博弈互动,我们可以将一个策略 A_i 的平均价值称为收益价值(payoff value),记为:

$$收益价值 = \Sigma_j P(A_j) A_{ij}$$

这种分析显然与演化博弈论有些类似。

　　但是,在一个存在从众偏差(conformist bias)的社会里,某个策略的价值——导致分化模仿的正是不同策略的不同价值——却可能由两部分组成:第一部分是收益价值,第二部分是从众价值(conformist value)。这样,策略 A_i 的整体价值(overall value)可以表示为如下这个加权平均结果:

$$U(A_i) = (1-c) \times 收益价值 + c \times 从众价值$$

其中,从众常数 c 决定了从众偏差的力量。如果从众常数 $c = 1$,那么从众偏差就解释了所有东西;反之,如果 $c = 0$,那么从众偏差就不起任何作用。

　　一个策略的从众价值随着该策略的流行程度的提高而上升。一个策略的从众的价值应该是种群中采用该策略的人口比例的单调递增函数。在这里,我们将选择最简单的一种表示方法,即让从众价值直接取种群中采用这种策略的人口比例。这样一来,我们就可以将上述整体价值重新表述为:

$$U(A_i) = (1-c) \Sigma_j P(A_j) V_{ij} + c P(A_i)$$

然后就可以把整体价值输入复制者动力学。

　　对于某种给定类型的互动,我们可以从 $c = 0$ 开始,逐步加大从众偏差,然后观察动力学变化如何。在这个过程中,我们可能遇到的最显著的变化,应该是新的均衡的出现或旧的均衡的破坏。或者,我们可能会看到均衡的稳定性的变化,即原来稳定的均衡变得不稳定了,或原来不稳定的均衡变得稳定了。再或者,即使均衡的结构没有变化,各均衡的吸引盆的大小也可能发生变化。当然,增大从众偏差也许并不能使动力学系统发生什么不变。

5.3 各种互动

从众偏差的影响也会随着互动类型的不同而不同。接下来,我们将分别讨论一系列"典范"式的互动类型在加入和不加入从众偏差时的演化动力学机制。

5.3.1 连续弯路博弈 I

	靠右行驶	靠左行驶
靠右行驶	1	0
靠左行驶	0	1

这是一个经典的纯粹协调博弈,它很好地说明了从众这种"美德"的价值。博弈参与者需要做出的选择是:是靠右行驶还是靠左行驶?约定每个人都靠左行驶,还是约定每个人都靠右行驶,这两种惯例一样好。唯一重要的事情是,做出同样的选择。运用复制者动力学,我们发现两种可能的惯例,即所有人都靠右行驶,或所有人都靠左行驶,都是稳定的均衡,而且是仅有的两个稳定的均衡。这个博弈还存在另一个不稳定的均衡,即一半的人选择靠右行驶,另一半人选择靠左行驶。如果超过一半人的选择靠右行驶,那么在复制者动力学的驱使下,就会达到所有人都靠右行驶的均衡,这就是说,所有人都靠右行驶这个均衡的吸引盆由 $\Pr(R) > 0.5$ 的人口组成。类似地,所有人都靠左行驶这个均衡的吸引盆由 $\Pr(L) > 0.5$* 的人组成。

在这个模型中,无论我们加入何种程度的从众偏差,都不会导致任何变化,其动力学完全保持不变。靠左行驶这个策略的整体价值是靠左行驶的

---

* 此处的大于号原文为小于号,疑有误。已改。——译者注

收益价值[= Pr(L)]与靠左行驶的从众价值[= Pr(L)]的加权平均。靠右行驶也类似。因此,加入从众偏差并不能增加任何东西。这种互动的结构本身就会导致从众行为,有没有从众偏差无关紧要。

5.3.2 猎鹿博弈

	合作	背叛
合作	4	0
背叛	3	3

猎鹿也是一个协调博弈,但不是一个纯粹的协调博弈。在上述猎鹿博弈中,与以前一样,也有三个均衡。前两个均衡是单态均衡,即所有人都猎鹿或所有人都猎兔,这两者在复制者动力学中都是稳定的吸引子。此处还有一个不稳定的多态均衡,出现在 Pr(猎鹿) = 0.75 处。所有人都猎鹿这个均衡的吸引盆[Pr(猎鹿)＜ 0.75]的大小是所有人都猎兔这个均衡的吸引盆[Pr(猎鹿)＞ 0.75]的 3 倍。从社会福利的角度来看,这是让人遗憾的,因为处在猎鹿均衡时,每个人处境都更好。

如果加入一定程度的从众偏差,这个博弈的基本均衡结构仍然保持不变,即仍然有两个稳定单态均衡和一个不稳定的多态均衡,但是与此同时,多态均衡向中心移动,而且所有人都猎兔这个均衡的吸引盆减小了。当从众偏差增加到 100% 的时候,这个博弈变得与前述连续弯路博弈很相近。

因此,在猎鹿博弈中,从社会的角度来看,从众偏差有一定的积极作用,因为它能够降低猎鹿的风险,从而在某种意义上,使得社会效率更高的均衡更容易实现。但是,我们一定要注意,这个例子是不能直接推广的,即便是在协调博弈中也不例外。例如,试考虑下面这个博弈。

5.3.3 连续弯路博弈 II

	靠右行驶	靠左行驶
靠右行驶	3	0
靠左行驶	0	1

这是一个特殊的连续弯路博弈,参与者来自这样一个种群:所有人都很

不幸地右眼失明了。唉,这个故事实在不怎么样,肯定还能讲出一个更好的故事来。但是无论如何,这里的问题的核心在于,虽然这个博弈仍然是一个纯粹的协调博弈,但是其中的某个均衡要远远好于其他的均衡,而且对所有人都如此。因此,所有人都靠右行驶这个均衡的吸引盆更大一些。如果 $\Pr(R) > 0.25$,那么动态演化的结果是所有人都靠右行驶这个均衡;如果 $\Pr(R) < 0.25$,那么动态演化过程将把这个种群带到所有人都靠左行驶这个均衡。从动力学的角度来看,这个博弈有些类似于猎鹿博弈,靠右行驶对应于猎兔,而靠左行驶则对应于猎鹿。

如果我们加入从众偏差,那么当整体价值达到纯粹从众价值的时候,所有人都靠右行驶这个均衡的吸引盆将会缩小到 0.5。但是在这种情况下,与在猎鹿博弈时不同,从众偏差是有损双方利益,而不是促进双方利益的。

5.3.4 石头剪刀布博弈 I

	石头	剪刀	布
石头	1	2	0
剪刀	0	1	2
布	2	0	1

很多人都玩过这个游戏:石头砸烂剪刀,剪刀剪碎布,布包住石头。(对于这种环状结构的博弈,更加有趣的一个例子是豪尔特等人给出的一个可选择的公共物品提供博弈。请参阅,Hauert et al.,2002。)在这个博弈中,三种单态(所有人都选择石头、所有人都选择剪刀、所有人都选择布)并不是纳什均衡。当然,它们都是复制者动力学下的动态均衡(当其他类型的人已经灭绝时),但是这些动态均衡仍然是动态不稳定的,因为每一个均衡都可能被侵入。这就是说,例如,当整个种群都由选择石头的人构成时,少数选择布的突变体可以入侵。

这个博弈的唯一一个多态均衡是,各有 1/3 的人分别选择一种策略。为了分析这个均衡点的稳定性,首先可以考察一下该动力学系统的偏导数的雅可比矩阵。如果雅可比矩阵的所有特征值都有负实部,那么该均衡就是一个吸引子。如果至少有一个特征值存在正实部,那么该均衡就是不稳定的(Hofbauer and Sigmund,1988)。该动力学系统可以只用 $\Pr(R)$ 和 $\Pr(S)$ 来表示,因为各种策略的人口比例之和必定为 1。以这种方式给出动力学系统之后,再来看 $\Pr(R)=\Pr(S)=1/3$ 处的雅可比矩阵的特征值,我们发现其为 $[-\mathrm{SQRT}(-1/3),\mathrm{SQRT}(-1/3)]$,是虚数。虚特征值表明存在着旋转运动。因为特征值的实部为0,所以它们不能提供与稳定性有关的信息,我们必须另觅他途,寻找其他合适的工具。

$\Pr(R)^*\Pr(S)^*[1-\Pr(R)-\Pr(S)]$ 这个量是系统的一个运动常数,即它的时间层数为0。该动力学系统的轨道必定会保持此值恒定。只有在多态均衡 $\Pr(R)=\Pr(S)=1/3$ 中,它才会取其最大值 $1/27$。离开了均衡,该守恒量的恒定值就对应于围绕均衡的闭合曲线(见图5.1所示的等值线图)。这些闭合曲线是该动态的轨道。这个均衡是动态稳定的,因为邻近的人都环绕在它的周围,并且留在附近。然而,它并不是渐近稳定的。邻近它的人,并没有被它吸引走。

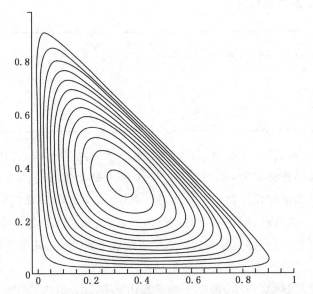

图 5.1 用等值线表示的石头剪刀布博弈(类型Ⅰ)的闭合轨道

如果在该动力学系统中再加入哪怕是最少最少的从众偏差,那么在 $\langle 1/3,1/3,1/3\rangle$ 的多态均衡就立即变得不再稳定了。在包含了从众偏差之后,这一点上的雅可比矩阵的特征值的一般形式可以表达为:

$$\{c/3-\mathrm{SQRT}(-1/3+2c/3-c^2/3),\ c/3+\mathrm{SQRT}(-1/3+2c/3-c^2/3)\}$$

如果 $c>0$,那么这些特征值具有正实部,而这就表明这个均衡已变得不稳定了。这个策略的人口比例的时间导数不再是一个运动常数。现在,这个量在人口比例空间内部沿着所有轨道递减。这就是说,只要你开始向均衡接近一点,轨道就将螺旋向外往边界靠。

不过,单态均衡的稳定性特征却不会因为增加了一点点从众偏差而改变。它们仍然是不稳定的动态鞍点,例如,就其中的选择石头这个策略而言,在将它与剪刀连接起来的那条边上是吸引的,而在将它与布连接起来的那条边上则是排斥的。

但是,如果加入相当可观的从众偏差,却会导致另一个质的变化,或者说,导致一个分叉。每个单态均衡的雅可比特征值是:

$$\{-c-\mathrm{SQRT}(1-2c+c^2)\,,\ -c-\mathrm{SQRT}(1-2c+c^2)\}$$

如果没有从众偏差,即 $c=0$,那么这些特征值都为$\{1,-1\}$,这表明均衡点是不稳定的鞍点。在 $c=0.5$ 处,有一个分岔,在那里,这些值都是$\{-1,0\}$。而当 $c>0.5$ 时,特征值就变成负的了,这表明这些单态已经从(不稳定的)鞍点变成了(强稳定的)吸引子。与此同时,考虑到连续性,我们知道,边线上产生了三个新的不稳定的均衡。图 5.2 和图 5.3 分析给出了 $c=0$ 和 $c=0.6$ 时的情况,在图中,实心圆点和空心圆点分别表示稳定的均衡和不稳定的均衡。

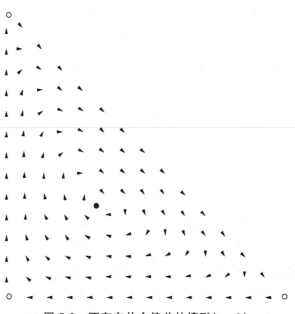

图 5.2 不存在从众偏差的情形($c=0$)

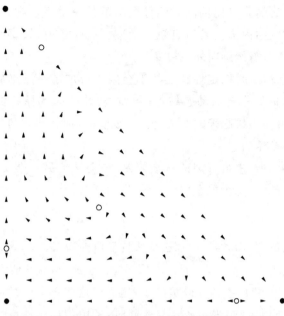

图 5.3 存在相当可观的从众偏差的情形($c=0.6$)

那么,这些动态的变化对整个种群的效率有什么影响吗?如果我们用实际收益来衡量结果,而不考虑从众行为可能会带来的满意度的增加,那么答案肯定是"没有任何影响"。在原来的多态均衡〈1/3,1/3,1/3〉中,平均收益等于1。而在稳定的单态状态下,种群的平均收益仍然是1。

5.3.5 石头剪刀布博弈Ⅱ(Zeeman, 1980; Hofbauer and Sigmund, 1998)

	石头	剪刀	布
石头	$1-e$	2	0
剪刀	0	$1-e$	2
布	2	0	$1-e$

最初的石头剪刀布博弈(不存在从众偏差)在复制者动力学中不是结构稳定的。所以从众偏差很轻易就可以带来显著的影响。而在第二种类型的石头剪刀布博弈中,e很小,因此是一个结构稳定的博弈,而且其中的〈1/3,1/3,1/3〉多态均衡是一个稳定的吸引子。雅可比特征值有负实部。再者,人口比例的积沿所有内部轨道增加,而且在〈1/3,1/3,1/3〉达到其最大值,

因此这种状态是该空间所有内部区域上的全局吸引子(没有任何一个类型灭绝)。所有轨道都螺旋向内,朝向多态均衡点。而所有单态(即所有人都选择石头、所有人都选择剪刀、所有人都选举布)则都是(不稳定的)鞍点。

当我们加入从众偏差后,在 $b = e/(1+e)$ 处动力学系统会发生质的变化。在〈1/3,1/3,1/3〉处的均衡将不再是一个吸引子,但是仍能保持稳定。雅可比矩阵的特征值现在变得只有虚部了。同时,$\mathrm{Pr}(R)^* \mathrm{Pr}(S)^* [1 - \mathrm{Pr}(R) - \mathrm{Pr}(S)]$ 这个量则再次变成了系统的一个运动常数,从而使〈1/3,1/3,1/3〉被闭合轨道包围。这也就是说,我们面临的情况,从定性的角度来看,又与原始的、没有从众偏差的石头剪刀布博弈相似了。

随着从众偏差的继续增大,该系统将遍历我们在 5.3.4 小节石头剪刀布博弈 I 所讨论过的所有变化。到最后,多态均衡已经从一个吸引子变成了一个排斥子,而单态则从鞍点变成了吸引子,而且还会出现三个新的(不稳定的)均衡。与以前讨论过的一样,从众偏差也不会带来任何集体利益的增量。单态种群的处境不会比多态种群更好(事实上,还要略差一点)

5.4 结论

在本文所考虑的简单情形下,从众偏差可能会给文化演化的动力学带来显著的影响。对于集体福利来说,这些效应有的时候是正面的,有的时候是中性的,也有的时候是负面的。因此,从众偏差并不等于"团结一致"。一般认为,"团结一致"有利于帕累托有效的均衡,即互利合作的实现,但是正如我们已经看到的(这点从本章的 5.3.3 小节看得最清楚),从众偏差可能对这种均衡的实现有损无益。

当然,如果放在不同的情形下,这个故事可能会有所不同(例如,请比较:Boyd and Richerson,1985;Henrich and Boyd,1998)。多个群体之间的互动很快就会使事情变得更加复杂起来。例如,仅仅是从一个种群的复制者动力学,变为两个种群的复制者动力学,就会使不存在从众偏差的石头剪刀布博弈变得完全不同(Sato et al.,2002)。在更加复杂的情形下讨论从众偏差以及其他偏差的影响如何,无疑是非常值得进一步研究的重要课题。

参考文献

Boyd,R. and P. J. Richerson(1985) *Culture and the Evolutionary Process*. Chicago，IL：University of Chicago Press.

Hauert，C.，S. De Monte，J. Hofbauer，and K. Sigmund(2002)"Volunteering as Red Queen Mechanism for Cooperation in Public Goods Games." *Science* 296：1129—32.

Henrich，J. and R. Boyd(1998)"The Evolution of Conformist Transmission and the Emergence of Between-Group Differences." *Evolution and Human Behavior* 19：215—42.

Hofbauer，J. and K. Sigmund(1998) *Evolutionary Games and Population Dynamics*. New York：Cambridge University Press.

Sato，Y.，E. Akiyama，and J. D. Farmer(2002)"Chaos in Learning a Simple Two-Person Game." *Proceedings of the National Academy of Sciences* 99：4748—51.

Schlag，K. H.(1997)"Why Imitate，and If So，How? A Boundedly Rational Approach to Multi-Armed Bandits." *Journal of Economic Theory* 78：130—56.

Taylor，P. D. and L. Jonker(1978)"Evolutionary Stable Strategies and Game Dynamics." *Mathematical Biosciences* 40：145—56.

Zeeman，E. C.(1980)"Population Dynamics from Game Theory." In *Global Theory of Dynamical Systems*. Springer Lecture Notes on Mathematics 819. Berlin and New York：Springer.

6

混沌及均衡的解释意义：
演化博弈动力学中的奇异吸引子

6.1 引言

冯·诺依曼（von Neumann）和摩根斯坦（Morgenstern）的经典博弈论是建立在均衡概念的基础上（von Neumann and Morgenstern，1947）。在这里，我将从引述两个关于均衡概念的哲学论断来开始本章的论述。这是两个多少有些争议的命题：

（1）均衡概念的解释意义取决于作为其基础的动力学（underlying dynamics）。

（2）当作为均衡概念基础的动力学受到重视之后，很显然均衡本身不再是核心的解释性概念。

关于第一个命题，我首先要强调一点，那也是冯·诺依曼和摩根斯坦当初强调过的。他们的理论是一个静态理论，只讨论均衡的性质和存在性，但是不解决如下问题："如何达到均衡？"不过，均衡概念的解释意义，确实取决于作为均衡概念基础的动力学的合理性。因为据信，将博弈参与者带到均衡的正是这种动力学。当然，也有这样一种类型的故事，它们假设决策者是通过一个理想化的推理过程达到均衡的，这需要大量的共同知识、上帝一般的计算权力,也许还需要恪守某种关于策略互动的理论的指示。我们这里要讲述的是另一类故事,它们源于演化生物学,将博弈论所说的均衡视为演化适应过程的不动点(fixed point),而不再需要第一类故事的对理想化的理性能力。因此,在这类故事中,博弈论的均衡解释的解释力,就取决于适用于所研究的情境的动态场景(dynamical scenario)的可行性,这种动态场景揭示了均衡是如何达到的。

众所周知,这个问题在冯·诺伊曼和摩根斯坦当初没有强调的一个博弈论领域尤其重要,那就是,非零和的不合作博弈理论。在非零和不合作博弈中,有可能存在许多不等效的均衡,这一点完全不同于零和博弈。如果不同的决策者"瞄准"了不同的均衡,那么他们的行为共同作用的结果完全有可能不是一个均衡。作为均衡概念基础的动力学(为了方便,以下简称为"基础动力学")必须解释博弈参与者如何选择均衡,因为如果没有一个合理的均衡选择理论,均衡概念本身就失去了合理性。

而一旦有人问起第一个动力学问题:"均衡是怎样达到的?",也就不可能不问起第二个更加激进的问题了:"均衡真的是'达到'的吗?"也许根本不是。如果均衡不是"达到"的,那么就必须搜寻别的途径,并探索其他更加复杂的非收敛行为的深层机制。这样做非常重要,而且正是基础动力学所能够做到的。本章将朝着这个方向迈出一小步。

本章的具体贡献是,我将为泰勒和琼克(Taylor and Jonker,1978)提出的演化博弈动力学中极其复杂的行为提供一些数值证据。这是一种基于复制过程的动力学,能够在各个层次的生物化学组织找到(Hofbauer and Sigmund,1988)。为了让读者对这种动力学可以做什么有个初步印象,请看如图 6.1 所示的"奇异吸引子"(strange attractor)。这是一张投影图,它所反映的这个动力学有四个策略。图中给出的是这个四策略演化博弈的一个轨道在 3 单形上的投影,该 3 单形是前三个策略的概率。奇异吸引子不可能出现在三策略演化博弈的泰勒—琼克流(Taylor-Jonker flow)中,因为那样的话,动力学将发生在一个二维单形中。齐曼(Zeeman,1980)提出了一个问题,在更高维的情况下,奇异吸引子是否可能?这是一个悬而未决的问题。本章给出了有力的数值证据,证明奇异吸引子确实存在于它们可能出现的最低维中。

本章的结构如下:6.2 节、6.3 节和 6.4 节引入博弈、动力学和演化博弈动力学的关键概念,6.5 节介绍一个会产生混沌动力学的四策略演化博弈,同

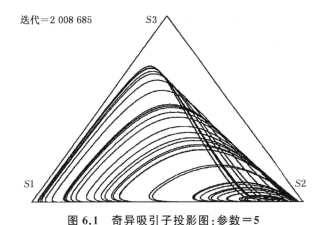

图 6.1 奇异吸引子投影图:参数=5

时描述当模型的参数变化时导致混沌出现的分岔。6.6 节将对 6.5 节所描述的、在通往混沌的路上碰到的各个均衡的稳定性进行分析。6.7 节描述了李雅普诺夫指数的数值计算结果。6.8 节讲述了一些相关文献,并讨论了本章的内容与洛特卡—沃尔泰拉(Lotka-Volterra)生态模型之间的关系。6.9 节将讨论我的第二个哲学论断。

6.2 若干博弈

在本节中,我们将讨论一些有限的、非合作的标准型博弈。在这类博弈中,博弈参与者的数量是有限,每个博弈参与者可以选择的策略也是有限的。每个博弈参与者都只有一个选择,而且没有被告知任何其他博弈参与者的选择。这类博弈都是非合作博弈。在博弈参与者做出选择之前,既不会进行交流,也没有事先的承诺。每个可能的策略组合决定了每个博弈参与者的收益。

规定了博弈参与者的数量、每个博弈参与者可以选择的策略的数量和收益函数,博弈也就确定下来了。博弈的纳什均衡(Nash equilibrium)是指这样一种策略组合:没有博弈参与者能够通过单方面偏离这一组合而使自己的处境变得更好。在初始可行的行为基础上,我们还可以扩展博弈参与者的可能行动,将一定概率的随机化选择也包括进来。这种新的随机化行动称为混合策略(mixed strategy),而原来的行动则称为纯策略(pure strategy)。

混合策略的收益被定义为混合行动中各种行动在各自概率下的期望价值（同时假设不同博弈参与者的行动之间都是相互独立的）。我们假设，混合行为总是可用的。这样一来，每个有限的、非合作的、标准型博弈中都至少有一个纳什均衡。

例 1 中的博弈有两个纯策略纳什均衡，一个在〈底部，右侧〉一个在〈顶部，左侧〉。直觉告诉我们，前一个均衡——至少在某种意义上——是高度不稳定的，而后一个均衡则是唯一合理的均衡。

例 1

1, 1	0, 0
0, 0	0, 0

为了刻画这种直觉，泽尔腾引入了"完美均衡"（perfect equilibrium）的概念（Selten, 1975）。他构建了一个受到扰动的博弈（"颤抖手"博弈），在这些博弈中，每个博弈参与者宁可直接选择某个策略，即去指示一个不完全"靠得住"的代理人应该选择哪个策略。那个代理人会以某个很小的非零概率错误地选择某个其他策略，而不选择他被指示应该选择的策略。不同类型的博弈参与者的代理人犯错的概率是相互独立的。这样，原来的博弈的一个均衡，就成了受到扰动的博弈中某个均衡序列当犯错的概率趋于 0 时的极限，因此被称为一个（"颤抖手"）"完美均衡"。在任何一个受到扰动的博弈（请参照例 1），都只存在一个均衡，因为行（参与者）和列（参与者）会指示他们的代理人选择顶部和左侧的策略，其概率为 1 减去他们犯错误的概率。

经典博弈论的目的是成为理性的收益最大化者之间的策略互动的理论。人们有时批评它实际上纳入了一个关于人类理性的不切实际的理想化模型。梅纳德·史密斯和普赖斯发现（Maynard Smith and Price, 1973），博弈论可以用于对同种动物之间的冲突进行建模。当然，他们这样做的理由肯定不是因为蛇或骡鹿等动物都是超级理性的，而是因为演化是一个有如下这种趋势的过程：在收益计入演化适合度的地方，演化趋向于收益增加的方向。这样一个过程的一个（稳定）静止点必定是最优点。因此，他们认为，只要有这种趋势本身，就足以使理性选择理论和博弈论对生物演化的研究发挥重要作用。到了后来，这种洞见又被带回到了人类行为领域，现在许多学者非常感兴趣的博弈论情境下关于学习和慎思的许多动力学模型，全都缘于此。

梅纳德·史密斯和普赖斯的目的是，为发生在同一物种成员之间的"有限战争"式的冲突提供一种演化论的解释，但是他们不想诉诸群体选择。他们引进了一个关键概念即演化稳定策略（evolutionarily stable strategy）概念：一个策略，如果在自然选择下是一个稳定的均衡，那么它就是一个演化稳定策略。演化稳定策略意味着，如果一个种群的所有成员都采取该策略，那么就没有任何突变可以侵入。假设，现有一个很大的种群，成员之间的竞争是配对进行的，并且配对是随机的，那么相关收益就是一个个体的演化适合度的平均变化，它是由该个体的策略以及与该个体配对的成员的策略决定的。这些数字可以方便地反映在一个适合度矩阵（fitness matrix）中，并且可以认为该矩阵就足以界定该演化博弈。适合度矩阵则可以解读为当与"列"博弈时的"行"获得的收益。

例 2		
	R	H
R	2	-3
H	-1	-2

因此，如例 2 所示，对于 R，当与 R 博弈时，R 的收益为 2，而与 H 博弈时，R 的收益则为 -3。对于 H，当与 R 博弈时，收益为 -1，而与 H 博弈时，收益则为 -2。在这里，R 是一个演化稳定策略，因为如果一个种群的所有成员都采用了这个策略，那么一个采用 H 策略的突变体在与该种群的成员博弈时处境会变得更差。类似地，H 也同样是一个演化稳定策略，因为 H 对 H 博弈比 R 对 H 博弈更有利。不过，假设一个突变体在对一个既有策略时，能够做得与该既有策略对它自身一样好，但是该突变体对自身比该既有策略对自身更差，那么这个既有策略仍然可以算作一个演化稳定策略。这是因为，在一个由采用这个策略的博弈参与者以及少数采用突变出来的策略的博弈参与者组成的种群中，这个策略的平均收益更高。这也正是梅纳德·史密斯和普赖斯给出的演化稳定策略的正式定义（Maynard Smith and Price，1972）。更形式化的表述如下：令 $U(x \mid y)$ 表示与策略 y 博弈时策略 x 的收益，策略 x 是演化稳定的，当且仅当对于任何不同于策略 x 的策略 y，

$U(x \mid x) > U(y \mid x)$ 或 $U(x \mid x) = U(y \mid x)$ 且 $U(x \mid y) > U(y \mid y)$。与此等价的表述是,策略 x 是演化稳定的,如果:

$$U(x \mid x) \geqslant U(y \mid x),$$

其中,如果 $U(x \mid x) = U(y \mid x)$,则 $U(x \mid y) > U(y \mid y)$

而适合度矩阵则确定了两人博弈的一个对称的支付矩阵。"对称"这个术语意味着,只有策略是重要的,到底是行采用了这个策略,还是列采用了这个策略则无关紧要。如例 3 所示。

例 3	
2,2	$-3,-1$
$-1,-3$	$-2,-2$

在两人非合作博弈中,根据上面给出的条件 1,一个演化稳定策略就是一个对称的纳什均衡。条件 2 增加了一个稳定性要求。

演化稳定策略的正式定义既适用于纯策略,也适用于混合策略。而且有的适合度矩阵会出现这样的情况,即唯一的演化稳定策略是混合策略。下面的例 4 就是如此。

例 4		
	H	D
H	-2	2
D	0	1

在例 4 中,H 和 D 都不是演化稳定策略,但是混合策略 $H(1/3)$,$D(2/3)$(此混合策略记为 M)却是一个演化稳定策略。这个例子很好地说明了演化稳定策略的定义中的条件 2。$U(x \mid M) = 2/3$,如果 x 是 H 或 D,又或者是 H 和 D 任意混合。但是,一个采用 H 策略或 D 策略,又或者采用 H 和 D 的另一种混合策略的入侵者,在对它自己时,会比 M 对 M 自己时更差,因此无法成功侵入。举例来说,考虑 H 作为一个入侵者时的情形。此时,$U(H \mid H) = -2$,而 $U(M \mid H) = -2/3$。把混合策略解释为种群的每个成员都采用的策略,这种描述无疑是合理的:如果种群的所有成员都采用这种策略,那么没有任何突变体可以侵入。此外,还有另一种解释,即把混

合策略理解为多态性种群中的人口比例,在这个种群中这一比例的成员全都采用某种纯策略。演化稳定策略定义中的条件 1 和条件 2,在这种解释下仍然是合理的。

如果在我们考虑的两人的、非合作的、带有适合度矩阵的标准型博弈中,有一个演化稳定策略 x,那么就可以推导出这样的结论,即博弈必定有一个对称性的纳什均衡 $\langle x, x \rangle$ 具有特定的稳定性特征。在前面,我们讨论了泽尔腾的完美均衡概念,它排除了某些不稳定性。演化稳定性的要求比完美性的要求更高。如果 x 是一个演化稳定策略,那么 $\langle x, x \rangle$ 必定是一个完美的对称性的纳什均衡,但是反命题却不成立。例如,在与如下所示的适合度矩阵对应的博弈中,$\langle S2, S2 \rangle$ 是一个完美的均衡。[①]但是,$S2$ 却不是一个演化稳定策略,因为 $U(S1 \mid S2) = U(S2 \mid S2)$,且 $U(S1 \mid S1) > U(S2 \mid S1)$。

例 5			
	S1	S2	S3
S1	1	0	−9
S2	0	0	−4
S3	−9	−4	−4

经典博弈论中的均衡概念和稳定概念都是"拟动力学"(quasidynamical)概念。当我们把博弈论嵌入一个关于均衡化的动态理论中时,这些概念怎样才能与它们所对应的那些"全动力学"概念联系起来?

6.3 动力学

系统的状态可以用一个状态向量 x 来描述,它指定了相关变量的取值。(在这里,我们所关注的"相关变量",主要是指某个博弈中某种策略的概率。)一个系统的动力学指定了它的状态向量如何随时间的流逝而演化。一个状态向量的动态演化,会在状态空间中"描绘"出一个路径,这个路径就称为"轨迹",或"轨道"。在动力学系统中,时间既可以被建模为离散的,也可以被建模为连续的。在前一种情况下,一个确定性动力学就是一个映射,该映射可由如下差分方程(组)给出:

$$x(t+1) = f\big(x(t)\big)$$

在后一种情况下,一个确定性动力学则是一个流,它可由一个微分方程(组)给出:

$$\mathrm{d}x/\mathrm{d}t = f\big(x(t)\big)$$

一个均衡点(equilibrium point)是指动力学的一个不动点(定点)。在离散时间的情况下,均衡点是状态空间中的一个点 x,它使得 $f(x) = x$。而在连续时间的情况下,均衡点是一个状态 $x = \langle x_1, \cdots x_i, \cdots \rangle$,它使得 $\mathrm{d}x_i/\mathrm{d}t = 0$,对于所有的 i 都成立。一个均衡 x 是稳定的,如果邻近它的所有点都继续保持与它邻近。或者准确地说,如果对于 x 的每一个邻域 V,都存在一个 x 的一个邻域 V',它使得,如果在时刻 $t = 0$ 时,策略 y 是在 V' 内的,那么在所有时刻 $t > 0$,它仍然在 V' 内。* 对于任何一个均衡 x,如果所有邻近的点都趋向它,那么就说它是强稳定的(或者说它是渐近稳定的)。这也就是说,强稳定性的定义,是在稳定性的定义的基础上再加上一个条件,即当 t 趋于无穷大时,极限为 $y(t) = x$。

一个不变集(invariant set)是状态空间中的这样一些点的集合 S,如果从 S 中的某个点开始,那么在随后的任何时间时,系统的状态都将仍然处于 S 之内。当且仅当一个单位集(unit set)的元素是一个动力学均衡时,这个单元集才是一个不变集。闭不变集 S 是一个吸引集,如果邻近的点都趋向于它,或者更准确地说,如果存在一个 S 的邻域 V,使得 V 中的任何点的轨道都保持在 V 之内并收敛向 S。一个吸引子(attractor)是一个不可分的吸引集。(不过有的时候,吸引子的定义中还会加入其他条件。)

在一个动力学系统中,如果某个点的轨道与另一个无限接近这个点的轨道之间的距离随着时间的流逝呈指数增加,那么该动力学系统就表现出了对在该点上的初始条件的敏感依赖性。这种敏感性可以通过求某一轨道的李雅普诺夫指数(Liapunov exponent,一个或多个)进行定量分析。对于一维映射 $x(t+1) = f\big(x(t)\big)$ 的李雅普诺夫指数的定义如下:[②]

$$\lambda = \lim_{n \to \infty} \frac{1}{n} \sum_{i=0}^{n-1} \log_2 \left| \frac{\mathrm{d}f}{\mathrm{d}x} at\ x_i \right|$$

---

* 此处的"V'"原文为"V",疑有误。已改。——译者注

一个正的李雅普诺夫指数，可以作为一个混沌轨道的标志。作为一个例子，考虑如下"帐篷映射"：

$$x(t+1) = 1 - 2\left|\frac{1}{2} - x(t)\right|$$

其导数有定义，而且在除了 $x = 1/2$ 这个点之外，处处等于 2。因此，对于几乎所有轨道，李雅普诺夫指数均等于 1。

某个吸引子，如果几乎每一个点的轨道都是混沌的，那么它就是一个奇异吸引子（strange attractor）。不过大多数已知的"奇异吸引子"——例如洛伦兹吸引子（Lorenz attractor）和罗斯勒吸引子（Rössler attractor）——都无法从数学上证明，它们确实是奇异吸引子，尽管计算机实验计算结果有力地表明，它们应该是。出现在图 6.1 中的博弈动力学中的"奇异吸引子"，以及接下来我们要在本章 6.5 节、6.6 节和 6.7 节讨论的那些"奇异吸引子"，也是如此。

6.4　博弈动力学

关于均衡化过程的许多动力学模型都出现在经济学研究和生物学研究中。最古老的一个动态模型也许是古诺在研究寡头垄断时提出来的（Cournot，1897）。在古诺的这个模型中，寡头可以设定一系列的产量；在每一期，每个寡头都在假设其他寡头会采取与上一期同样行动的基础上，做出自己的最优决策。这样一来，寡头们组成的这个系统的动力学就可以通过一个最优反应映射（best response map）来定义。一个纳什均衡是这个映射的一个不动点。纳什均衡既可以是动态稳定的，也可以不是动态稳定的，具体取决于古诺模型所取的参数。

在一定意义上，演化博弈论给出的自适应策略则较为保守一些。在这里，我们假设存在一个很大的种群，而且它的所有成员都只采用纯策略。这样，我们就把混合策略解释为种群的多态性。为了简单起见，我们进一步假设该种群是无性繁殖的，并假设个体是随机配对的，且（每单位时间）每一个个体都只参加一次博弈。我们将一个采用策略 S_i 且与策略 S_j 博弈的个体的期望后代数量来表示该个体的支付，记为 U_{ij}，即，用适合度矩阵 U 中的第 i 行第 j 列来表示。种群中采用策略 S_j 的人口比例将用 $\Pr(S_j)$ 来表示。这样一来，策略 i 的期望支付是：

$$U(S_i) \sum_j \Pr(S_j) U_{ij}$$

而种群的平均适合度则为：

$$U(Status\ Quo) = \sum_i \Pr(S_i) U(S_i)$$

用达尔文式的适合度概念来解释收益，使我们可以构造出如下离散时间演化博弈动力学映射：

$$\Pr'(S_i) = \Pr(S_i) \frac{U(S_i)}{U(Status\ Quo)}$$

（其中的 $\Pr'$ 是在下一期的比例）。

相应的流则由下式给出：

$$\frac{\Pr'(S_i)}{\mathrm{d}t} = \Pr(S_i) \frac{U(S_i) - (Status\ Quo)}{U(Status\ Quo)}$$

如果我们所关注的只是——在这里，我们确实只关注——对称的演化博弈，那么同样的轨道就是可以用如下这个更加简单的微分方程给出：

$$\frac{\Pr'(S_i)}{\mathrm{d}t} = \Pr(S_i)[U(S_i) - U(Status\ Quo)]$$

这个方程是由泰勒和琼克最早引入的（Taylor and Jonker，1978），它为梅纳德·史密斯和普赖斯（Maynard Smith and Price，1973）提出的演化稳定策略那个拟动力学概念提供了一个动力学的基础。随后，齐曼（Zeeman，1980）、霍夫鲍尔（Hofbauer，1981）、博姆泽（Bomze，1986）、范达姆（van Damme，1987）、霍夫鲍尔和西格蒙德（Hofbauer and Sigmund，1988）、萨缪尔森（Samuelson，1988）、克劳福德（Crawford，1989）和纳克巴（Nachbar，1990）等学者都研究了这个方程。我们在6.5节给出的例子中，也将用到这个方程。值得指出的是，尽管泰勒—琼克方程是在一个用绝对意义上的演化适合度来衡量收益的应用环境中提出来的，但是在对收益进行线性变换时，相空间中的轨道（而不是沿这些轨道的速度）却是可以保持不变的。因此，泰勒—琼克动力学方程应该也可以应用于许多其他领域（尽管当初提出它的目的并非如此），即在那些收益以冯·诺依曼—摩根斯坦式的效用函数给出的情境下。

接下来，在前人对泰勒—琼克动力学方程的研究基础上，我将对拟动态均衡概念和动态均衡概念之间的关系进行一个简要的陈述，并总结一下一些众所周知的结果。如果$[M, M]$是一个与演化博弈相关联的两人非合作博弈的纳什均衡,那么M就是流的一个动态均衡。但是反过来并不正确,因为每个纯策略都是泰勒—琼克流的均衡。但是,如果轨道开始于一个完全混合点,并收敛到一个纯策略,那么该策略是一个纳什均衡。此外,如果M是泰勒—琼克流的一个稳定的动态均衡,那么$[M, M]$必定是相关联的博弈的纳什均衡。但是,如果M是动态稳定的,那么$[M, M]$却不一定是完美的;而如果$[M, M]$是完美的,那么M也不一定是动态稳定的。如果M是动态强稳定的(渐近稳定的),那么$[M, M]$必定是完美的,但是反过来并不成立。如果M是在梅纳德·史密斯—普赖斯的意义上的一个演化稳定策略,那么它必定是完美的,但是反过来并不成立。在演化博弈只有两种策略的这种特殊情况下,演化稳定策略与强动态稳定策略之间确实是等价的,但是在存在三种策略时,强动态稳定多态均衡可以存在,不过它并不是一个混合的演化稳定策略。因此,尽管拟动态均衡概念与动态均衡概念之间存在着重要的联系,但是它们确实有很大的不同。

还有第三类动力学。在这里我们举布朗(Brown, 1951)提出的虚拟行动模型为例。布朗的模型与古诺动力学一样,也是一个离散时间过程。在每一个阶段,每个博弈参与者根据自己的信念采用最大化期望效用的策略。但是,这种信念与那些很天真的古诺博弈参与者的信念并不相同。在古诺博弈中,博弈参与者只是简单地假设所有其他博弈参与者都会重复上一次的行动,但是布朗模型中的博弈参与者则会根据自己的博弈对手在过去的博弈中使用各种策略的时间比例,来形成关于对方在下一次中采取某种行动的概率的信念。[③]布朗称自己的模型为虚拟行动模型,而古诺则称自己的模型为真实行动模型。但是事实上,这两者当中无论哪一种,都可以很好地解释为另一种。索尔伦德—彼得森(Thorlund-Peterson, 1990)在古诺寡头垄断的情境中研究了一种非常接近于布朗模型的动力学,并证明其收敛性优于古诺的动力学。布朗的动力学是由一个非常简单的归纳法则驱动的:直接以观察到的相对频率作为概率。而且这个基本方案还可以通过运用修改后的归纳方法来实施。例如,我(Skyrms, 1991)曾经总结过一系列与布朗所用的规则有相同的渐进性质的简单贝叶斯归纳规则。在这些模型中,如果其动态收敛,那么将收敛至一个由某些不占优的策略组合而成的纳什均衡。对于两人博弈而言,这样的均衡必定是完美的。与此相反,在泰勒—琼克的动力学中,有一个轨道是能收敛到一个动态稳定均衡M的,而$[M, M]$

则是相应的两人非合作博弈的一个不完美均衡。

6.5　通往混沌之路

在本节中,我们集中关注泰勒—琼克流。流通常要比相应映射更易处理。不过,正如我们将会看到的,流这种动力学方法也适于解释相当复杂的行为。泰勒和琼克很早之前就已经指出过,在三策略演化博弈中,由于振荡的存在,存在不收敛的可能性。他们所考虑的博弈的适合度矩阵 U 如例 6 所示(其中的 a 是一个可变的参数):

例 6			
	S1	S2	S3
S1	2	1	5
S2	5	a	0
S3	1	4	3

当 $a = 1$ 时,该博弈有一个完全混合均衡,该均衡是一个很好的例子,说明强动态稳定的均衡不一定是一个演化稳定策略。对于 $a < 3$,该均衡是强稳定的,但是在 $a = 3$ 时,质变发生了。此时,混合均衡仍然是稳定的,但不再是强稳定的。它被闭合轨道包围了起来。而 $a > 3$ 时,混合均衡就不是稳定的了,轨道螺旋向外趋向空间的边界。发生在 $a = 3$ 处的这种变化是一个退化的霍普夫分岔(degenerate Hopf bifurcation)。(见 Guckenheimer and Holmes,1986,第 73 页和第 150 页及以下各页。)之所以会"退化",是因为在 $a = 3$ 不是结构稳定的。a 值的任意小的扰动,都会破坏轨道的闭合性。这可以说在三策略情况下可能出现的最"狂野"动力学行为了。尤其是,泛型霍普夫分岔是不可能出现在这里的。(见 Zeeman,1980;Hofbauer,1981。齐曼证明,一个泛型霍普夫分岔在三策略博弈中是不可能出现的,并在一定假设条件下描述了这种博弈的结构稳定的流。后来,霍夫鲍尔又证明,齐曼的那些"一定假设条件"是不需要的。)而且,混沌奇异吸引子也是不可能存在的,因为流发生在二维单形中。

然而,在四策略的情形下,我们得到了如图 6.1 所示的奇异吸引子。(图 6.1 是一张投影图,它将四种策略的概率的三维单形投影到了那三种策略中的前两种策略的二维单形上。尽管如此，三维结构在图中还是清晰可见的。）有一个路径是经由一个泛型霍普夫分岔来到这个奇异吸引子的。考虑如例 7 所示的适合度矩阵（其中的 a 是一个可变的参数）：

例 7			
-1	-1	-10	$1\,000$
-1.5	-1	-1	$1\,000$
a	0.5	0	$-1\,000$
0	0	0	0

图 6.1—图 6.6 是 6 张"快照"，它们是随着参数 a 的变化，在通往混沌之路上"拍摄"下来的。在 $a=2.4$ 处，存在一个向混合均衡的收敛（如图 6.2 所示）。轨道螺旋向内趋向混合均衡，这一点从轨道的中心白点可以看得很清楚。随着 a 值的上升，出现了一个泛型霍普夫分岔，它引发了一个围绕着那个混合均衡的极限环。这种闭合轨道是结构稳定的；当参数 a 的值变动不大时，它将持续存在。它也是一个吸引集。图 6.3 给出了当 $a=2.55$ 时的闭合轨道。随着参数 a 的值进一步上升，极限环不断膨胀，然后经历了一个倍周期分岔。图 6.4 显示的就是在 $a=3.885$ 时的周期 2 的环。在这之后是另一个倍周期分岔，并导致在 $a=4.0$ 时出现了周期 4 的环，如图 6.5 所示。在轨道落到这个环上之前，有一个很长的瞬变阶段。然后，在 $a=5$ 时，我们得到了如图 6.1 所示的奇异吸引子，从而过渡到了混沌动力学。进一步提高该参数的值，即当 $a=6$ 时，会出现几何图形更加复杂的奇异吸引子，如图 6.6 所示。

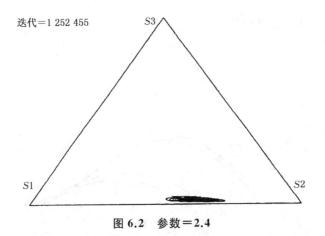

图 6.2　参数＝2.4

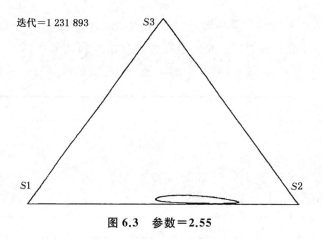

图 6.3　参数＝2.55

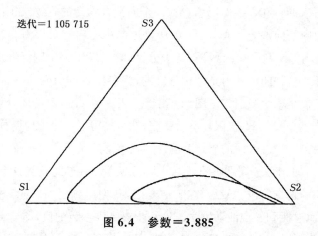

图 6.4　参数＝3.885

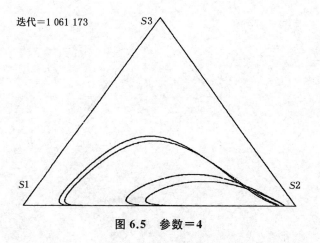

图 6.5　参数＝4

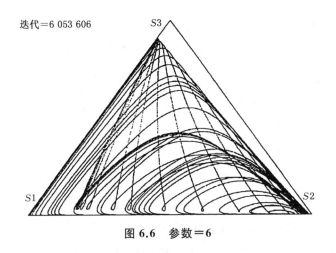

图 6.6　参数＝6

在这些图中,微分方程组的双精度数值积分是用四阶龙格—库塔法得出的(见 Press et al., 1989)。在图 6.1 至图 6.4 及图 6.6 中,使用了 0.001 的固定步长。而在图 6.5 中,则使用了 0.01 的固定步长。计算是在 IBM70 型个人计算机上(配有一个 387 数学协处理器)完成的。轨道在前三种策略的概率的单形上的投影是在 VGA 图形模式下在计算机屏幕上画出来的。对于图 6.1—图 6.4,前 50 000 步(＝50 个时间单位)没有绘制出来,目的是消除瞬变的影响。对于图 6.5,则省略了前 100 000 步(＝1 000 个时间单位),因为有很长一段时间的瞬变。而对于图 6.6,则只省略了前 1 000 步。在每一种情况下,运行的总步数都显示在图示的左上角了。这些图是用 WordPerfect 5.1 的 GRAB 实用程序截取下来的,然后再用惠普 LaserJet Ⅱ打印机打印出来的。

6.6　均衡的稳定性分析

一方面,作为对 6.5 节提供的图形信息的补充;另一方面,也作为一种检验,我们用 Mathematica 软件,以很高的精度(取 40 位小数),计算出了通往混沌之路上的各个内部均衡点。然后,我们又在均衡点上分析了偏导数的雅可比矩阵,并计算出了它的特征值。

这些特征值可以用来分析均衡的稳定性。(见 Hirsch and Smale, 1974: ch.6.)在这些特征值中,有一个始终为 0;这是概率之和必定等于 1 这个事实所导致的一个非得如此不可的人为约束,但与稳定性分析无关。④

例如,在 $a = 2$ 时,在下面这个点上有一个内部均衡:

$x1 = 0.51363999543431115169501198493322680059$

$x2 = 0.45656888483049880150667731994064604497$

$x3 = 0.02853555530190617509416733249629037781$

$x4 = 0.00125556443328387170414336262983677662367$

同时,在这一点上,可以计算雅可比矩阵的特征值的数值,分别是:

$-0.857610802580407062636665715951399308$,

$-0.0562990388422014452825117944612367686 +$

　　$0.2875123366474160989192752729129540\text{4i}$, *

$-0.0562990388422014452825117944612367686 -$

　　$0.2875123366474160989192752729129540\text{4i}$,

$-5.42045724163219646523489178011128\,36 \times 10^{-42}$

最后一个特征值是非显著零特征值。而显著特征值都具有负实部,它们
表明存在着强稳定均衡,这些均衡的吸引方式如图 6.2 中所示。事实上,在
$a = 2.4$ 时(图 6.2 显示的就是 $a = 2.4$ 时的情况),定性结论与 $a = 2$ 时大致
相同。不过,均衡已经大致移到:

$x1 = 0.363942$

$x2 = 0.614658$

$x3 = 0.020219$

$x4 = 0.001181$

(为了行文的简洁,下面我在报告结果时,将假设它们是完全精确的。)计算
出来的雅可比矩阵的非显著零特征值的数量级是 10^{-39}。而显著特征值则为:

-0.9752593,

$-0.001670447 + 0.26020784\text{i}$,

$-0.001670447 - 0.26020784\text{i}$

然而,当移动到如图 6.3 所示的极限环时($a = 2.55$),情况就发生了急

---

* 　此处原文为"I",疑有误,改为"i"。余同。——译者注

剧的变化。此时均衡大致移到:

$x1 = 0.328467$

$x2 = 0.653285$

$x3 = 0.018248$

$x4 = 0.001164$

同时雅可比矩阵的显著特征值是:

-0.993192,

$0.00572715 + 0.250703\mathrm{i}$,

$0.00572715 - 0.250703\mathrm{i}$

这些特征值中,有一个是实特征值,它是负的,但是虚特征值则有正实部。因此,该均衡是一个不稳定的鞍点,其中虚特征值表明,向外的螺旋将导致极限环。在这个参数值附件进行的一系列"试错实验"的计算结果表明,霍普夫分叉(Hopf bifurcation)发生在,$a = 2.41$ 和 $a = 2.42$ 之间,在那里虚特征值的实部从负转正,该虚特征值的实部则分别为大约 0.001 和 −0.001。

在如图 6.1 所示的混沌情形中(此时 $a = 5$),均衡已经大约移到了:

$x1 = 0.12574$

$x2 = 0.866212$

$x3 = 0.006956$

$x4 = 0.001070$

而雅可比矩阵的特征值则分别是:

-1.0267,

$0.173705 + 0.166908\mathrm{i}$,

$0.173705 + 0.166908\mathrm{i}$

这仍然表示一个鞍点均衡,但在这里(如图 6.1 所示),轨道经过时非常接近这个不稳定均衡点。

6.7 李雅普诺夫指数的数值计算

在进行李雅普诺夫指数的数值计算时,我们用的是沃尔夫等人给出的算法（Wolf et al.，1985：Appendix A）。这种算法的核心是，对动力学系统的微分方程进行积分，以获得基准轨迹，同时对系统的四个线性微分方程副本进行积分（其系数由基准轨迹上的位置确定），从而计算出李雅普诺夫（指数）谱。后者从切空间中代表着一组标准正交向量的一些点开始，并且在此过程中被周期性地重标准正交化。在计算时，以 2 为底取对数。复制者动力学的代码由琳达·帕尔默（Linda Palmer）完成。微分方程的双精度积分计算是用 IMSL Library DIVPRK 软件完成的。计算机程序从 $a = 2$ 时开始运行测试，并在吸引均衡点启动。在这种情况下，李雅普诺夫指数（转换成自然对数后）的频谱应该只包括在均衡点计算出来的雅可比矩阵的特征值的实部（对此，本章最后一节还将讨论）。从 $t = 0$ 开始数值计算实验，直到 $t = 110\,000$ 结束，得到的结果有 4 个或 5 个小数位与理论结果相同。如下表所示：

数值实验结果	理论结果
$-0.857\,61$	$-0.857\,61$
$-0.056\,3$	$-0.056\,3$
$-0.056\,3$	$-0.056\,3$
$-3.4 * 10^{-6}$	0

3 个负指数表明了均衡点的吸引性，而那个零指数则对应于本章最后一节将要讨论的伪特征值（spurious eigenvalue）。

对于三维空间中的极限环，李雅普诺夫谱应该具有〈0，－，－〉这种定性特征。当 $a = 2.56$、$a = 3.885$ 和 $a = 4$ 时对极限环的数值实验结果正好具有这种定性特征。将那个伪零指数丢弃掉，我们就只剩下：

	$a = 2.55$	$a = 3.885$	$a = 4$
$L1$	0.000	0.000	0.000
$L2$	-0.020	-0.008	-0.004
$L3$	-1.395	-1.419	-1.423

对于一个三维中的奇异吸引子，李雅普诺夫指数应该具有〈＋，0，－〉这样的定性特征。在图 6.1 中，我们可以看到，在 $a = 5$ 时，混沌开始了。为了计算出李雅普诺夫频，我们用多台计算机运算了很多轮，因为需要不断改变重标准正交化频率和微分方程积分器的各个参数值。数值实验表明，丢

弃一个伪零指数后,下面的结果是非常稳健的:

$L1$:0.010

$L2$:0.000

$L3$:-1.44

在一轮"黄金标准计算"中,对各方程的积分计算从 $t=0$ 开始,到 $t=1\,000\,000$ 结束,误差容忍度为 10^{-11}。在这轮数值实验中(L2 和伪指数)都是 0 到 6 小数位数字。收敛的详情如图 6.7 至图 6.10 所示。(其中 x 轴上的一个单位代表 10 000 时间单位)。最大的李雅普诺夫指数 $L1$ 为正数,这表明确实存在着向混沌的过渡。[5]

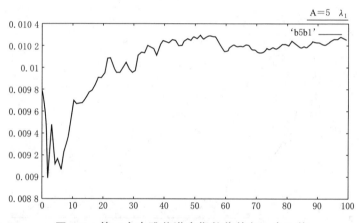

图 6.7 第一个李雅普诺夫指数收敛向一个正值

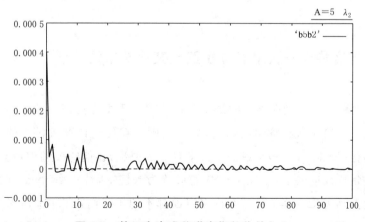

图 6.8 第二个李雅普诺夫指数收敛向 0

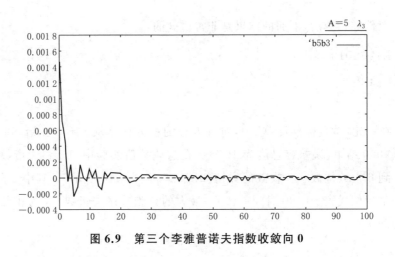

图 6.9 第三个李雅普诺夫指数收敛向 0

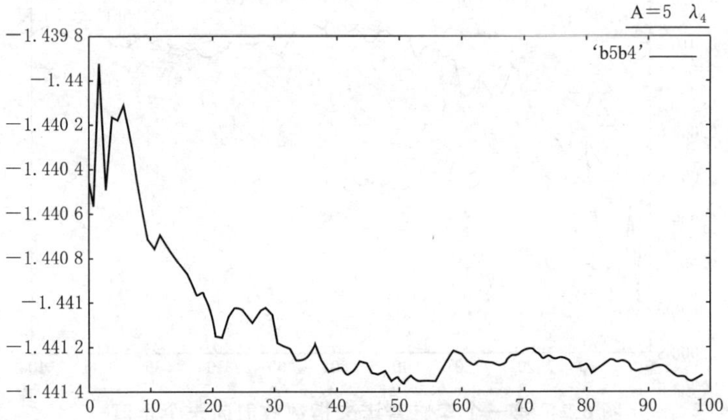

图 6.10 第四个李雅普诺夫指数收敛一个负值

6.8 与洛特卡—沃尔泰拉模型及其他文献的关系

有两篇论文分别在不同的语境下讨论了关于博弈均衡的动力学中的混沌问题。一篇是从经济学的角度,另一篇则是在理论计算机科学的背景之下。兰德(Rand, 1978)考虑的是古诺双寡头模型,在他的模型中,动力学是古诺的最优反应映射:当反应函数的形状为帐篷形,且斜率大于 1 时,就会得到混沌动力学。这个模型在许多方面都不同于我们在 6.7 节所考虑的模型:(1)它所考虑的是一个映射,而不是一个流;(2)它是一个不同的动力学;

(3)当古诺模型被视为一个博弈时,它有无限多个纯策略。休伯曼和霍格(Huberman and Hogg, 1988)则考察了计算机网络分布式处理中可能出现的混沌现象。他们把网络资源的有效利用问题模型化为一个有限博弈,并对适应的动力学提出了一个拟演化论解释。具体地说,他们认为,在用来对信息滞后建模的延迟微分方程中,长期延误的极限会产生混沌,其理由是,长期行为是用一个微分方程来建模的,而这个微分方程恰恰属于这样一个所有成员都呈现出混沌行为的类型。休伯曼和霍格所考虑的情形,从概念上看与我们在本章中所考虑的情形(而不是兰德所考虑的情形)更接近,当然作为其基础的动力学仍然是不同的。

休伯曼和霍格的模型与生态模型的联系更加密切,尽管从表面上看,生态模型与演化博弈论似乎没有什么关系。在生态学中,人们通常用洛特卡—沃尔泰拉微分方程组描述不同物种之间的种群互动。在 n 个物种的情况下,洛特卡—沃尔泰拉微分方程分别是:

$$\frac{\mathrm{d}x_i}{\mathrm{d}t} = x_i \left[r_i + \sum_{j=1}^{n} a_{ij} x_j \right]$$

其中 x_i 为种群密度,r_i 为一个物种的内在增长速度或内在衰退速度,a_{ij} 为互动系数,用来表示第 j 个物种对第 i 个物种的影响。

两个物种的洛特卡—沃尔泰拉动力学系统已经得到了很好的研究(无论这两种物种是相互竞争的,还是分别充当捕食者和猎物),而且三维以至更高维的洛特卡—沃尔泰拉系统的动力学也已经成为当前研究的一个热门课题。即便是在二维的洛特卡—沃尔泰拉系统中(两个物种分别充当捕食者和猎物),不稳定的环也有可能会出现,但是混沌则不会出现。而在三维情况下,研究者已经发现了好几个明显的奇异吸引子。第一个是由万斯发现的(Wance, 1978),后来被吉尔平(Gilpin, 1979)归类为螺旋混沌。此后,这个"吉尔平奇异吸引子"得到了广泛的研究(例如,Shaffer, 1985;Shaffer and Kot, 1986;以及 Vandermeer, 1991)。在三维洛特卡—沃尔泰拉型系统中,研究者们还发现了其他一些奇异吸引子。阿涅奥多等人(Arneodo et al., 1980, 1982)同时运用数值实验证据和理论证据,证明了三维和更高维洛特卡—沃尔泰拉型系统中存在斯尔尼可夫(Silnikov)型奇异吸引子的假说。关于斯尔尼可夫型奇异吸引子,读者还可以参考竹内和足立的研究(Takeuchi and Adachi, 1984),以及加迪尼等人的研究(Gardini et al., 1989)。梅和莱奥纳德的研究（May and Leonard，1975）证明，其他物种的野生行为可以用三个竞争对手的洛特卡—沃尔泰拉系统来建模。斯梅尔（Smale，1976）则进一步证明，对于用一个通常类型的微分方程（不一定是洛特卡—沃尔泰拉系统）建模的生态系统而言，如果存在五个或更多个相互竞争的物种，那么任何形式的渐进动力学行为都是有可能的，奇异吸引子的存在也包括在内。

泰勒—琼克博弈动力学与洛特卡—沃尔泰拉动力学之间存在着紧密的联系，霍夫鲍尔是最早构建这种联系的学者（Hofbauer，1981）。一个有 n 个物种的洛特卡—沃尔泰拉系统对应于一个有（$n+1$）种策略的演化博弈，这个演化博弈中的博弈动力学的拓扑轨道等价于洛特卡—沃尔泰拉动力学。在洛特卡—沃尔泰拉动力学系统，对于每一个物种来说，在策略概率的某种比率下，这些策略是具有相同的动力学博弈的。因此，有可能利用来自一种动力学系统的已知事实，去探索另一种动力学系统中的相关未明事实。例如，霍夫鲍尔就是利用两个物种的洛特卡—沃尔泰拉系统不能容纳极限环这个已经证明了的事实，去验证塞曼提出的、三策略演化博弈的博弈动力学不能容纳稳定极限环这一猜想的。因此，我们在研究博弈动力学"病理学"的时候，应该更多地关注一下生态"病理学"的进展。事实上，6.7节所讨论的奇异吸引子，其实就是吉尔平奇异吸引子在博弈论中的对应物（对位吸引子）。至于阿涅奥多等人（Arneodo et al.，1980）给出的奇异吸引子在博弈动力学中的对应物，看一看下面给出的例8就行了：

例8			
0	-0.6	0	1
1	0	0	-0.5
-1.05	-0.2	0	1.75
0.5	-0.1	0.1	0

6.9 结论

让我们重新回过头去，看一看我在本章开头时提出的第二个哲学论断。它是这样说的：当作为均衡概念基础的动力学受到重视之后，很显然均衡本身不再是核心的解释性概念。是的,我更愿意采用的核心的动力学解释概念是,吸引子概念(或吸引集概念)。当然,并不是所有的动态均衡都是吸引子。有些是动力学的不稳定的不动点。例如,在例 7 的动力学系统中,当 $a = 5$ 时,存在一个以前从未见过的不稳定均衡点。而且另一方面,并不是所有吸引子都是均衡的。还有极限环吸引子、拟周期吸引子和奇异吸引子。奇异吸引子之所以"奇异",就在于它将内部不稳定性和宏观的渐进稳定性结合在了一起。这些吸引子都可以发挥与吸引均衡同种类型的解释作用,尽管被解释的并不是同一类现象。

然而,即便是对于后面这一点,我们必须持谨慎态度,并有所保留。这是因为,很可能存在时间极端漫长的瞬变。在例 7 中,当 $a = 4$ 时,如果我们只舍弃前 50 个时间单位,那么我们就无法消除瞬变,那么得到的图形就会类似于图 6.1 所示的奇异吸引子,而不是一个极限环了。如果瞬变足够长,那么瞬变就可能完全支配我们感兴趣的现象。吸引子概念的生命周期可能是无限久的,但是我们个人却绝不可能。

致 谢

对本章中所述的奇异吸引子的存在,以及对"通往混沌之路"的初步研究,最早出现在我于 1982 年撰写的一篇论文中(Skyrms, 1992)。本章包含了进一步的数值实验结果。我要感谢美国加州大学欧文分校的支持,它提供了宝贵的计算时间。感谢 Linda Palmer,她编写并运行程序,以确定李雅普诺夫谱的形式。我还要感谢 Immanuel Bomze、Vincent Crawford、William Harper 和 Richard Jeffrey 对我的论文草稿提出的意见。

注 释

① 但是它并不是一个"正均衡"(proper equilibrium)。关于正均衡的定义,参见范达姆的论文(van Damme, 1987)。范达姆还证明,如果 S 是一个演化稳定策略,那么⟨S, S⟩就是对应博弈的一个完美的正均衡。他的论文还给出了许多与各种稳定性概念之间的关系有关的资料。

② 对于流,这个和将用一个积分来代替。对于三维的情况,则存在一个由三个李雅普诺夫指数构成的谱,每个指数都定量描述了轨道在不同方向上的发散情况。

③ 为了使该动力学系统成为一个自治系统,可以扩大了该系统的状态的概念,以便将过去行动的"记忆"也包括进来。

④ 请参阅博姆泽(Bomze,1986,第48页),或范达姆(van Damme,1987,第222页)。读者还应注意,在上面的例子中,在完全混合均衡点上,"现状"的期望效用(＝平均种群适合度)必定等于零,因为对于这个适合度矩阵,策略4的期望效用恒等于零。

⑤ 为了比较,这里最大的李雅普诺夫指数大致比罗斯勒混沌吸引子小一个数量级。但是,吸引子的平均轨道周期则差不多大一个数量级。如果我们用平均轨道周期来度量时间,那么这里的$L1$将与罗斯勒混沌吸引子的$L1$同一个数量级。关于罗斯勒吸引子的数据可以从沃尔夫等人(Wolf et al.,1985)的论文中得到。

在$a = 6$时,虽然吸引子似乎在几何上变得越来越复杂了,但是李雅普诺夫谱的变化却不大:

$L1$：0.009

$L2$：0.000

$L3$：-1.44

参考文献

Arneodo, A., P. Coullet, and C. Tresser (1980) "Occurrence of Strange Attractors in Three Dimensional Volterra Equations." *Physics Letters* 79:259—63.

Arneodo, A., P. Coullet, J. Peyraud, and C. Tresser (1982) "Strange Attractors in Volterra Equations for Species in Competition." *Journal of Mathematical Biology* 14:153—7.

Bomze, I. M. (1986) "Non-cooperative 2-person Games in Biology: a Classification." *International Journal of Game Theory* 15:31—59.

Brown, G. W. (1951) "Iterative Solutions of Games by Fictitious Play." In *Activity Analysis of Production and Allocation* (Cowles Commission Monograph), 374—76. New York: Wiley.

Cournot, A. (1897) *Researches into the Mathematical Principles of the Theory of Wealth* (tr. from the French ed. of 1838). New York: Macmillan.

Crawford, V. (1989) "Learning and Mixed-Strategy Equilibria in Evolutionary Games." *Journal of Theoretical Biology* 140:537—50.

van Damme, E. (1987) *Stability and Perfection of Nash Equilibria*. Berlin: Springer.

Gardini, L., R. Lupini, and M. G. Messia (1989) "Hopf Bifurcation and Transition to Chaos in Lotka-Volterra equation." *Mathematical Biology* 27:259—72.

Gilpin, M. E. (1979) "Spiral Chaos in a Predator-Prey Model." *The American*

Naturalist 13:306—8.

Guckenheimer, J. and P.Holmes(1986) *Nonlinear Oscillations*, *Dynamical Systems and Bifurcations of Vector Fields* (Corrected second printing). Berlin: Springer.

Hirsch, M.W. and S.Smale(1974) *Differential Equations*, *Dynamical Systems and Linear Algebra*. New York: Academic Press.

Hofbauer, J.(1981) "On the Occurrence of Limit Cycles in the Volterra-Lotka Equation." *Nonlinear Analysis* 5:1003—7.

Hofbauer, J. and K.Sigmund(1988) *The Theory of Evolution and Dynamical Systems*. Cambridge: Cambridge University Press.

Huberman, B.A. and T.Hogg(1988) "Behavior of Comptutational Ecologies." In *The Ecology of Computation*, ed. B.A.Huberman, 77—115. Amsterdam: North Holland.

May, R.M. and W.L.Leonard(1975) "Nonlinear Aspects of Competition between Three Species." *SIAM Journal of Applied Mathematics* 29:243—53.

Maynard Smith, J.(1982) *Evolution and the Theory of Games*. Cambridge: Cambridge University Press.

Maynard Smith, J. and G.R.Price(1973) "The Logic of Animal Conflict." *Nature* 146:15—18.

Nachbar, J.H.(1990) "'Evolutionary' Selection Dynamics in Games: Convergence and Limit Properties." *International Journal of Game Theory* 19:59—89.

Press, J., B.Flannery, S.Teukolsky, and W.Vetterling(1989) *Numerical Recipes: The Art of Scientific Computing*, rev. ed. Cambridge: Cambridge University Press.

Rand, D.(1978) "Exotic Phenomena in Games and Duopoly Models." *Journal of Mathematical Economics* 5:173—84.

Rössler, O.(1976) "Different Types of Chaos in Two Simple Differential Equations." *Zeitschrift fur Naturforschung* 31a:1664—70.

Samuelson, L.(1988) "Evolutionary Foundations of Solution Concepts for Finite, Two-Player, Normal-Form Games." In *Theoretical Aspects of Reasoning About Knowledge*, ed. M.Vardi. San Mateo, CA: Morgan Kaufmann.

Selten, R.(1975) "Reexamination of the Perfectness Concept of Equilibrium in Extensive Games." *International Journal of Game Theory* 4:25—55.

Shaffer, W.M.(1985) "Order and Chaos in Ecological Systems." *Ecology* 66:93—106.

Shaffer，W. M. and M. Kot(1986)，"Differential Systems in Ecology and Epidemi-ology." In *Chaos: An Introduction* ed. A. V. Holden，158—78. Manchester: University of Manchester Press.

Skyrms，B.(1992) "Chaos in Game Dynamics." *Journal of Logic*, *Language and Information* 1:111—30.

Smale，S.(1976)，"On the Differential Equations of Species in Competition." *Journal of Mathematical Biology* 3:5—7.

Takeuchi，Y. and N. Adachi(1984) "Influence of Predation on Species Coexistence in Volterra Models." *Mathematical Biosciences* 70:65—90.

Taylor，P. and L. Jonker(1978) "Evolutionarily Stable Strategies and Game Dy-namics." *Mathematical Biosciences* 40:145—56.

Thorlund-Peterson，L.(1990) "Iterative computation of Cournot equilibrium." *Games and Economic Behavior* 2:61—75.

Vance，R. R.(1978) "Predation and Resource Partitioning in a one-predator-two prey model community." *American Naturalist* 112:441—8.

Vandermeer，J.(1991) "Contributions to the Global Analysis of 3-D Lotka-Volt-erra Equations: Dynamic Boundedness and Indirect Interactions in the Case of One Predator and Two Prey." *Journal of Theoretical Biology* 148:545—61.

von Neumann，J. and O. Morgenstern(1947) *Theory of Games and Economic Behavior*. Princeton: Princeton University Press.

Wolf，A.，J. B. Swift，H. L. Swinney，and J. A. Vastano(1985) "Determining Lyaponov Exponents from a Time Series." *Physica* 16-D:285—317.

Zeeman，E. C.(1980) "Population Dynamics from Game Theory." In *Global The-ory of Dynamical Systems*, ed. Z. Niteck and C. Robinson(Lecture Notes in Mathematics 819)，471—97. Berlin: Springer.

N 人猎鹿困境中集体行动的演化动力学 *

7.1 引言

近年来,关于不同层次的组织中合作的涌现及其可持续性,演化博弈论已经为我们提供了许多关键性的洞见(Axelrod and Hamilton,1981;Maynard Smith,1982;Axelrod,1984;Boyd and Richerson,1985;Hofbauer and Sigmund,1998;Skyrms,2001,2004;Macy and Flache,2002;Hammerstein,2003;Nowak and Sigmund,2004;Nowak et al.,2004;Santos and Pacheco,2005;Nowak,2006;Ohtsuki et al.,2006;Santos et al.,2006)。最流行的、同时也是研究得最深入的博弈无疑一直是两人囚徒困境博弈。不过,其他的社会困境,例如雪堆博弈(Sugden,1986),或者猎鹿博弈(Skyrms,2004)也都是非常强大的工具,它们是自然科学和社会科学研究中经常会遇到的许多情形的非常好的隐喻(例如,Macy and Flache,2002;Skyrms,2004)。

特别是,猎鹿博弈构成了社会契约的一个典型例子。而且,猎鹿博弈的思想历史悠久,我们可以在许多伟大思想家的

* 本文与豪尔赫·M.帕切科、弗朗西斯科·C.桑托斯和马克斯·O.索萨合写。

著作中,例如,卢梭、霍布斯、休谟等人的著作中找到很多猎鹿博弈的例子(Skyrms,2004)。梅纳德·史密斯和塞兹马利(Maynard Smith and Szathmáry,1995)曾经讨论过,在演化的某些重要转折中隐含的社会契约。在评述了大量以囚徒困境博弈为核心的研究之后,他们指出,猎鹿博弈(在他们的论著中,猎鹿博弈被称为"划船博弈")可能是一个更好的模型。在一个猎鹿博弈中,有两个均衡,一个是两个博弈参与者都合作,另一个是两个博弈参与者都背叛。

在考虑由若干个体组成的群体的集体行动时,用 N 人博弈来建模是一个合适的选择。最近的大量文献都关注公共物品提供博弈(public-goods games,PGG),这是 N 人囚徒困境博弈(N-person Prisoner's Dilemmas,NPD)的一种形式(Kollock,1998;Hauert et al.,2002,2006,2007;Brandt et al.,2006;Milinski et al.,2006,2008;Rockenbach and Milinski,2006;Santos et al.,2008)。一个典型的公共物品提供博弈的典型可以刻画为一个 N 人囚徒困境博弈。在公共物品提供博弈中,有一个由 N 个个体组成的群体,这些个体既可以成为合作者(cooperator,C),也可以成为背叛者(defector,D)。合作者捐献 c 用于公共物品的生产(因此合作的成本为 c),而背叛者则拒绝这样做。每个个体都有机会作出贡献,然后所有人的捐献都累加起来,并乘以一个增值系数 F,最后将得到的总额在该群体的所有个体之间平分。或者换句话说,如果在一个由 N 个个体组成的群体中,有 k 个合作者,那么背叛者最终得到的收益为 kFc/N,而合作者最终得到的收益则仅为($kFc/N-c$)。这也就是说,在由这两类人混合组成的群体中,合作者的处境总是比背叛者差。如果 F 小于 N,那么合作总会对合作者不利,无论群体的其他成员采取什么行动。在这个意义上,我们看到的是一个 N 人囚徒困境博弈。演化博弈论的直接结论是,最终所有人都会背叛,从而公共物品的生产也只能无疾而终。当群体中的个体完全一对一配对时,这个 N 人囚徒困境博弈就还原为两人囚徒困境博弈。

事情真的只能如此吗?斯坦德让我们观察纳米比亚埃托沙国家公园里母狮的狩猎行为(Stander,1992)。三只或四只母狮组成一个"狩猎小组",其中两只母狮组成"边锋",分别从两边对一群猎物展开突然袭击,令它们惊慌失措地向前奔跑。而在猎物逃跑的路上,则埋伏着由另外的母狮组成的"中锋"。这种猎杀策略是非常成功的。只有一个或两个参与者,不可能完成这种捕猎行动。至少必须有三个,最好有四个或更多。这不是一个广义的囚徒困境博弈,而是一个广义的猎鹿博弈。之所以说这是一个猎鹿博弈,是因为它与囚徒困境博弈不同,在这里,存在一个合作均衡,即如果别人都做好了自己的本分,那么你也应该尽力做好自己的本分,那对你最有利。

类似的合作狩猎行为在其他许多物种中也都可以观察到,例如黑猩猩(Boesch,2002)和非洲野狗(Creel and Creel,1995)。在动物当中,还有其他形式的集体行动,例如狮子联合防御鬣狗争夺猎物的行为,也可以建模为一个广义的猎鹿博弈(Maynard-Smith and Szathmáry,1995)。

在人类事务中,我们也可以发现很多可以视为广义猎鹿博弈的集体行动,例如贝丁讨论过的猎鲸(Beding,2008)。当然,这绝不限于字面意义上的狩猎行为,在宏观经济学中(Bryant,1994),甚至在国际关系中(Jervis,1978),都可以观察猎鹿博弈的例子。

再回过头来看纳米比亚埃托沙国家公园内发生的事情。要合作进行狩猎,只有两只母狮是不够的,要有三只才可能成功,四只就更好了。在这种集体行动中,个体的平均收益取决于参与者的数量,而且会随着物种不同和环境变化而变化。在碰到一群猎物时,每个捕猎者平均能够分到多少"肉"?很多经验证据都支持一种 U 形函数。但是,当我们把捕猎时需要消耗的能量这种成本也考虑进去之后,问题就不再这么简单了(Creel and Creel,1995;Park and Caro,1997)。

在这里,我们专注于讨论这样一种博弈,即存在一个阈值(M),当参与者的人数低于这个阈值时,没有任何公共物品能够生产出来。而且我们也不像其他学者通常会做的那样,假设当所有人都做贡献时,每个人都会得到最高的收益。例如,在我们的模型中,包括了"船上有 3 个人,必须有 2 个人划船才行"这种可能性(Taylor and Ward,1982;Ward,1990),这就是说,猎鹿博弈有 3 名博弈参与者,必须有 2/3 的博弈参与者做出贡献,他们的"共同事业"才有可能获得成功。如果 2 个人已经在划船了,那么剩下的那个人有搭便车的动机;但是,如果只有 1 个人划船,那么其他人也会有加入进行一起做贡献的动机。这就与猎物资源很丰富的环境中狮子的合作狩猎行动有些类似了:狩猎的成果通常很大,而且整个群体的参与并不是特别有帮助。

我们将从考察在传统的演化博弈论中设定合作者和背叛者的动力学入手,这也就是说,我们将从完全均匀混合的无限种群的演化开始讨论。个体的适合度取决于他们以参加一个 N 人猎鹿博弈时的收益,该 N 人猎鹿博弈是一个"困境",至少需要 $M < N$ 个人做出贡献,才能生产出任何公共物品。我们将发现,N 人猎鹿博弈导致了演化动力学场景比相对应的 N 人囚徒困境博弈更加丰富,也更加有意思。接着,我们将考虑种群的成员数量是有限的这个事实的影响,即讨论有限种群时的情况。在经济学中,最早对大规模但有限的种群的演化动力学进行研究的是培顿·扬(Young,1993)和坎多里等人(Kandori et al.,1993)。在这方面,本章关注的核心在于,当突变越来越罕见时的极限效应。由于突变,演化动力学变成了一个遍历马尔可夫链(Nowak et al.,2004)。可以证明,在经典的猎鹿博弈中,种群几乎所有时间都处于不合作均衡上。

人口会增长(或收缩)且随机死亡的有限种群的演化动力学模型最早是由施雷伯(Schreiber,2001)和贝纳伊姆等人(Benaim,2004)提出来的。无论是某个策略,还是整个种群,都有可能走向灭绝,但是如果这种情况不会发生,那么人口不断增长的种群的轨迹将接近于复制者动力学的轨迹。

我们将先研究无突变的、完全均匀混合的、规模为 Z(规模可能相当小)的有限种群,它的动力学将是一个马尔可夫过程,而且其唯一可能的终止状态——即吸收态——是单态。如果种群规模很大,那么其动力学将近似于中期的复制者动力学,但是它最终仍然会以某一种吸收态结束。因此,它可能先在与之相关联的平均场动力学的稳定多态均衡附近徘徊很长一段时间,直到最终被某个单态吸收为止。即便在很小的种群,即规模与群体差不多的那些种群中,也会存在有利于合作的"恶意",这种效应最早由汉密尔顿指出(Hamilton,1970)。

7.2 结果

7.2.1 无限种群的演化动力学

让我们假设,一个无限的、完全均匀混合的种群的一部分(其比例为 x)全部由合作者组成,而剩下的那部分($1 - x$)则全部由背叛者组成。让我们进一步假设,从这个种群中随机地抽取出 N 个个体组成一个群体。正如读者在本章后面的附录 A 中可以看到,随机地从种群中抽取个体组成一些群体,会导致这些群体的构成服从二项分布(Hauert et al.,2006),而且这个随机抽样过程也决定了合作者和背叛者的平均适合度(分别记为 f_C 和 f_D)。

在每个由 N 个个体组成的群体中,有 k 个合作者,则背叛者的适合度由下式给出: $\Pi_D(k) = (kFc/N)\theta(k-M)$,其中的 $\theta(x)$ 为单位阶跃函数(Heaviside step function),它满足 $\theta(x<0) = 0$ 及 $\theta(x \geqslant 0) = 1$。相应地,合作者中的适合度则由 $\Pi_C(k) = \Pi_D(k) - c$ 给出。

种群中由合作者构成的那一部分 x 随时间的演化,由下面的复制者动力学方程给出:

$$\dot{x} = x(1-x)(f_C - f_D)$$

不难证明,对于 N 人囚徒困境博弈(即当 $M = 0$ 时),只要 $F > N$,上述复制者方程的右侧恒为正(因此,合作者在种群中所占的比例将稳步增加),这是因为 $f_C - f_D \sim (F/N) - 1$(见附录 A)。而另一方面,只要 $f < N$,则对于 $x \in [0, 1]$,$f_C - f_D < 0$,这样合作者根本没有演化的机会。

接下来,我们考虑 N 人猎鹿博弈,其中,$1 < M < N$。先让我们假设,当 $k \geqslant M$ 时,源于公共物品的回报随着合作者的人数 k 的增加而线性增加。根据前面给出的定义,只要 $k < M$,就不会有公共物品被生产出来,在这种情况下,背叛者的收益为 0,而合作者的收益则为 $-c$。在 N 人猎鹿博弈中,当存在最低阈值 M 时,合作者和背叛者的演化动力学依然可以通过分析 $f_C - f_D$ 的符号来分析,即根据下式来分析:

$$f_C - f_D \equiv Q(x) = -c\left[1 - \frac{F}{N}R(x)\right]$$

其中的多项式 $R(x)$ 的定义和性质,请参见附录 A。概括地说,$Q(x)$ 的性质会导致一些非常有意思的动力学特性,包括可能会出现两个内部不动点(记为 x_L 和 x_R,且有 $x_L \leqslant x_R$),如图 7.1 和图 7.2 所示(其中,$N = 20$,以及 $1 < M \leqslant 20$ 的不同的 M 值,以及可变的 F)。在这里,特别需要注意的是,$R'(x_L) > 0$ 和 $R'(x_R) < 0$ 这个事实使得我们马上就可以断定,x_L 是一个不稳定的不动点,而 x_R 则对应于一个稳定的不动点(如果存在的话)。这些也如图 7.1 和图 7.2 所示。此外,当 $(F/N) = R(M/N)$ 时,M/N 是唯一一个内部不动点,也是一个不稳定的不动点。

在 F 的这两个极限值之间,考虑到两个内部不动点 x_L 和 x_R 的性质,我们很容易就可以得出这样一个结论:在 x_L 以下,所有个体最终都会放弃公共物品。相反,对于所有的 $x > x_L$,种群将会向一个由 x_R 定义的混合均衡演化,这对应于相关联的复制者动力学方程的一个稳定的不动点(即使最初

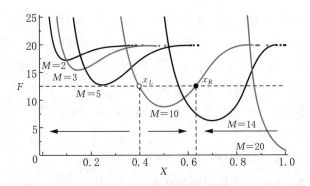

图 7.1 N 人猎鹿博弈的复制者动力学方程的内部不动点

注:图中的曲线给出了合作者的比例的临界值:$(x^* = \{x_L, x_R\})$,在那里的 $f_C(x^*) = f_D(x^*)$。对于 F 的每个值(定义了一条水平线),x^* 值是由这条线与每条曲线的交点确定的(一条曲线是对于给定的、固定的 M,$N = 20$)。

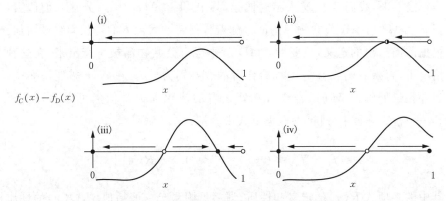

图 7.2 无限种群 N 人猎鹿博弈的动力学

注:图(i)至图(iv)分别给出了 0、1、2 个内部不动点时的具体情形。空心圆表示不稳定的不动点,实心圆圈表示稳定的不动点,箭头表示通过自然选择进行演化的方向。在每种情形中,实线表示函数 $[f_C(x) - f_D(x)]$ 的典型形状。$\lambda^* = R(M/N)$ 的具体定义见附录 A,它对应于 F 的值,这也是图 7.1 中当 M 固定时每条曲线取最小值的地方。(i) $F/N < \lambda^*$;(ii) $F/N = \lambda^*$;(iii) $\lambda^* < F/N < 1$,以及(iv) $F/N > 1$。

的时候 $x > x_R$ 也是如此)。"船上有三人"提供了这个演化场景的最简单的一个例子。类似于 N 人囚徒困境博弈,只要 $F/N < R(M/N)$,就有 $f_C(x) < f_D(x)$,对于所有的 x 都成立。这就意味着,所有的人最终会放弃公共物品。

7.2.2 有限种群的演化动力学

接下来,让我们集中分析一个没有突变的完全均匀混合的种群,其人口

规模为 Z。此时,随机抽样不再服从二项分布,而是服从一个超几何分布(见附录 B)。另外,合作者所占的比例也不再是一个连续变量,而将以 $1/Z$ 的步长变化。

我们采用了随机生灭过程(Karlin and Taylor,1975),再结合成对比较规则(Traulsen et al.,2006,2007a,2007b),以描述有限种群中的合作者(和背叛者)的演化动力学。在成对比较规则下,A 和 B 两个个体被随机地从种群中抽取出来用于更新(只有在选择混合配对时,才会改变人口的构成)。B 的策略将以一定的概率 p 替换为 A 的策略。概率根据(来自物理学的)以下费米函数确定:

$$p \equiv \frac{1}{1 + \exp\left(-\beta(f_A - f_B)\right)}$$

当然,反过来说也一样:A 的策略将会以 $(1-p)$ 的概率替换为 B 的策略。上式中的 β 对应于物理学的逆温度,它的作用是控制选择强度:当 β 远小于 1 时,选择强度很弱;而 $Z \to \infty$ 的极限状态下,就回到了原来的复制者动力学方程(Traulsen et al.,2006,2007a,2007b)。成对比较规则类似于所谓的逻吉特(Logit)规则(Sandholm,2010),根据这种规则,个体 A 被选中的概率与 $e^{f_A/\eta}$ 成比例,这里的 η 是一个噪声参数,它起到了上面所说的温度的作用。事实上,这两个进程有共同的固定概率,尽管它们导致了不同的演化动力学方程。

至于任意的 β,该数量对应于复制者动力学方程的右侧,它确定了有限种群中"选择的梯度"(Traulsen et al.,2006,2007a,2007b):

$$g(k) \equiv T^+(k) - T^-(k) = \frac{k}{Z}\frac{Z-k}{Z}\tanh\left\{\frac{\beta}{2}\left[f_C(k) - f_D(k)\right]\right\} \quad (7.1)$$

$g(k)$ 的右侧在形式上类似于复制者动力学方程,不过,由于采用了成对比较规则,这导致了适合度差分的双曲正切的外观,而不是适合度差分。这对于演化时间有影响——演化时间现在取决于 β(Traulsen et al.,2006,2007a,2007b)——但不会影响与 $g(k)$ 有关的东西。重要的是,有限种群的演化动力学只有到种群达到单态状态($k/Z = 0$ 或 $k/Z = 1$)时才会停止。因此,$g(k)$ 的符号(它表明了选择的方向)是非常重要的,因为它可能强烈地影响达到任何一个吸收态所需要的演化时间。

当 $M = 0$ 时(即在 N 人囚徒困境博弈中),我们有(详见附录 B)

$$f_C(k) - f_D(k) = c\left[\frac{F}{N}\left(1 - \frac{N-1}{Z-1}\right) - 1\right] \tag{7.2}$$

该量与 k 无关,却依赖于种群规模和群体规模。这意味着,这里的选择是频率无关的选择。特别是,当群体的大小等于种群的大小时,即 $N = Z$ 时,我们有 $f_C(k) - f_D(k) = -c$,而且合作者没有任何机会(无论增值系数有多高)。这与完全均匀混合的无限种群($Z \to \infty$)中得到的结果相反,在无限种群中,只要 $F > N$,采用合作策略就是最优选择。另外,在无限种群中,群体规模等于种群规模这种可能性,意味着合作的消亡。

既然在有限种群中,$(f_C - f_D)$ 独立于 k,那么对于某个给定的种群大小,F 必定存在着某个临界值,在这个临界值上,选择将是中性的。高于该值,合作者将在这场"演化竞赛"中胜出。从上面那两个方程,我们可以得出这个临界值:

$$F = N\left(1 - \frac{N-1}{Z-1}\right)^{-1}$$

从图 7.3,可以看出 $g(k)$ 的 Z 依赖性(当群体规模固定为 $N = 10$ 时)。该图还显示,固定 $F = 12$ 导致了一个临界种群规模 $Z = 55$。

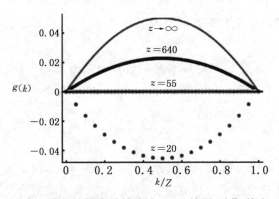

图 7.3　N 人囚徒困境博弈的博弈中 $g(k)$ 的"行为"(其中 $F > N$)

注:我们把 $g(k)$ 作为合作者的(离散)频率 k/Z 的一个函数,将它在不同的种群规模 Z 下的不同的值画在一图上。例如,给定 $F = 12$ 和 $N = 10$,对于 $Z = 55$,$g(k) = 0$,对所有的 k 值都成立。因此,在这一点上,选择是中性的,演化是通过随机漂移推进的。而这就意味着,k 个合作者(或背叛者)的固定概率就是 k/Z。低于 $Z = 55$ 的各种 Z 值对合作者是不利的,而高于 $Z = 55$ 的各种 Z 值则是对合作者有利的,无论种群中合作者的初始比例是多少。这种情况对应于完全均匀混合的无限种群的演化动力学。

现在,让我们讨论 N 人猎鹿博弈($1 < M < N < Z$)。当 $N = Z$ 时,其结果很容易就可以从上述 N 人囚徒困境博弈的结果推断出来,那就是,种群中的所有人最终都将放弃公共物品。在有限种群中,无论是不是存在一个阈值 M,这个结果都必定会出现。然而,当 $N < Z$ 时,阈值的存在会对有限人口动力学造成强有力的干扰,对此,我们将用数值实验的方式给予说明——因为至少从表面上看,解析方法的分析过程过于繁琐了,可能会令读者非常厌烦(见附录 B)。

让我们先分析 $F > N$ 这种情况。在这种情况下,我们将得到一个纯粹的协调博弈,且复制者动力学方程只有唯一一个(不稳定)的不动点(请参见图 7.1 和图 7.2)。这种情况下可能出现的演化场景如图 7.4(a)所示。

很显然,在规模很小的种群中,合作者总是处于不利的境况。不过,随着 Z 值的增大,我们会逐渐接受复制者动力学的场景(即协调博弈),尽管事实上,例如当 $Z = 20$ 时,向 100% 合作者的吸收态的收敛过程会受到阻碍,因为对于较大的 k 值,合作会变得不利。确实,对于这种大小的种群规模,合

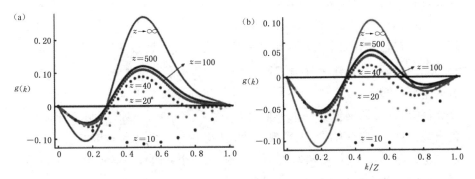

图 7.4　N 人猎鹿博弈中 $g(k)$ 的"行为",种群规模 Z 可变、群体规模固定不变($N = 10$ 且 $M = 5$)

注:(a)由于 $F = 12 > N$,该博弈变成了一个无限种群纯协调博弈。不过,在有限种群中,这在很大程度上取决于 Z。对于 $Z = N$,合作总是不利的,演化动力学将导致种群在绝大多数时间都由 100% 的背叛者组成。对于 $Z = 20$,我们可以得到一个 $g(k)$ 的侧写(借用一个只有在 $Z \to \infty$ 时才可能正确的术语),它证明了一个协调点和一个共存点。对于越来越大的 Z 值(例如 $Z = 40$),共存"点"消失了,我们又重新发现了复制者动力学行为,即在一个临界比例 k/Z 之上时选择有利于合作者,而在该比例之下时有利于背叛者,而这个比例又反过来依赖于人口规模。(b)由于 $F = 8 < N$,在无限种群中的博弈出现了两个内部不动点(深灰色曲线)。一方面,与(a)类似,对于较小的 Z 值,无论 k 取什么值,合作者都处于不利地位。另一方面,与(a)不同,现在这些"内部不动点"在种群规模达到一个临界值时就会一起出现,而且在种群规模扩大时仍然存在。

作仅仅在 $k/Z = 0.5$ 的极小的一个邻域内才是有利的,而在 $k/Z < 0.5$ 或 $k/Z > 0.5$ 时都是不利的。换句话说,尽管演化进程只有在 $k = 0$ 或 $k = Z$ 时才会停止,在给定 $g(k)$ 出现(或不出现)内部根的前提下,达到某个吸收状态所需的时间将敏感地依赖于种群规模。

在图 7.2 中,我们观察到,只要 $F < N$,不过仍然高于临界限值(低于该值就对合作者不利),那么对于所有 x,当种群很小时,合作者总是处于不利地位,而且复制者动力学方程的两个内部不动点只有在种群规模超过了临界种群规模 Z_{CRIT} 之后,才会显露出来。如图 7.4(b)所示。

7.3 讨论

在本章中,我们对公共物品提供博弈进行了扩展,将那些只要求最低限度的有协调的集体行动去生产公共物品的系统也包括了进来。这样一来,我们也就把两人猎鹿博弈扩展成了 N 人猎鹿博弈。在完全均匀混合的无限种群中,阈值的存在打开了复制者动力学方程出现两个内部不动点的可能性之门。在合作者频率较低时出现的那个内部不动点始终是一个不稳定的不动点,它决定了合作集体行动的"门槛"。另一个内部不动点出现在合作者频率更高时,是一个稳定的不动点,并且由此决定种群中合作者所占的最终比例(假设协调阈值已经被突破了)。除了这个最有趣的机制之外,还可能出现的结果包括根本无法实现合作,以及成为一个带有阈值的纯粹协调博弈等。在后者,阈值敏感取决于一个由 N 个个体组成的群组中,生产公共物品所需要的合作者的最小数量 M。

放弃无限种群这个"简单化的"假设,会对 N 人猎鹿博弈的演化动力学产生深远的影响,特别是在种群规模与群组规模大致相当的时候(见表 7.1 的总结)。在这种情况下,可以观察到无限种群中获得的若干场景之间出现了重叠。因此,对于 $Z = N$,合作者总是处于不利地位,无论是否存在阈值,都是如此。对于 $Z > N$,有限种群中的选择方向强烈依赖于规模(强规模依赖)。对于固定的 $F > N$,存在一个临界值 Z_1,高于该临界值,$g(k)$ 的内部根就会出现,它们在有限种群中的角色,类似于无限种群中的 x_L 和 x_R(请参阅图 7.1)。在高于第二个临界值 Z_2 时,x_R 会消失,原来的博弈也以变成一个协调博弈而告终。对于 $M < F < N$ 和小规模种群,即 $F < N$,但仍然高

于临界值 $\lambda^* = R(M/N)$ 时(λ^* 的定义见附录 A),合作者总是处于不利地位;然而,在种群规模高于临界值(Z_C)时,$g(k)$ 的各个内部根就会同时出现,演化动力学接近于在无限种群中观察到的演化动力学。最后,对于 $F < M$,无论种群规模是大是小,合作者都将没有任何机会。总体上呈现出了很强的规模依赖性,而且还有一个特征,即种群规模越小,这种依赖性越强,这个事实可以直接追溯到如下事实,即对于较小的种群,个体的超几何分布抽样显著不同于二项分布抽样。而这反过来又反映了这样一种直觉,即在越小的种群中,选择也越少,而这肯定会影响整体演化动力学。

表 7.1 N 人猎鹿博弈中 $g(k)$ 的内部根

Z	$M < F < N$	Z	$N < F$
$N \leqslant Z < Z_C$	—	$N \leqslant Z < Z_1$	—
$N < Z_C < Z$	$\tilde{x}_L, \tilde{x}_R$	$N < Z_1 < Z < Z_2$	$\tilde{x}_L, \tilde{x}_R$
$Z \to \infty$	x_L, x_R	$N < Z_1 < Z_2 < Z$	$\tilde{x}_L$
		$Z \to \infty$	x_L

注:很容易就可以区别出 $g(k)$ 的两组内部根,取决于 $F(>M)$ 与 N 相比的结果如何。当 $F > N$ 时,在如下意义上间接地接近于无限种群极限状态:在第一个种群规模阈值 Z_1 之上,会出现两个内部根,其中的一个会在高于第二个种群阈值 Z_2 时消失。这种演化场景与 $M < F < N$ 时的演化场景形成了鲜明的对照。在 $M < F < N$ 时,只有一个种群规模阈值 Z_C,在达到该阈值后,会出现两个内部根,然后随着种群规模 Z 的上升,逐渐接近无限极限状态。(我们用 $\tilde{x}_L$ 和 $\tilde{x}_R$ 将有限种群下的根与无限种群下的根区别开来。)

在本研究中,我们一直假设源于公共物品博弈的回报的大小与提供的贡献的多少线性相关。但是并不一定总是如此,而且我们应该可以找到一些例子,它们将会表明非线性回报形式可能更加合适。因此,如果能够说明,对线性回归形式的偏离对演化博弈动力学会产生什么影响,那也将是非常有意思的一个课题。在这个方向上的研究工作已经展开,而且已经取得了一些进展。

附录 A:无限种群中的复制者动力学

我们假设,存在一个完全均匀混合的无限种群,其中,x 表示合作者在种群中所占的比例,$(1-x)$ 表示背叛者在种群所占的比例。从种群中随机抽取 N 个个体组成群组,参加一个 N 人猎鹿博弈。如本章第一节所述,这个 N 人猎鹿博弈存在一个阈值 $M > 1 (M \leqslant N)$,低于该阈值,就无法生产出公共物品;而当 $M = 0$ 时,使该 N 人猎鹿博弈就蜕变成为一个 N 人囚徒困境博弈。这样一来,这个种群中背叛者的平均适合度可以用下式给出(与通常的做法一样,我们在这里将适合度等同于收益):

$$f_D(x) = \sum_{k=0}^{N-1} \binom{N-1}{k} x^k (1-x)^{N-1-k} \Pi_D(k) \qquad (7\text{A}.1)$$

而合作者的平均适合度则由下式给出:

$$f_C(x) = \sum_{k=0}^{N-1} \binom{N-1}{k} x^k (1-x)^{N-1-k} \Pi_C(k+1) \qquad (7\text{A}.2)$$

其中的 $\Pi_C(k) \big(\Pi_D(k) \big)$ 是一个由 N 个个体组成的群组中的一个合作者(背叛者)的适合度,在这个群组中,有 k 个合作者。对个体的随机抽样会导致群组的构成符合一个二项分布。这就是说,在一个有 k 个合作者的 N 人群组中,背叛者的适合度为:

$$\Pi_D(k) = \frac{kFc}{N} \theta(k - M)$$

而合作者的适合度则为:

$$\Pi_C(k) = \Pi_D(k) - c$$

其中,单位阶跃函数 $\theta(x)$ 满足 $\theta(x < 0) = 0$ 和 $\theta(x \geqslant 0) = 1$。因此,每个合作者在参加一个公共物品提供博弈时,要付出固定成本,而公共物品的价值则随着合作者的人数 k 的增加而呈线性增加(只要 $k \geqslant M$)。给定前面的定义,当 $k < M$ 时,不会有任何公共物品被生产出来,因此背叛者的收益为 0,而合作者的收益则为 $-c$。

对于 N 人囚徒困境博弈($M = 0$),我们很容易从上面的式(7A.1)和式(7A.2)得出,$f_C - f_D \sim (F/N) - 1$,且只要 $F > N$,合作就会成为优先选择。但是,只要 $F < N$,对于所有 $x \in [0, 1]$,都有 $f_C - f_D < 0$,合作者没有任何演化机会。

当 $M > 1$ 且 $k < M$ 时,情况类似于 N 人囚徒困境博弈:在混合群组中,

合作者仍然处于不利地位。不过,只要 $k \geqslant M$,就会有一些公共产品被生产出来,于是背叛的收益为 $\Pi_D(k) = (kFc/N)$,而合作者的收益则为 $\Pi_C(k) = \Pi_D(k) - c$。

在一个最低阈值为 M 的 N 人猎鹿博弈中,合作者和背叛者的演化动力学可以通过分析 $f_C - f_D$ 的符号来研究。我们有:

$$f_C(x) - f_D(x) \equiv Q(x) = -c\left[1 - \frac{F}{N}R(x)\right]$$

其中:

$$R(x) = x^{M-1}\left[\sum_{k=M}^{N-1}\binom{N-1}{k}x^{k-M+1}(1-x)^{N-1-k} + M\binom{N-1}{M-1}(1-x)^{N-M}\right]$$

$Q(x)$ 的在 $(0,1)$ 的根决定了,复制者动力学议程是不是具有内部不动点。我们证明过多项式 $R(x)$ 的几个性质,尤其是,如果我们定义 $\lambda^* = R(M/N)$,那么就有:(i)对于 $(F/N) < \lambda^*$,在 $x \in (0,1)$ 时,都没有根;(ii)对于 $(F/N) = \lambda^*$,在 $(0,1)$,M/N 是一个双根;(iii)对于 $(F/N) < 1$,只有一个单根 $x_L \in (0, M/N)$;以及(iv)当 $\lambda^* < (F/N) \leqslant 1$ 时,有两个单根 $\{x_L, x_R\}$,其中 $x_L \in (0, M/N)$,$x_R \in (M/N, 1)$。$R(x)$ 在种群演化动力学中的意义,如图 7.2 所示,并总结于表 7A.1 中。

表 7A.1　复制者动力学中的不动点的性质和数量

	$F/N < \lambda^*$	$F/N = \lambda^*$	$\lambda^* < F/N \leqslant 1$	$1 < F/N$
稳定	0	0	$0, x_R$	$0, 1$
不稳定	1	$M/N, 1$	$x_L, 1$	x_L

注:给定定义 $\lambda^* = R(M/N)$,我们求出了与 M/N 各个可能值相对应的状态下,复制者动力学的不动点,并确定了它们的性质。除了平凡端点 $\{0,1\}$ 之外,我们也找出了可能的内部不动点 $\{x_L, x_R\}$,它们满足 $x_L \in (0, M/N)$ 和 $x_R \in (M/N, 1)$。请参阅正文了解更多信息。

根据 $R'(x_L) > 0$ 且 $R'(x_R) < 0$ 这个事实,我们立即可以将 x_L 归类为一个不稳定的不动点,并将 x_R 归类为一个稳定的不动点(只要它存在)。此外,当 $(F/N) = \lambda^*$ 时,M/N 始终是一个不稳定的不动点。

附录 B:有限种群中的成对比较

在这里,我们考虑一个完全均衡混合的有限人群,其规模为 Z,每个个体的适合度源于 N 人猎鹿博弈。合作者和背叛者的平均适合度,现在分别变成了合作者在种群中所占的(离散)比例 k/Z 的一个函数,而且可以写成如下(超几何抽样)的形式(Hauert et al.,2007):

$$f_C(k) = \binom{Z-1}{N-1}^{-1} \sum_{j=0}^{N-1} \binom{k-1}{j} \binom{Z-k}{N-j-1} \Pi_C(j+1)$$

及:

$$f_D(k) = \binom{Z-1}{N-1}^{-1} \sum_{j=0}^{N-1} \binom{k}{j} \binom{Z-k-1}{N-j-1} \Pi_D(j)$$

其中使用的二项式系数满足:如果 $k < 0$,则 $\binom{k}{j} = 0$。

如本章 7.2 节所述,为了描述有限种群中的合作者(和背叛者)的演化动力学,我们采用了随机生灭过程(Karlin and Taylor,1975),并结合了成对比较规则(Traulsen et al.,2006,2007a,2007b)。给定种群中有 k 个合作者这个假设,那么在给定的某一步,合作者的人数增加(减少)一个的概率,可以由如下转移概率给出:

$$T^{\pm}(k) = \frac{k}{Z} \frac{Z-k}{Z} \frac{1}{1 + \exp(\pm\beta[f_C(k) - f_D(k)])}$$

其中,β 指选择强度。

对于有限种群,对应于复制者动力学方程的右侧,指定了"选择的梯度"的那个量由 $g(k)$ 给出(Traulsen et al.,2006,2007a,2007b),其定义见正文 7.2 节,而且它的内部根是 $[f_C(k) - f_D(k)]$ 的根。由于 $\Pi_D(k) = (kFc/N)\theta(k-M)$ 且 $\Pi_C(k) = \Pi_D(k) - c$,我们可以直接写出正文 7.2 节中对于 $[f_C(k) - f_D(k)]$ 的方程式(7.2)。只要 $M = 0$,它都与 k 无关的,但是却依赖于种群规模和群组规模。

当 $M > 1$ 且 $Z = N$ 时,结果不难从 N 人囚徒困境博弈的结果推断出来。对于 $1 < M < N < Z$，由于阈值的存在，有限种群动力学受到了强烈的干扰，从而使解析分析变得非常繁琐。不过，有了前面的讨论基础，通过数值实验，这种情况还是不难理解的。因此，我们在图 7.3 中给出了 Mathematica 软件中的公式完成的数值计算的结果。

致　谢

这项研究工作得到了葡萄牙科技基金会（J.M.P.）、比利时国家科学基金委（F.C.S.），以及巴西里约热内卢州基础研究支持基金（M.O.S.）的支持。

参考文献

Axelrod，R.(1984) *The Evolution of Cooperation*. New York：Basic Books.

Axelrod，R. and W.D.Hamilton(1981) "The evolution of cooperation." *Science* 211：1390—6.

Beding，B.(2008) "The stone-age whale hunters who kill with their bare hands." *Daily Mail*，12 April. See〈http://www.dailymail.co.uk/news/article-465987/the-stone-age-whale-hunters-kill-bare-hands.html〉.

Benaim，M.，S.J.Schreiber，and P.Tarres(2004) "Generalized urn models of evolutionary processes." *Annals of Applied Probability* 14：1455—78.

Boesch，C.(2002) "Cooperative hunting roles among Tai chimpanzees." *Human Nature* 13：27—46.

Boyd，R. and P.J.Richerson(1985) *Culture and the Evolutionary Process*. Chicago，IL：University of Chicago Press.

Brandt，H.，C. Hauert and K. Sigmund(2006) "Punishing and abstaining for public goods." *Proceedings of the National Academy of Science USA* 103：495—7.

Bryant，J.(1994) "Coordination theory, the stag hunt and macroeconomics." In *Problems of Coordination in Economic Activity*，ed. J.W.Friedman，207—25. Dordrecht，The Netherlands：Kluwer.

Creel，S. and N.M.Creel(1995) "Communal hunting and pack size in African wild dogs, *Lycaon pictus*." *Animal Behaviour* 50：1325—39.

Hamilton，W.D.(1970) "Selfish and spiteful behaviour in an evolutionary model." *Nature* 228：1218—20.

Hammerstein，P.(2003) *Genetic and Cultural Evolution of Cooperation*. Cambridge，MA：MIT Press.

Hauert，C.，S.De Monte，J.Hofbauer，and K.Sigmund(2002) "Volunteering as

Red Queen mechanism for cooperation in public goods games." *Science* 296: 1129—32.

Hauert, C., F. Michor, M. A. Nowak, and M. Doebeli(2006) "Synergy and discounting of cooperation in social dilemmas." *Journal of Theoretical Biology* 239:195—202.

Hauert, C., A. Traulsen, H. Brandt, M. A. Nowak, and K. Sigmund(2007) "Via freedom to coercion: the emergence of costly punishment." *Science* 316:1858.

Hofbauer, J. and K. Sigmund(1998) *Evolutionary Games and Population Dynamics*. Cambridge: Cambridge University Press.

Jervis, R.(1978) "Cooperation under the security dilemma." *World Politics* 30: 167—214.

Kandori, M., G. J. Mailath, and R. Rob(1993) "Learning, mutation, and long-run equilibria in games." *Econometrica* 61:29—56.

Karlin, S. and H. M. A. Taylor(1975) *A First Course in Stochastic Processes*. London: Academic.

Kollock, P.(1998) "Social dilemmas: the anatomy of cooperation." *Annual Review of Sociology* 24:183—214.

Macy, M. W. and A. Flache(2002) "Learning dynamics in social dilemmas." *Proceedings of the National Academy of Science USA* 99(Suppl. 3):7229—36.

Maynard-Smith, J.(1982) *Evolution and the Theory of Games*. Cambridge: Cambridge University Press.

Maynard-Smith, J. and E. Szathmáry(1995) *The Major Transitions in Evolution*. Oxford: Freeman.

Milinski, M., D. Semmann, H. J. Krambeck, and J. Marotzke(2006) "Stabilizing the Earth's climate is not a losing game: supporting evidence from public goods experiments." *Proceedings of the National Academy of Science USA* 103: 3994—8.

Milinski, M., R. D. Sommerfeld, H. J., Krambeck, F. A. Reed, and J. Marotzke (2008) "The collective-risk social dilemma and the prevention of simulated dangerous climate change." *Proceedings of the National Academy of Science USA* 105:2291—4.

Nowak, M. A.(2006) "Five rules for the evolution of cooperation." *Science* 314: 1560—3.

Nowak, M. A. and K. Sigmund(2004) "Evolutionary dynamics of biological games." *Science* 303:793—799.

Nowak, M. A., A. Sasaki, C. Taylor, and D. Fudenberg(2004) "Emergence of cooperation and evolutionary stability in finite populations." *Nature* 428：646—50.8.

Ohtsuki，H.，C. Hauert，E. Lieberman，and M. A. Nowak（2006）"A simple rule for the evolution of cooperation on graphs and social networks." *Nature* 441：502—5.

Packer，C. and T. M. Caro（1997）"Foraging costs in social carnivores." *Animal Behaviour* 54：1317—18.

Rockenbach，B. and M. Milinski（2006）"The efficient interaction of indirect reciprocity and costly punishment." *Nature* 444：718—23.

Sandholm，W. H.（2010）*Population Games and Evolutionary Dynamics*. Cambridge，MA：MIT Press.

Santos，F. C. and J. M. Pacheco（2005）"Scale-free networks provide a unifying framework for the emergence of cooperation." *Physical Review Letters* 95：98—104.

Santos，F. C.，J. M. Pacheco and T. Lenaerts（2006）"Evolutionary dynamics of social dilemmas in structured heterogeneous populations." *Proceedings of the National Academy of Science USA* 103：3490—4.

Santos，F. C.，M. D. Santos and J. M. Pacheco（2008）"Social diversity promotes the emergence of cooperation in public goods games." *Nature* 454：213—16.

Schreiber，S. J.（2001）"Urn models，replicator processes，and random genetic drift." *SIAM Journal of Applied Mathemtics* 61：2148—67.

Skyrms，B.（2001）The stag hunt. *Proceedings and Addresses of the American Philosophical Association* 75：31—41.

Skyrms，B.（2004）*The Stag Hunt and the Evolution of Social Structure*. Cambridge：Cambridge University Press.

Stander，P. E.（1992）"Cooperative hunting in lions：the role of the individual." *Behavioral Ecology and Sociobiology* 29：445—54.

Sugden，R.（1986）*The Economics of Rights，Co-operation and Welfare*. Oxford：Basil Blackwell.

Taylor，M. and H. Ward（1982）"Chickens，whales，and lumpy goods：alternative models of public-goods provision." *Political Studies* 30：350—70.

Traulsen，A.，M. A. Nowak，and J. M. Pacheco（2006）"Stochastic dynamics of invasion and fixation." *Physical Review E：Statistical，Nonlinear，and Soft Matter Physics* 74：011909.

Traulsen，A.，M. A. Nowak，and J. M. Pacheco（2007a）"Stochastic payoff evaluation increases the temperature of selection." *Journal of Theoretical Biology*

244:349—56.

Traulsen，A.，J.M.Pacheco and M.A.Nowak(2007b) "Pairwise comparison and selection temperature in evolutionary game dynamics." *Journal of Theoretical Biology* 246:522—9.

Ward，H.(1990) "Three men in a boat，two must row: an analysis of a threeperson chicken pregame." *Journal of Conflict Resolution* 34:371—400.

Young，H.P.(1993) "The evolution of conventions." *Econometrica* 61:57—84.

学会轮流坐庄：基础概念 *

8.1 引言

　　博弈参与者如何学会按照博弈的均衡来采取行动？[①] 远在冯·诺依曼和摩根斯坦（von Neumann and Morgenstern，1944）、纳什（Nash，1950，1951）以及其他博弈论先驱奠定博弈论的基石的几个世纪之前，大卫·休谟就已经给出过一个答案：社会成员会逐渐学会遵循一整套用来调节"稳定占有权"，或产权的惯例，当然，这是一个"缓慢的进程，在人们一再经验到破坏这个规则而产生的不便之后，才获得效力的。"（Hume，1740，第 490 页）。在博弈论发展初期，布朗（Brown，1951）提出了一个研究这种"试错学习"的正式模型，即虚拟行动（fictious play）模型。[②] 在传统的虚拟行动模型中，博弈要连续进行很多期，在每一期，博弈参与者要根据其他博弈参与者策略的历史频率，形成关于他人策略的预测，然后对这种预测做出最优反应。

　　但是，传统的虚拟行动模型有一个严重的不足：博弈参与者虽然可以通过虚拟行动进行学习，但是他们学不会任何不

＊　本文与彼得·范德斯赫拉夫合写。

平凡(nontrivial)的运动模式。特别是,在传统的虚拟行动过程基础上形成自己的信念的这些博弈参与者,将永远无法学会对每个都喜欢的结果"轮流坐庄"(take turns,轮流获得大家都喜欢的结果)。但是,当实验博弈论专家让被试参加一些有"轮流坐庄"均衡的重复博弈时,被试们却很快就学会了轮流坐庄。有人可能会争辩说,参加博弈论实验的那些成年被试之所以能够学会轮流坐庄,是因为他们早就被"社会化"了。确实,很多人的社交工具箱中都配备了轮流坐庄这种技巧。

那么问题来了:这种技术最初是从哪里来的? 在本文中,我们用一个非常简单的学习动力学模型,即马尔可夫虚拟行动(Markov fictitious play)模型,研究博弈参与者自发地学会轮流坐庄的可能性。正如它自己的名称所暗示的,马尔可夫虚拟行动模型扩展了传统的虚拟行动模型。马尔可夫虚拟行动也可能是最简单的基于模式识别的自适应动力学模型。我们发现,博弈参与者从随机选择的初始位置开始,根据马尔可夫虚拟行动更新自己的信念,很快就能学会轮流坐庄(虽然这个结果并不是每次都必定会发生)。特别值得指出的是,这些"马尔可夫慎思者"(Markov deliberator)的行为,不仅在配成一对进行重复博弈时会收敛到轮流坐庄均衡,而且即便他们是从一个规模很大的、拥有异质初始信念的种群中随机抽取出来的、在不同的时间与不同的博弈对手博弈时,也会收敛到轮流坐庄均衡。我们得出的结论是,我们提出来的这个简单的马尔可夫虚拟行动模型,非常有希望成为一个出色的学习模型,用来解释我们在实验室实验和日常生活中都可以观察到的轮流坐庄现象。

8.2　电脑游戏博弈

简(博弈参与者 1)和吉尔(博弈参与者 2)共同拥有一款新的电脑游戏。这款游戏同一时间只能一个人玩。自己玩肯定比看着别人玩更好,不过看别人玩也比什么都不做更好。如果他们两个人在同一时间都想玩,那么他们会打起来,结果谁都没得玩。现在,我们给这个电脑游戏博弈规定一些明确的数值。假设一个人看别人玩,可以得到的收益是 2,而玩的那个人的收益则为 3。如果两个人在同一时间都想玩,那么他们的收益都为 0。如果两个人都想看,那么各自获得大小为 1 的收益。

这样一来,如果一个人已经在玩了,那么另一个人的唯一的最优反应是看着第一个人玩；反之亦然。因此，〈简玩，吉尔看〉和〈吉尔玩，简看〉都是这个博弈的严格纳什均衡。显然，这是一个不纯粹的协调博弈（impure coordination game）（Lewis，1969），因为吉尔和简对这两个严格的均衡的偏好是彼此冲突的。

对于这个电脑游戏博弈，传统的虚拟行动模型会导致以下两种结果（中的某一种）。第一种结果是，某一个博弈参与者（要么是简，要么是吉尔）将会陷入一个非常不公平的实际行动序列当中，即其中一个博弈参与者总是有得玩，而对方则总是只能看，因此有一个人永远都没有机会享受自己最喜欢的电脑游戏。第二种结果是，他们的实际行动序列将陷入无休止的振荡当中：或者两人都想玩，或者两人都想看，所以他们每天从早到晚都只能因无法协调而备受煎熬。

但是，如果他们真的是理性行为主体，那么在开始陷入这个无法协调的窘境之后，难道真的一直都不会注意到这一点，并试图打破这种局面吗？事实上，在现实世界中，如果两个人像简和吉尔这样配对起来进行重复博弈，人们有理由期待他们会彼此协调起来，而不会预测他们会一直陷入无法协调的泥淖中无法自拔。具体地说，人们可能会期待，他们应该会轮流选择那两个严格的均衡。当然，这种行动模式不是单次博弈的均衡，但却是重复博弈的均衡。如果遵循这种轮流坐庄均衡，博弈参与者永远都不会无法协调。在这种情况下，轮流坐庄似乎是共享协调利益的最佳机制。而且人们有理由认为，轮流坐庄可以成为更一般的互惠的一个原型。

博弈实验的结果证明，当人们置身轮流坐庄可以导致公平和最优均衡的那些情境中时，他们确实更倾向于轮流坐庄。在实验室实验中，在面对重复进行的不纯粹的协调博弈时，被试们迅速地进入了轮流坐庄均衡（Rapoport et al.，1976：chs 9，10，11；Prisbey，1992）。拘泥于传统的虚拟行动模型，就不能解释这个非常普遍的现象。但是事实上，只要对传统的虚拟行动模型进行简单的扩展，就可以用扩展后的模型解释行为主体学会轮流坐庄这种现象。

8.3 马尔可夫虚拟行动模型

传统的虚拟行动模型有一个隐含的假设，即抽样频率是唯一与博弈参与者的预测相关的信息。这就是为什么传统的虚拟行动过程不能检测和识别模式。此外，传统的虚拟行动模型还运用了适用于独立同分布进程的归纳逻辑。而我们则认为，博弈论的学习模型应该能够很好地容纳不是独立同分布的行动序列，而且，特别重要的是，应该能够检测行动模式。

最简单的模式是这样一种模型：某次行动的概率仅仅取决于上一次行动的状态。这就是一个马尔可夫链。因此，对于传统的虚拟行动模型的一个改进就是，使用专为马尔可夫链设计的归纳逻辑（Kuipers，1988；Skyrms，1991）。在我们的重复博弈中，系统的状态由博弈参与者双方的行动构成。在马尔可夫虚拟行动时，每位博弈参与者用转换次数来预测另一位博弈参与者这一次会采取什么行动，然后根据自己的预测选择自己的最优反应。每个博弈参与者的推理过程如下：在过去的博弈中我是这样做的，而他是那样做的，在过去的那些情况下，他选择各种行动的频率有那么一些；我用他选择各种行动的频率来预测他将会怎么做，然后确定我的（这一次的）最优反应。

8.4 学会轮流坐庄

8.4.1 由固定的博弈参与者参加的重复博弈

假设简和吉尔根据马尔可夫虚拟行动的原则重复进行前述电脑游戏博弈。如果连续两次"造访"了某个严格的纳什均衡，那么他们将会被"吸"进这种严格的均衡当中，他们在未来所有轮次的博弈中都会如此行动。但是，如果他们先"造访"其中一个严格的纳什均衡，再"造访"另一个严格的纳什均衡，然后又回到第一个、第二个、第一个……，那么他们的行动就会被"吸"进一个"轮流坐庄"均衡，即交替"造访"那两个严格的均衡之间。这个博弈的结果可以进一步推广（Vanderschraaf and Skyrms，2003）。

轮流坐庄均衡的存在毋庸置疑，但是我们想知道它们是否能自发地涌现出来。我们还想知道，如果它们确实能自发地涌现出来，那么这会不会只是一种极不可能发生的偶然现象，抑或是一种带有某种规律性的、自然而然地就会发生的现象。假设我们随机地为简和吉尔选择某种初始信念，然后让他们开始马尔可夫虚拟行动，那么我们应该期望看到些什么？

为了探索马尔可夫虚拟行动的性质，我们对上述电脑游戏博弈进行了一系列计算机仿真。每一次仿真要进行 10 000 轮博弈。在计算机仿真中，先随机选出一对关于电脑游戏博弈的状态转移的初始信念矩阵，然后按照马尔可夫虚拟行动的规则对信念进行更新。仿真结果显示，信念几乎总是会收敛到一个纯纳什均衡或一个"轮流坐庄"均衡。从我们的仿真来看，博弈参与者大约有三分之一的时间固定在"轮流坐庄"均衡上。（关于我们的计算机仿真的详细信息，请参阅 Vanderschraaf and Skyrms，2003。）对于计算机仿真结果中的具体数值，我们不应该附加过多的意义。但是，我们确实可以得出一个重要的定性结论：在马尔可夫虚拟行动中，从一个随机选择的出发点开始，简和吉尔可以自发地学会"轮流坐庄"。当然，不能保证他们肯定能够做到这一点，但是他们真的有机会成功，这不需要奇迹。

8.4.2 种群内进行的重复博弈

现在假设，简和吉尔没有属于他们自己的电脑。假设房子里有许多孩子，他们取代了简和吉尔的位置，而取代他们的人又会被其他孩子所取代。所有的孩子都能看到发生了什么事，但是每个孩子都有自己的初始转换权重。在这样一种社会环境中，在我们的模型中用不同的归纳规则代表的学习模式的异质性就更加突出了。那么，在这种更具挑战性的情况下，博弈参与者是否有可能学会轮流坐庄呢？

在这样一个社会环境中，我们仍然能够以一种简单的方式应用虚拟马尔可夫行动模型。在每一轮博弈中，参加博弈的都是"新人"，他们根据观察到的其他人的行动历史来更新信念。在这个马尔可夫虚拟行动的变体中，信念更新的动力学系统会不断地遭到随机波动的"轰击"。随机波动来源于博弈参与者个体的先验信念和加权常数。从理论上看，带着自己独特的加权常数和先验信念的"新人"参加博弈时，总是存在着扰乱系统并使种群偏离当前均衡的可能性。

那么，马尔可夫慎思者在这样一个天生"吵闹"的系统中，有可能达到一个均衡吗？完全有可能。事实上，在 2×2 的情况下，这个马尔可夫动力学系统表现出了非常显著的收敛性质。同样地，我们进行了计算机仿真，不过，这一次，每一位参加博弈的"种群代表"的初始转换概率和加权因子都是随机选择的。通过计算机仿真，我们有点惊讶地发现，这个社会学习模型的结果与前面那个模型相当相似，尽管在前面那个模型中，简和吉尔是仅有的两位博弈参与者。计算机仿真结果表明，"轮流坐庄"均衡占了大约 1/4 的时间,而且博弈总是会收敛到一个"轮流坐庄"均衡或一个严格的纳什均衡上。总之,在这些情况下,我们有理由期望,博弈参与者会自发地学会"轮流坐庄",而且会把这种信念传递给社会环境中参加博弈的"新人"。

8.5 结论

马尔可夫虚拟行动模型可以用来对我们在实验室和日常生活中观察到的轮流坐庄现象进行建模。马尔可夫虚拟行动模型能够非常迅速收敛到一个轮流坐庄均衡,这与我们在实验中观察到的轮流坐庄现象一致(Rapoport et al.,1976)。当然,我们并不认为,我们在这里所分析的马尔可夫虚拟行动过程就是人类学习的精确模型。马尔可夫虚拟行动模型当然是对发生在人类社会中的学习过程的一种简化。但是,最具启发意义的,恰恰是这个模型的简单性。即便博弈参与者先前没有任何互动经验,只要根据简单的马尔可夫虚拟行动过程更新自己的信念,也能迅速学会轮流坐庄。我们完全有理由推测,在现实世界中,像简和吉尔这样的博弈参与者,与我们的马尔可夫学习模型中的马尔可夫慎思者相比,既不会那么天真,也不会那么无知,因此学会轮流坐庄的机会必定更大。

注 释

① 本章介绍了范德斯赫拉夫和斯科姆斯(Vanderschraaf and Skyrms,2003)提出的一些领先的思想以及他们得到的主要发现。对于本章中涉及的概念的精确定义、有关定理的证明、对不同的博弈所进行的比较、仿真实验的细节,以及对相关文献的讨论,请进一步阅读该论文。
② 关于博弈中的行动模式学习,还有另一种不同研究进路,请参阅索西诺的论文(Sosino,1997)。关于虚拟行动的相关变体,请参阅弗登伯格和莱文的论文(Fudenberg and Levine,1998)。

参考文献

Brown,G. W.(1951)"Iterative Solutions of Games by Fictitious Play." In *Activity Analysis of Production and Allocation*,ed. T.C.Koopmans,374—6. New York:Wiley.

Fudenberg,D. and D. Levine(1998)*The Theory of Learning in Games*. Cambridge, MA: MIT Press.

Hume, D.(1740, 1888) *A Treatise of Human Nature*, ed. L. A. Selby-Bigge (1976), Oxford: Clarendon Press.

Kuipers, T. A. F.(1988) "Inductive Logic by Similarity and Proximity." In *Analogical Reasoning*, ed. D. A. Helman. Dordrecht: Kluwer Academic Publishers.

Lewis, D. (1969) *Convention: A Philosophical Study*. Cambridge, MA: Harvard University Press.

Nash, J.(1950) "Equilibrium Points in N-Person Games." *Proceedings of the National Academy of Sciences of the USA* 36:48—9.

Nash, J.(1951) "Non-cooperative Games." *The Annals of Mathematics* 54: 286—95.

Prisbey, J. (1992) "An Experimental Analysis of Two-Person Reciprocity Games." Social Science Working Paper 787, California Institute of Technology.

Rapoport, A., M. Guyer, and D. Gordon(1976) *The 2 × 2 Game*. Ann Arbor: University of Michigan Press.

Skyrms, B.(1991) "Carnapian Inductive Logic for Markov Chains." *Erkenntnis* 35, 439—60.

Sonsino, D.(1997) "Learning to Learn, Pattern Recognition, and Nash Equilibrium." *Games and Economic Behavior* 18:286—331.

Vanderschraaf, P.(2001) *Learning and Coordination*. New York: Routledge.

Vanderschraaf, P. and B. Skyrms(2003) "Learning to Take Turns." *Erkenntnis* 59:311—48.

Von Neumann, J. and O. Morgenstern(1944) *Theory of Games and Economic Behavior*. Princeton, NJ: Princeton University Press.

对社会规范的框定过程的演化论思考 *

在社会规范的实施过程中，环境因素和框架效应可能使其效果出现非常巨大的差异。在海量社会心理学文献中，这方面的研究早就屡见不鲜了，一个例子是克里斯蒂娜·比基耶里（Cristina Bicchieri）的《社会的语法》（*The Grammar of Society*）一书（Bicchieri，2006）。[①] 她把社会规范的使用视为受社会场景或社会剧本控制的，即人们的行动其实是在按照她所说的社会剧本（social script）进行"演出"的。这样，同样的问题可能会引发不同的行为，取决于哪个剧本被启动、哪种规范被激活。

框定（framing）一个问题的过程，或者说框架效应，对决策的重要意义，现在已经基本上成了定论，因此从事实验心理学和实验经济学研究的学者已经不再花费大量时间去尝试诱导框架效应了。相反，他们在设计实验时变得非常谨慎，试图通过尽可能"中性"的实验说明和实验程度，以避免框架效应。

但是，我们确实需要一个理论来解释规范的起源的原因，并解释为什么会出现框架效应。这样一种理论的框架应该是什么样子的？正如大卫·休谟在几个世纪之前就敏锐地观察到的，社会规范的出现，是一个缓慢的文化过程：

---

* 本文与凯文·J.S.佐尔曼合写。

稳定占有的规则也并非不是由人类的惯例演化而来的。它是通过缓慢的进程，在人们一再经验到破坏这个规则而产生的不便之后，才获得效力的。[②]（Hume，2003［1939—49］）
因此，演化博弈论正是我们应该关注的。

大多数演化分析都集中关注特定的博弈。但是，有一点很明确，我们并不会为特定的个别博弈发展单独的规范。社会规范的演化发生在广泛的多种多样的社会互动的大背景下，即各种各样的博弈同时进行的情境中。此外，社会规范演化的方式也决定了，它们的应用是模糊性的，充满着歧义。如果每类社会互动都有自己的"分区"，每个分区都演化出了单独适用于本分区的规范，那么规范的应用就会变得非常简单。但是，社会互动的类别千变万化，在它们的驱动下，规范的应用不一定能有很好的结构，而且演化的规范也极可能没有很好的结构。

博弈论专家们放在显微镜下仔细研究过的某种特定种类的互动（例如，最后通牒讨价还价博弈），可能只是各种各样的社会互动中的一种。每一类社会互动都可以有自己的规范，某种规范可能相当适合于某一类社会互动，但是不同规范之间可能会发生冲突。我们认为，决策问题的思考框架（框定问题的方式）应该被理解为社会互动的相关类别的一个信号，而演化分析的重点则应该重新定向到社会互动的分类系统（systems of classes）上去。这样一来，笼罩在博弈论实验研究中许多"反常"结果周围的那种神秘气息就会烟消云散了。在本章中，为了阐明这一点，我们将会分析两个小例子，它们说明了两种不同类型的框架效应。

发生在不同策略型互动情境中个体行为往往非常相似。例如，一个非常引人注目的现象是，各种情境中的讨价还价行为全都非常稳定，尽管纯粹从经济学的角度来看，它们在策略上是有很大不同的。公平的讨价还价结果，即每个人都得到被分配的物品的一半，在许多不同的策略性博弈中都能观察到：从每个人提出方案、要求自己可以分得多少的纳什讨价还价博弈，到一个人提出分配建议、另一个人只能接受或拒绝的最后通牒博弈，再到一个人单方面决定怎样分配的独裁者博弈，都是如此。

上面所说的后两种博弈被认为对理性假说提出了特别大的挑战。在最后通牒博弈中，一个人（提议者）提出分配方案，另一个人（响应者）可以选择接受，也可以选择拒绝该分配方案。如果提议者假定他的博弈对手是理性的，即对方的偏好是，有一点总是比什么都没有要好，那么提议者就应该预期到响应者会接受任何分配份额为正的提议,因为响应者将在有一些东西与什么东西都没有之间进行选择。基于这个假设,提议者为了最大化自己的收益,就应该建议分给响应者尽可能小的正的数额。能够在这种推理过程中"生存"下来的那组策略被称为序贯理性均衡,但是大量博弈实验证明,人们连接近于序贯理性行动也做不到。

更加令人费解的是独裁者博弈,因为独裁者博弈已经去掉了拒绝别人提出的分配方案的选项。在一个独裁者博弈中,第一个人决定分配方案,第二个人必须接受。因此,在这种情况下,如果第一个人偏好较多的钱甚于较少的钱,那么把所有的钱都留给自己无疑是对他最有利的。然而,博弈实验再次表明,个人不会做出这种行为。

即便从传统的均衡分析转换为演化分析,也无法解开这里面的奥秘。尽管在最后通牒博弈中,公平行为在复制者动力学中可以演化(复制者动力学模型是文化演化的一种模型),但是它在面对许多种类的突变时都是不稳定的。即便只考虑到有限形式的突变,在标准的演化模型中,公平分配行为的演化相对来说也是不那么可能的。[③]事实上,在独裁者博弈中,分配行为根本不可能演化。

既然如此,如果非要让某个人解释这种现象,那么他可能会很自然地假定,当个人必须在虽然相互之间有所不同,但是全都类似于讨价还价博弈的各种情境下做出决策时,都会依赖于一个简单的讨价还价规范,即一个不对不同的策略性情境进行区分的规范。许多学者似乎都认同这一思路,其中表述得最清晰的可能是盖尔、宾默尔和萨缪尔森。他们是这样说的:

> 尤其是,我们认为,初始行动反映了在现实生活中讨价还价环境下演化出来的决策规则。这些环境在表面上看类似于最后通牒博弈,但是在这些讨价还价博弈中,讨价还价能力的分配通常比最后通牒博弈中更加对称,从而导致被试在最后通牒博弈实验中做出的初始行动不一定接近于[序贯理性行动]。(Binmore et al.,1995,第59页;也请参阅Skyrms,1996。)

如果真是这样,那么这里的演化问题就变成了:"这样的普遍规范是否有可能演化出来,从而不仅能在最后通牒博弈中,而且能在纳什讨价还价博弈中导致公平分配的结果?"佐尔曼研究了这个问题(Zollman,2008)。[④]他考虑的是这样一个单一规范,这个规范不但决定了对称的纳什讨价还价博弈中(两个人同时提出分配建议)博弈参与者的提议,而且决定了不对称的最后通牒博弈中博弈参与者的提议。他发现，当博弈参与者无法区分清楚这两种博弈时，公平分配行为有很大的可能演化。而且，更加令人惊讶的是，他还发现这里存在着一种协同作用，与单独进行任何一种博弈时相比，公平分配行为更可能在"通用"的博弈情境中演化出来。

佐尔曼的假设是，被考虑的公平规范根本无法将两种博弈区分开来，这种约束"迫使"这两种博弈情境演化出了一致的行为。在为这个约束条件辩护时，他这样说道：

> 个人可能只是无法考虑周全他们所必须面对的全部策略性环境。科斯塔－戈麦斯（Costa-Gomes）、克劳福德（Crawford）和布罗塞塔（Broseta）通过深入细致的研究表明，很多个人根本不考虑像博弈这样的环境中的策略性问题……即便是对那些会考虑另一个博弈参与者行动的博弈参与者而言，在许多讨价还价情况下，相关的信息也是严格不可用的（或者至少是无法以合理的成本利用的）。⑤

这段话的最后一句表明，对于个体来说，很可能是因为将不同形式的博弈区分清楚需要付出的代价太高，所以他们必须采用某个不依赖于博弈类型的策略。这种可能性在门格尔的论文中得到了深入的研究（Mengel，2008）。⑥门格尔考虑的是这样一种情形：个人要面对很多博弈，而且需要付出一定成本才能将它们区分开来。她发现，由于区分成本不同，许多策略上非常不同的情况都有可能会出现。新的均衡可能会出现，而其他均衡则可能变得不再稳定。这就意味着，由佐尔曼发现的这种现象有可能是规范的演化中的一个一般性的特征。

如上所述的这些研究考虑的都是这样一种情形：两种策略上不同的社会互动被合并成了一个单一的、对某个个体来说在社会意义上相关的情境。有些博弈参与者把最后通牒博弈"框定"为或表述为一个讨价还价博弈，有些博弈参与者则可能把最后通牒博弈"框定"为别的非常特别的讨价还价问题，并由此而导致了相当不同的结果。

当然，这绝不是框架效应显示其重要性的唯一机会。个体在受到某些与策略性考虑无关的信息的暗示后，也同样可能在同一个策略性情境下做出不同的行为。例如，人们观察到，在讨价还价博弈中，少许显然不相干的信息就有可能从根本上改变结果。这方面类似的实验已经很多了，不过最令人难以置信的结果很可能来自梅塔、斯塔默和萨格登完成的一个实验（Mehta，Starmer and Sugden，1992）。⑦在这个实验中，两个人被随机分到4

张牌,每张牌都是从一叠只有"A"和"Z"的扑克牌中抽取出来的。梅塔等人发现,这些纸牌创造了一个"焦点",它导致了纳什讨价还价博弈中的不对称的分配要求。他们给了被试这样一种暗示:"A"是有价值的,因此拿到更多"A"的那些被试们倾向于要求分得更多,相应地,拿到更少"A"那些被试者则要求更少一些。这就表明,人们会依据策略上无关的暗示在不同的均衡上达成协调。

接下来,我们再来看一个在关于动物之间的冲突的生物演化理论研究中非常著名的例子。梅纳德·史密斯认为(Maynard Smith, 1982),动物之间的冲突可以用一个博弈来建模,这个博弈就是所谓的"鹰鸽博弈"。[8] 在这个博弈中,每个个体都想得到一定资源(如食物或配偶),并且可以通过威胁另一个个体来达到这个目的。但是,如果双方都威胁对方,那么就会打起来,那将导致这个博弈最糟糕的结果。

下面的表 9.1 给出了鹰鸽博弈的收益矩阵。在这个博弈中,有两个纯策略纳什均衡,即其中一个个体充当鸽子,另一个个体则充当鹰。这两个均衡是可以实现的,条件是只要博弈参与者之间存在着某种不对称性(例如,将其中一个博弈参与者指定为"行参与者"时)。而在自然发生的互动中,这些策略对应于种群的成员的不同类型,于是这些均衡不再是可以达到的。

表 9.1　鹰鸽博弈

	鹰	鸽
鹰	(0, 0)	(4, 1)
鸽	(1, 4)	(2, 2)

这一点可以用一个相对简单的演化模型,即通常所称的"复制者动力学"来说明。在复制者动力学模型中,个体与种群中随机抽取出来的某个成员博弈,并根据自己相对于种群所有其他成员做得是好还是坏来进行繁殖。这就是说,那些做得比种群平均水平更好的个体将会在种群中占据更大的比例,而那些做得种群平均水平更差的个体在种群占据比例将会缩小。在完全对称的鹰鸽博弈中,演化力量将推动种群走向一个混合状态,其中一定比例的个体是"鹰派",其他个体则是"鸽派"(见图 9.1)。

图 9.1　鹰鸽博弈的单种群复制者动力学

　　然而,这个多态均衡是效率低下的,尽管它确实是这个演化模型的唯一的终点。"鹰派"个体经常会与其他"鹰派"个体相遇,并获得该博弈最糟糕的收益,即 0。而"鸽派"个体也经常会与其他"鸽派"个体相遇,从而导致一个与"鹰派"个体相遇时更差的社会结果(总收益为 4,而不是 5)。梅纳德·史密斯指出,在这样一个鹰鸽博弈中,对于博弈参与者来说,如果能在博弈之外找到什么来打破对称性的东西,那么无疑是有益的。这也就是说,如果博弈参与者能够以双方都能观察到的某个特征为线索,使双方的策略关联起来,那么演化就可能会选择能够利用该线索的策略。

　　现在,鹰鸽模型已经被广泛地用于解释许多物种的"领地"现象。充当"领地主人"或"入侵者",可以作为参与博弈的个体用来将双方的策略关联起来的机制,从而解决这个协调问题。因此,如果自己是"领地主人",就当"鹰派"(Hawk,简称 H);如果自己是"入侵者",就当"鸽派"(Dove,简称 D),这就成了一个演化稳定策略,而且也是比前面提到的混合群体更有效率的策略。我们可以这样想象,个体有时充当"领地主人"的角色,有时则充当"入侵者"的角色,即大自然用"掷硬币"的方法确定谁充当什么角色,然后让"领地主人"与"入侵者"配对。

　　这样一来,个体就可以演化出"基于角色"的策略,这种策略的形式是〈作为领地主义的策略,作为入侵者的策略〉。在这个博弈中,共有四个这样的策略:〈H,H〉、〈D,D〉、〈H,D〉和〈D,H〉,由此,该动力学模型可以通过一个人口比例四面体显示出来。如果〈H,D〉和〈D,H〉这两种策略都消失了,那么博弈参与者不再扮演自己的角色,我们就又回到了以前那个存在唯一一个多态均衡的博弈。但是,只要我们仔细考虑一下整个四面体,就会发现这种均衡是不稳定的。如果种群中(突变)出现了一些其他类型的个体(即〈H,D〉和〈D,H〉),而且它们的人口比例不完全相等,那么演化动力学就将远离这个均衡。通过引入这些角色后,产生了许多新的均衡,但是其中大多数也是不稳定的。无论如何,关键在于,现在几乎每个种群状态都会演化到要么全部是〈H,D〉[梅纳德·史密斯所称的"布尔乔亚"(Bourgeois)策略],要么全部是〈H,D〉[梅纳德·史密斯所称的"反常的"(Paradoxical)策略]。

　　对于这个问题,还可以这样说:大自然将一些信号发送给个体,这些信号是(反)相关的,而个体则拥有一些以信号为条件的策略。在所有个体都是〈H,D〉或所有个体都是〈D,H〉的种群状态下,我们实现了奥曼所称的相关均衡(correlated equilibrium)(Aumann,1974)。⑨现在,让我们把讨论拉回到情境依赖性上来。在有些情况下,要扮演哪些角色并不清楚(即信号是模棱两可的,或者根本没有信号),那么我们应该期待会出现鹰派和鸽派共存的多态性。对于存在一个明确的信号的情况下,我们应该期待一个相关均衡。

鹰鸽博弈的对称性我们在讨价还价博弈中观察到的对称性非常相似。在纳什讨价还价博弈中,既存在对称均衡,也存在非对称均衡。对称的均衡有两个,一个均衡是"公平均衡",即每个个体都要求分得一半;另一个均衡是"贪婪均衡",即每个个体都要求得到全部。另外还存在无限多个非对称均衡,在这些非对称均衡中,其中一个个体要求分得 $x\%$,另一个个体则要求分得($1-x\%$)。

如果限制一下,规定在一个讨价还价博弈中,只能采用 3 个策略,即要求分得 1/3、要求分得 1/2 和要求分得 2/3,那么我们就会发现这个博弈有 3 个均衡:第 1 个均衡是第 1 个个体要求分得 1/3,第 2 个个体要求分得 2/3;第 2 个均衡是第 1 个个体要求分得 2/3,第 2 个个体要求分得 1/3;第 3 个均衡是 2 个个体都要求分得 1/2。如果我们仍然考虑单种群复制者动力学模型,那么我们将发现,大多数种群都会向对称均衡演化,但是也有不可忽视的少部分种群到达了低效率的混合均衡,即这些种群将由要求分得 1/3 的个体和要求分得 2/3 的个体组成。[⑩]就像在鹰鸽博弈的情形中一样,这种混合状态是低效率的,因为,首先要求 2/3 的个体有时会遇到同类型个体,那就双方都什么也得不到;其次,要求分得 1/3 的个体有时会遇到同类型个体,那么就会留下一些未被分配的物品。

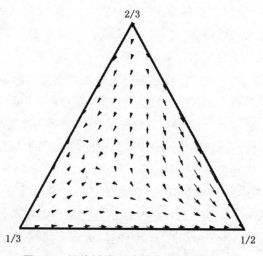

图9.2 纳什讨价还价博弈的演化动力学

然而,假设博弈参与者可以收到一个信号,或者是蓝色(B),或者是绿色(G)。然后出现了一些可以采用的新策略,例如〈收到蓝色信号则要求分得 $1/3$,收到了绿色信号则要求分得 $2/3$〉,等等。假设大自然通过抛硬币的方式来分配角色,并让蓝色和绿色配对。那么,就像前面那个模型中一样,在引入这些新的基于角色的策略之后,由总是要求分得 $1/3$ 的个体与总是要求分得 $2/3$ 的个体组成的多态将会变成不稳定的。现在有了两个新的稳定均衡,第 1 个是种群中所有个体都采用〈如果 B 则要求 $1/3$;如果 G 则要求 $2/3$〉,第 2 个是种群中所有个体都采用〈如果 B 则要求 $2/3$;如果 G 则要求 $1/3$〉。当然,除此之外还有一个稳定的均衡,即种群中所有个体都要求分得 $1/2$,而不管收到的信号是什么。

文化演化不同于生物演化的一个重要方面是,策略传递的方法不同。在我们的讨价还价博弈中,虽然每个个体都被赋予了每种情况下的"应急计划"(如果 B 做什么,如果 G 做什么),但是这些计划并不一定会传递给"下一代"。个体可能会在模仿某个人收到 B 时的应急计划的同时,又去模仿另一个人收到 G 时的应急计划,如果这些应急计划在不同的情境下成功的程度不同的话。

对于这种可能性,对上面讨论的复制者动力学模型略加改变,就可以进行分析了。在这个新的模型中,我们不再假设一个拥有演化中的全套应急计划的单一种群,而是假设不同的应急计划可以彼此独立地演化。如果 G 总是与 B 配对,那么这个模型就成了通常所说的"双种群复制者动力学模型"。在这种模型中,某些"如果 B 做什么"的策略,将与另一些"如果 B 做什么"的策略展开竞争;同样地,适用于 G 的那些应急计划也是如此。

我们发现,在这个双种群复制者动力学模型中,非对称均衡变得更加容易实现了。考虑一个只有 3 种提议的博弈(要求分得 $1/3$、分得 $1/2$ 和分得 $2/3$),从初始状态出发,几乎有一半都演化到了一种类型的个体要求分得 $2/3$,另一种类型要求分得 $1/3$ 的状态。其他则演化到了所有个体都要求分得 $1/2$ 的状态。

现在,我们面临着一种非常有意思的可能性:框架效应取决于有没有收到信号。这也就是说,我们可以让一种规范在没有信号的环境中演化,而让另外的规范在有信号的环境中演化。从这里,人们马上就会想到社会阶层之间的不对称性。在同一阶层内的分配可能是平等的,而在不同阶层之间的分配则可能是不平等的。既然某些与策略无关的性质可以打破对称性,那么我们或许可以搞清楚导致社会阶层形成的过程是怎么开始的。[11]

信号可以为博弈参与人指明潜在的博弈的结构,就像在我们所举的纳什讨价还价博弈和最后通牒博弈的例子中那样,因此没有提示的行为可能与有提示的行为大相径庭。信号有可能打破对称性,使得某个单一的潜在的博弈的相关均衡得以实现,就像我们所举的其他例子中那样,这也会使得无提示行为大大不同于有提示的行为。更一般地,这些发现可以推广到更加复杂的信号系统和更多类型的博弈,因而这些效应可以组合起来。

我们这个一般结论并没有多少值得惊讶之处,相信大部分实验心理学家都会同意这一点。例如,在评述重复猎鹿博弈的有关文献时,范海克、巴塔利奥和兰金发现(Van Huyck, Battalio and Rankin, 1997),平均而言,参加实验室实验的被试者在刚开始参加猎鹿博弈时,都倾向于采取收益占优的解决方案(即猎鹿),但是随着实验的重复进行,他们又学会了采用风险占优的解决方案(即猎兔)。[12]很显然,这些被试最初使用的规范并不是在实验中通过重复进行同样的互动而形成的,而是在一些更加广泛的社会互动过程中形成的。

在一个有趣的后续实验中(Rankin, Van Huyck and Battalio, 2000),实验者要求被试参加一系列不同的猎鹿博弈,这些博弈没有任何标签,被试拥有的唯一信息就是关于他们的收益的信息。[13]实验结果显示,在4组被试中,有3组收敛到了遵循收益占优均衡行事这个规范上,而第4组虽然没有收敛,但是也处在向这个方向演化的途中。这个独特的实验为一类更加一般的实验指明了方向,它们可以用来研究规范的形成。

在更加宏大的层面上,有些规范可能是通过一些极其宽泛的阶层互动形成,以致我们可以认为这个过程就是文化的型构过程。例如,对于亨里奇等人的"多文化"研究中的道理,我们就可以这么看(Henrich et al., 2000)。[14]当然,这会打破很多常见的图像(不仅包括了传统的"经济人"的图像,而且还包括了通过在现代发达国家中以大学生为被试的实验塑造出来的作为"经济人"的替代者的图像)。个体进行标准博弈时的行动在不同的文化中差异极大。因此很明显,在公共物品供给博弈或最后通牒博弈或讨价还价博弈中,发生在文化演化中的、其他种类的、惯习式的社会互动起到了相当大的作用。对于规范系统的起源和"框定"的研究,是一个重大的挑战,它不仅对实验经济学有意义,同时也需要实验室之外的实证研究的支持。

注　释

① C. Bicchieri(2006) *The Grammar of Society*：*The Nature and Dynamics of Social Norms*. Cambridge：Cambridge University Press.

② D. Hume(2003[1739—40]) *A Treatise of Human Nature*. Mineola，NY：Dover，p.348.

③ 关于最后通牒博弈的演化动力学的详尽研究，见 Binmore 等(1995)及 Harms(1997)。

④ K.J.S.佐尔曼(Zollman，2008)，《在复杂环境中解释公平》，《政治学、哲学和经济学》第 7 期，第 81—97 页。

⑤ 佐尔曼(Zollman，2008，第 89 页)。正文中引用的科斯塔-戈麦斯等人的那项研究是指 Costa-Gomes，Crawford 和 Broseta(2001)。

⑥ F. 门格尔(Mengel，2008)，《跨博弈学习》，IVIE 工作论文 AD 2007-05，http：//merlin. fae. ua. es/friederike/Dateien/LAGjan09. pdf。

⑦ J. Mehta，C. Starmer，and R. Sugden(1992) "An Experimental Investigation of Focal Points in Coordination and Bargaining：Some Preliminary Results." In *Decision Making Under Risk and Uncertainty*：*New Models and Findings*，ed. J. Geweke. Norwell：Kluwer.

⑧ John Maynard Smith(1982) *Evolution and the Theory of Games*. Cambridge：Cambridge University Press.

⑨ R. Aumann(1974) "Subjectivity and Correlation in Randomized Strategies." *Journal of Mathematical Economics* 1：67—96.

⑩ 斯科姆斯(Skyrms，1996，fig.3)，请参阅图 9.2。

⑪ 在空间模型中也得到了类似的结果，请参阅 Axtell et al.(1999)。

⑫ J. B. Van Huyck，R. C. Battalio，and F. W. Rankin(1997) "On the Origin of Convention：Evidence from Coordination Games." *Economic Journal* 107：576—96.

⑬ F. W. Rankin，J. B. Van Huyck，and R. C. Battalio(2000) "Strategic Similarity and Emergent Conventions：Evidence from Similar Stag Hunt Games." *Games and Economic Behavior* 32：315—37.

⑭ J. Henrich，R. Boyd，R. Bowles，C. Camerer，E. Fehr，and H. Gintis(2004) *Foundations of Human Sociality*：*Economic Experiments and Ethnographic Evidence from Fifteen Small-Scale Societies*. Oxford：Oxford University Press.

参考文献

Aumann，R. (1974) "Subjectivity and Correlation in Randomized Strategies."

Journal of Mathematical Economics 1：67—96.

Axtell，R.，J.Epstein，and H.P.Young（1999）"The Emergence of Classes in a Multi-Agent Bargaining Model." In *Social Dynamics*，ed. S.Durlauf and H.P. Young. Oxford：Oxford University Press.

Bicchieri，C.（2006）*The Grammar of Society：The Nature and Dynamics of Social Norms*. Cambridge：Cambridge University Press.

Binmore，K.，J.Gale，and L.Samuelson（1995）"Learning to be Imperfect：The Ultimatum Game." *Games and Economic Behavior* 8：56—90.

Costa-Gomes，M.，V.P.Crawford，and B.Broseta（2001）"Cognition and Behavior in Normal-Form Games：An Experimental Study." *Econometica* 5：1193—235.

Harms，W.（1997）"Evolution and Ultimatum Bargaining." *Theory and Decision* 42：147—75.

Henrich，J.，R.Boyd，R.Bowles，C.Camerer，E.Fehr，and H.Gintis（2004）*Foundations of Human Sociality：Economic Experiments and Ethnographic Evidence from Fifteen Small-Scale Societies*. Oxford：Oxford University Press.

Hume，D.（2003［1739—40］）*A Treatise of Human Nature*. Mineola，NY： Dover.

Mehta，J.，C.Starmer，and R.Sugden（1992）"An Experimental Investigation of Focal Points in Coordination and Bargaining：Some Preliminary Results." In *Decision Making Under Risk and Uncertainty：New Models and Findings*，ed. J. Geweke. Norwell：Kluwer.

Mengel，F.（2008）"Learning Across Games." IVIE Working Paper AD 2007-05，⟨http://merlin.fae.ua.es/friederike/Dateien/LAGjan09.pdf⟩.

Rankin，F.W.，J.B.Van Huyck，and R.C.Battalio（2000）"Strategic Similarity and Emergent Conventions：Evidence from Similar Stag Hunt Games." *Games and Economic Behavior* 32：315—37.

Skyrms，B.（1996）*Evolution of the Social Contract*. Cambridge：Cambridge University Press.

Smith，J.M.（1982）*Evolution and the Theory of Games*. Cambridge：Cambridge University Press.

Van Huyck，J.B.，R.C.Battalio，and F.W.Rankin（1997）"On the Origin of Convention：Evidence from Coordination Games." *Economic Journal* 107： 576—96.

Zollman，K.J.S.（2008）"Explaining Fairness in Complex Environments." *Politics，Philosophy and Economics* 7：81—97.

第三篇

动态网络

引　言

1993 年,在"博弈论诺贝尔研讨会"(Nobel Symposium on Game Theory)上,阿尔文·罗思(Alvin Roth)提交了一篇关于博弈论中的"低理性"学习的论文,它运用了强化学习模型。在那之前,我就已经得出了如下结论:博弈论的共同知识假设是一种高理性假设,强得完全不符合现实。我非常喜欢罗思这篇论文。当时,我很想对在处于动态演化中的社会网络上进行的博弈进行建模,并决定研究通过强化学习而演化的网络。除了一些小小的理论进展之外,我能做的无非是运行各种各样的计算机仿真,但是它们产生了许多非常有趣的结果。我把这些结果拿给我的朋友佩尔西·戴康尼斯(Persi Diaconis),他是强化随机散步模型(reinforced radom walks)的发明者,这个模型使用的基本动力学与罗思和埃雷弗(Roth and Erev)的模型相同。较为合适的数学工具是随机近似理论,但是当时我几乎完全不懂。因此佩尔西向我介绍了他的学生罗宾·佩曼特尔,他也是这个领域的专家。本篇各章以及下一篇中的一章,都是我和佩曼特尔合作的产物。

本篇第 10 章"学会联成网络"写作的时间最晚,它也是对其他各章结论的一个概述。这一章应该不难阅读。其他各章则有点难度。

近来,关于网络结构与策略的演化,涌现出了很多论文,既有经验研究(包括人类社会中的,也包括动物世界中的),也有理论研究。下面的参考文献列出了其中一些。

参考文献

Cantor，M. and H. Whitehead（2013）"The Interplay between Social Networks and Culture：Theoretically and among Whales and Dolphins." *Philosophical Transactions of the Royal Society B* 368.

Cao，L.，H. Otsuki，B. Wang，and K. Aihara（2011）"Evolution of Cooperation in Adaptively Weighted Networks." *Journal of Theoretical Biology* 272：8—15.

Chiang，Y. S.（2008）"A Path Toward Fairness：Preferential Association and the Evolution of Fairness in the Ultimatum Game." *Rationality and Society* 20：173—201.

Fosco，C. and F. Mengel（2011）"Cooperation through Imitation and Exclusion in Networks." *Journal of Economic Dynamics and Control* 35：641—58.

Fowler，J.，and N. Christakis（2010）"Cooperative Behavior Cascades in Human Social Networks." *PNAS* 107：5334—8.

Gross，T. and B. Blasius（2008）"Adaptive Coevolutionary Networks：A Review." *Journal of the Royal Society Interface* 5：259—71.

Gross，T. and H. Sayama（2009）*Adaptive Social Networks*. Berlin：Springer.

Rand，D.，S. Arbesman，and N. Christakis（2011）"Dynamic Networks Promote Cooperation in Experiments with Humans." *PNAS* 108：19193—8.

Santos，F. J.，J. Pacheco，and T. Lenaerts（2006）"Cooperation Prevails when Individuals Adjust their Social Ties." *PLoS Computational Biology* 2（10）：e140.

Song，Z. and M. W. Feldman（2013）"The Coevolution of Long-term Pair Bonds and Cooperation." *Journal of Evolutionary Biology* 26：963—70.

Spiekermann，K.（2009）"Sort out your Neighborhood：Public Goods Games on Dynamic Networks" *Synthese* 168：273—94.

Wang，J.，S. Suri，and D. J. Watts（2011）"Cooperation and Assortativity with Dynamic Partner Updating." *PNAS* 109：14363—8.

10

学会联成网络 *

10.1 引言

在拥有学习能力的各个物种当中（当然也包括我们人类自己），个体可以通过某种适应过程来调整自己的行为。重要的那几类行为，例如交配、捕食、联合、交易、信号传递，以及劳动分工，全都涉及个体之间的互动。归根到底，参加互动的行为主体要学会的无非是两件事情：一是与谁互动；二是如何行动。这也就是说，自适应动力学在结构层面和策略层面同时发挥作用。

在互动中，个体要将自己的行为落到实处，参与互动的所有个体的行为共同决定了互动结果，从而给个体带来一定后果，激励个体进行学习。当然，这是一种很高层面的抽象，在这个层面上，我们可以将互动建模为博弈。相应地，个体的相关行为则被称为博弈的策略。博弈参与者的策略共同决定了他们的收益，学习动力学就是收益驱动的（Skyrms and Pemantle, 2000）。

如果我们把互动结构固定在这个抽象的框架内，那么我

---

* 本文与罗宾·佩曼特尔合写。

们会得到关于在固定结构上进行博弈的策略的演化模型。在这类模型中，互动的结构不一定是确定的。在一般情况下，可以认为互动结构就是对于个体与其他个体互动的概率的某种设定。到目前为止，研究得最充分的互动结构是大群体中的随机互动，即由个体组成的群体规模较大，而且个体之间的互动是随机的。这也就是说，每个个体与种群中任一其他个体互动的概率都相同。如果要列出这类模型的优点，那么数学上易处理这一点肯定会排在最先前的位置。而在光谱另一端的是另一类模型，即个体与他们的邻居在圆环上、圆圈上或（比较少一些）其他的图形结构上互动（Nowak and May, 1992；Ellison, 1993；Hegselmann, 1996；Alexander, 2000）。除了简单的那些情形之外，这些模型都不得不牺牲数学易处理性来获得现实性。因此，在研究这类模型的过程中，计算机仿真已经发挥了非常重要的作用。然而，这两类"各走极端"的模型，对于行为的演化来说可能意味着非常不一样的意义。在大种群、随机相遇的设定下，如果在囚徒困境的结构下互动，那么合作者会迅速消失；而在可比的局部互动模型中，合作者则能够在种群中坚持下来。

如果我们固定个人的策略，而让互动结构演化，那么我们就可以得到一个关于互动网络形成的模型。对结构演化的研究，与对策略演化的研究相比，显然不充分得多；而本章的重点恰恰就在这里。对网络形成的最新理论研究一般都采用这样一种进路，即将网络建模为图或有向图，并认为网络动力学就是指连接的生成和断裂（Bala and Goyal, 2000；Jackson and Watts, 2002）。与此不同，我们认为互动结构是关于互动的概率的一种设定，而不是一种图形结构。因此，我们的思路要比这个领域的大多数文献更具一般性（不过，请参阅 Kirman, 1997。科尔曼也提出了一个与我们有些类似的观点）。当然，确实存在这种可能性，即在学习动力学的驱动下，这些概率可能变为 0 或 1，从而"结晶"出一个确定性的、图形化的互动结构。但是，我们将把这视为一种特例。我们认为，关于发生在人类社会及非人类世界的互动，我们所采取的这种"概率主义"方法能给出更加可靠的解释。另外，这种"概率主义"方法也使得我们能够利用许多有力的数学工具，尽管它们一般不适用于描述图形结构中连接的形成或断开。

我们的最终目标是解释最一般的情况，即结构和策略的协同演化。这或许可以通过修改上面提到过的学习模型或其他学习模型来进行研究。策略的演化速度，既可能与结构相同，也可能与结构不同。结构动力学是缓慢的、策略动力学是快速的,这种情况更接近我们比较熟悉的策略在一个固定的互动结构中演化的模型。而相反的情况下则可能更接近拥有固定策略(或表型)的个体学会(利用)网络的模型。在这个端点之间,还有一大片异常"富饶的土地"等待着我们去"占领"。在本章的最后,我们将讨论结构与策略的协同演化。讨论是在一个特定的博弈的情境下进行的,本章两位作者中的一位认为该博弈是社会契约订立问题最好、最简单的原型(Skyrms,2004)。在那个博弈中,结构与策略的协同演化到底是支持还是颠覆了关于均衡选择的传统智慧,则取决于两种学习过程的性质和它们之间的相对速度。

10.2　学习

学习可分为信念学习和强化学习两大类:(1)信念学习指生物体形成信念(或关于世界的内部表征),并利用信念来做出决策。(2)强化学习指生物体增加受奖赏的行为的概率,降低不受奖赏的行为的概率。实际上最终的区分可能不会如此泾渭分明,但是从理论上看,对学习理论进行这种分类还是有用的。在最简单的信念学习模型,即古诺动力学模型中,个体假设他人上一次做什么,这一次就会做什么,并执行这一假设下具有最高收益的那种行为。更精明的一些个体在形成自己的信念时可能会更加小心一些,他们会对全部或部分证据运用归纳推理。而信心不那么充足的个体可能在古诺动力学方法与该方法的某种概率化的变体之间迟疑不决。有很强策略性思维的个体则可能会对自己当前的行为对其他行为主体的未来行为的影响进行预测,并在决策时将这个因素考虑进去。人类,具有一颗硕大的大脑的人类,可以做所有这些事情,但是他们往往不会这样去"自找麻烦"(Suppes and Atkinson,1960;Roth and Erev,1995;Erev and Roth,1998;Busemeyer and Stout,2002;Yechiam and Busemeyer,2005)。

强化学习则不需要个体付出多少努力,也不需要一颗硕大的脑袋,甚至根本不需要有大脑。在本章中,我们将集中关注强化学习,虽然我们也会涉及其他形式的学习。确切地说,在我们的关于强化学习的数学模型中,某种行为的概率与执行该行为的累积收益成比例(Herrnstein,1970;Roth and Erev,1995)。追随以下卢斯的做法(Luce,1959),我们将学习模型分解为强化动力学和响应规则两个部分：(1)强化动力学指行为的权重或偏向性的演化；(2)响应规则指将权重"翻译"成行为的概率的规则。如果我们将得到的收益加入所选择的行为的权重中去，以此来让权重演化，并令概率等于归一化后的权重（即采用卢斯的线性响应规则），那么我们就能得到最基本的赫恩斯坦—罗思—埃雷弗动力学模型。

除了上述强化学习模型之外，还有一些强化学习模型也适用于这种设定。苏佩斯和阿特金森在他们的一个开创性的研究中(Suppes and Atkinson, 1960)，在两人博弈的学习中应用了刺激采样动力学。伯格斯和沙林 (Borgers and Sarin, 1997) 则在博弈论的设定下，考虑了布什和莫斯特勒 (Bush and Mosteller, 1955)提出的动力学模型。另外，与卢斯的线性响应规则不同，有些模型运用的是一种逻辑斯蒂响应规则。玻纳西奇和利格特 (Bonacich and Liggett, 2003)将布什—莫斯特勒学习规则运用到一个与我们的设定非常相似的环境中，而且他们得到极限情形下的结果与我们(Skyrms and Pemantle, 2000)"折现交友模型Ⅱ"的结果很接近。利格特和罗尔斯 (Liggett and Rolles, 2004)将玻纳西奇和利格特的结果推广到了无限空间。但是在本章中，我们将集中讨论基本的赫恩斯坦—罗思—埃雷弗动力学模型以及它的只有"轻微的"修正的变体。

埃雷弗和罗思建议(1998)，对基本模型进行修正，即通过对过去进行贴现，将"遗忘"因素也考虑进去。在每一期，累积权重都要乘以某个正的小于1的贴现因子，而当期的新的强化则全部加入进来。在关于强化学习的实验研究中，贴现是一个非常稳健的现象，但是问题在于，据报道贴现因子的个体差异非常大，其波动范围为从 0.5 到 0.99 不等(Erev and Roth, 1998; Busemeyer and Stout, 2002; Yechiam and Busemeyer, 2005; Goeree and Holt, 2002)。加入贴现因素后，从根本上改变了学习过程的极限性质。我们将看到，在现在报道的个体差异的范围之内，贴现率的微小变化就可以导致对互动学习环境中可观察结果的预测的巨大差异。

10.3　带有基本强化学习的两人博弈

我们先从研究两人互动中的基本（没有贴现的）强化学习模型入手。下面描述的模型是斯科姆斯和佩曼特尔最早引入的(Skyrms and Pemantle,

2000）。假设有这样一个小群体，每一天早上，每个人醒过来后都要选择去拜访另一个人。选择是凭机会做出的，对于某个人（拜访者）来说，决定拜访群体中另一个人（主人）的机会就是他赋予那个人的归一化的权重。（我们可以想象，这个过程开始于某些初始权重。这些初始权重可以设定为 1，这样在这个过程刚开始的时候，就是随机相遇的了。）再假设被选中要前去拜访的人总是会接受，而且每天都总是有足够的时间完成所有被选定的互动。例如，在一个由 10 个人组成的群体中，如果简决定去拜访别人，而其他 9 个人碰巧都决定前来拜访简，那么她当天就会互动 10 次。每次互动都会产生收益。在一天结束时，每个人（包括拜访者和主人）都要将自己当天从与另一个人互动中得到的收益加入到以前赋予那个人的权重中去，以更新其权重。（对此基本模型，无疑可以从很多方面进行改进，但是我们在这里暂且先不讨论这个，而只是直接将这个基本模型应用到不同种类的互动中去。）首先，我们研究了基准情况，即个人只能选择与谁进行互动，同时互动总会产生同样的收益。然后，我们在上述结果的基础上分析了猎鹿博弈中的互动，在猎鹿博弈中，行为主体可以采取不同的行为，而收益则是由不同行为组合所决定的。

作为基准情况，考虑两个"交友"（Making Friends）博弈。在"交友博弈 I"中，拜访者总能得到主人的款待，因此可以获得的收益为 1，而主人则要克服一些困难才能接待拜访者，但是主客相谈甚欢，因此主人的净收益为 0。在"交友博弈 II"中，拜访者和主人都能得到大小为 1 的收益，因此两人都得到了同样的强化。我们假定，学习过程刚开始时，每一个人对所有其他人都有一个其值为 1 的初始权重，这样我们这个群体是从随机互动开始的。对于交友博弈 I 和交友博弈 II 这样的模型，是很容易进行计算机仿真的。我们的计算机仿真结果呈现出了一个令人惊叹的特征：在这两种情况下，都会非常迅速地涌现出非随机的互动结构。而且，如果从相同的起始点重新运行计算机仿真，那么每一次仿真过程似乎都会生成不同的结构。在这种设定下，我们本应当期待，即使没有组织者，结构也会涌现出来，或者，也许可以从收益之间的差异出发给出一个解释。每次计算机仿真都从均匀随机相遇的状态开始，但是这种状态无法持续，因此必须把这种状态解释为一个具有很强的人为的状态。这也就意味着，许多博弈论模型所采取的将这种状态作为固定互动结构的做法，是非常值得怀疑的。

如果我们注意到以下事实，就能够更好地理解交友博弈 I 的演化了：每个参与者的学习过程就相当于一个"波利亚瓮"（Pólya urn）。我们可以这么想象：每个参与者都有一个瓮，每个瓮中都有一些不同颜色的球，用来指代其他参与者。在一开始的时候，每一种颜色都有一个球。这个参与者选一个球出来（然后放回），相对应的那个其他参与者就被选为拜访对象（主人）。因为拜访者总是能得到强化，于是他将相同颜色的另一个球添加到瓮中。又因为只有拜访者被强化，所以球不会以任何其他方式添加到瓮中。（科学哲学家都很熟悉"波利亚瓮"，因为它与贝叶斯—拉普拉斯归纳推理是等价的。）"波利亚瓮"过程收敛到某个极限的概率为 1，但是这是一个随机的极限，任何可能的最终概率都是均匀分布的。任何事情都有可能发生，没有什么东西是特别受眷顾的！在交友博弈 I 中，随机极限对每个博弈参与者都是一致的，而且能够使博弈参与者彼此独立（Skyrms and Pemantle，2000，Theorem 1）。在极限时，一切互动结构都是可能的，而且该群体收敛到随机相遇的概率为 0。

在交友博弈 II 中，无论是拜访者还是主人都能得到加强，这里瓮之间也有互动。如果有人来拜访你，你拜访他的行为会受到强化（或者，说得形象一些，这相当于有人走到了你家门口，把一个属于他颜色的球放入了你的瓮。）这样一来，分析就变得复杂化了。但是，最终的结果却仍然相当相似。极限概率必定是对称性的，这就是说，X 拜访 Y 的概率与 Y 拜访 X 概率相同，但是正是因为这个限制条件及其带来的后果，一切都变得有可能了（Skyrms and Pemantle，2000，Theorem 2）。

到目前为止，该理论解释了计算机仿真的令人惊讶的结果。但是，交友博弈 II 的一个比较特殊的情况，却提供了一个值得注意的反例。现在假设这个群体中只有三个人。（我们接下来将要描述的现象，如果个体数量稍微再大一点，就不太可能发生。）那么，要想让对称的拜访概率出现，我们可以采用的唯一方法就是，使每个个体都各以一半的概率去拜访另两个个体当中的某一个。前述定理表明，在这种情况下，该过程必定会收敛到这些概率。在计算机仿真中，这种收敛有时很快就会出现。但是，在有的时候，这个交友博弈 II 系统也会收敛到这样一个状态，A 个体会以同样的概率去拜访 B 个体和 C 个体，但是 B 个体和 C 个体却总是只拜访 A，而永远不去拜访对方。你可以把 A 个体想象为一个"受欢迎的女明星"（Ms.Popular）。我们观察到，这个交友博弈 II 系统在上述状态附近停留了很长一段时间（5 000 000 次迭代）。

这个明显的矛盾后来被我们利用随机逼近理论解决了（Pemantle and

Skyrms，2004）。对于基本赫恩斯坦—罗思—埃雷弗模型，存在着一个潜在的确定性动力学，它可以通过随机过程的预期增量获得。这个确定性动力学具有四个均衡。一个均衡是每个人都以相同的概率拜访其他人，另外三个均衡分别是令个体 A、B 或 C 成为"受欢迎的女明星"。对称均衡是强稳定的，是一个吸引子，而那三个"受欢迎的女明星"均衡则是不稳定的鞍点。系统必定最终收敛到对称均衡。它不可能收敛到任何一个不稳定鞍点。但是，如果在学习过程的初始阶段，系统游荡在鞍点附近，那么它就可能需要很长的时间才能摆脱鞍点，因为将它推离的向量是非常小的。这就是计算机仿真出现了异常结果的原因。这个"反例"给了我们一个方法论上的教训，对此我们将在 10.4 节继续深入探讨。在涉及极限行为时，计算机仿真可能无法提供可靠的指导。但是，极限行为并不是我们唯一感兴趣的东西。

　　上述两个模型（交友博弈Ⅰ和交友博弈Ⅱ），为我们分析更重要、更有现实意义的互动，即拥有非平凡的策略结构博弈的学习动力学，提供了基石。接下来考虑两人猎鹿博弈。个体或者是猎鹿者，或者是猎兔者。如果猎鹿者与猎兔者互动，那么就无法猎到鹿，于是猎鹿者的收益为 0。如果猎鹿者与另一个猎鹿者互动，那么就有很大可能取得成功，于是猎鹿者的收益为 1。猎兔则不需要合作，猎兔者的收益在任何情况下都为 0.75。猎鹿博弈对社会理论的意义尤其重大，因为在猎鹿博弈中，合作不但是对双方都有利，而且是一个均衡，但是它是一个有风险的均衡（Skyrms，2004）。用博弈论的专业术语来说，猎鹿是收益占优的，而猎兔则是风险占优的。在一个由一半猎鹿者和一半猎兔者组成的大群体中，如果个体之间的互动是随机相遇的，那么猎兔者将获得 0.75 的平均收益，而猎鹿者则只能获得 0.50 的平均收益。传统观点认为，从长远来看演化将明显有利于猎兔者，但是，我们却认为，应该考虑博弈参与者学会联成网络（learn to network）的可能性。

　　我们运用的模型与前面完全相同，除了收益现在由个体的类型或策略——猎鹿（者）或猎兔（者）——决定这一点之外。我们先从猎鹿者和猎兔者人数相等的情况开始讨论。理论预测是，在极限时，猎鹿者总是去拜访猎鹿者，同时猎兔者总是去拜访猎兔者（Skyrms and Pemantle，2000，Theorem 6）。计算机仿真结果则证实，这种状态很快就能达到。虽然从理性选择理论的角度来看，猎兔者"不应考虑"他们去拜访谁的问题，但是，当猎鹿者学会了不来拜访他们之后，他们也就不再因拜访猎鹿者而得到强化了。猎兔者继续被其他猎兔者拜访，所以对猎兔者的所有分化学习（differential learning）全都发生在猎兔者充当主人而不是拜访者的时候。一旦学习过程将猎鹿者和猎兔者分辨成了两个群体,每个群体就只与本群体的成员互动了,而且,每一个人都与本群体的成员进行交友博弈Ⅱ。前面得到的那些结果很好地刻画了这种群内互动的结构。

现在,猎鹿者得以繁衍生息了。那么,猎鹿者能够找到一条途径聚集起来,这种想法还令人难以置信吗?如果他们是精明的、有经验的、信息灵通的最大化者,他们可能马上就会聚集到一起!我们的观点是,猎鹿者要想走到一起来,根本不需要花太大的劲。只要有一点点强化学习就足够了。

10.4 对过去进行贴现时,派系形成了

加入一点点贴现因素,是对前述基本强化学习模型的一个自然的看似温和的修正,但是却会从根本上改变学习过程的极限特征。如果前面在分析交友博弈Ⅰ时所用的"波利亚瓮"也拿来进行贴现处理,那么它的极限结果就是,经过一段时间后(但是无法说明是什么时候),将会有一种颜色(不能说明是哪种颜色)的球始终被选中取出。只要将过去贴现,无论贴现的幅度多么少,都会导致确定性的结果。当我们学会了联成网络之后,也是这样。将过去贴现导致派系的形成,一个派系的成员永远不会与其他派系的成员互动。那么,为什么我们还要去研究不将过去贴现时的学习过程呢?正如我们将会看到的,如果贴现幅度足够小,那么有贴现时的学习,很可能会在很长一段时间内都表现得像没有贴现时的学习一样。

在双人互动中,加入贴现因素对学习过程的影响已经阐述得很清楚了(Skyrms and Pemantle, 2000)。不过,加入贴现因素对多人互动时的学习过程的影响更加有趣。在这里,我们讨论两个三人互动模型。第一个模型被称为"三人成群博弈"(Three's Company,与交友博弈Ⅱ对应,是一个均匀强化模型);第二个模型是一个三人猎鹿博弈。每一天,每一个人都挑出两个人来去拜访,这构成了一个三人互动。挑中一对人的概率与那两个人的权重的乘积成比例。这个人从三人互动中得到的收益也被加入到他自己为那两个人分配的权重中去。同样,我们还是从随机互动开始这个学习过程,即在一开始时每个人对所有其他人的权重都为1。

在三人成群博弈中,与在交友博弈Ⅱ中一样,每个人都能从每一次互动

中得到强化。每个人都能得到大小为 1 的收益。无论贴现率是高是低，有贴现的学习的极限结果都形成了派系。当种群规模为 6 个成员或更多时，种群会分裂为若干派系，其规模为 3 人、4 人或 5 人。给定一个派系，它的每个成员都会以正的极限相对频率选择该派系的每个其他成员。某个派系的每一个成员，在过了某个有限的时间后，就都再也不会选择外人互动了。所有这样的派系（即出现在种群内部的规模为 3 人、4 人或 5 人的小团体），出现的概率都为正（Pemantle and Skyrms，2004，Theorem 4.1）。

在贴现率为 0.5 的时候，计算机仿真的结果与理论预测相符。一个由 6 个成员组成的种群，总是会分裂成两个派系，每个派系 3 人，不同派系之间没有任何互动。如果调低贴现幅度（即保留更多过去的权重），我们就可以看到结果迅速出现了转变。对过去的权重乘以 0.6，1 000 次计算机仿真实验中有 994 次形成了两个派系；对过去的权重乘以 0.7，1 000 次计算机仿真实验中只有 13 次形成了两个派系；对过去的权重乘以 0.8，1 000 次计算机仿真实验中没有一次形成了派系。（我们的计算机仿真，每一次运行 1 000 000 步，而互动概率则精确至小数点后两位。）如果把用来与过去的收益相乘的贴现因子写成$(1-x)$的形式，那么我们就可以说，计算机仿真的结果表明，对于大的 x，派系总会可靠地形成，但是对于小的 x，就不一定总会形成派系了。这种转变发生在 $x=0.4$ 与 $x=0.3$ 之间的某处。而理论预测则是，对于任何正的 x，派系总是会形成。

对于理论预测与计算机仿真结果之间这个明显的不一致问题，我们已经在一篇论文中解决了（Pemantle and Skyrms，2003）。关键在于形成派系的时间。在这篇论文中，我们证明，当贴现因子$(1-x)$趋近于 1 的时候，形成派系的时间是以 $1/x$ 为指数呈现指数增加的。因此，在计算机仿真给出的有限迭代序列中可以观察到的学习进程的特征，高度敏感依赖于贴现参数（在实验文献报告的个体差异范围之内）。当 x 接近于 1 时，有贴现的强化学习的"行为"，在很长一段时间都像无贴现的强化学习一样；而在无贴现的强化学习中，几乎从来不会形成派系。

三人成群博弈，像交友博弈Ⅱ一样，也很重要，因为它的结果可以自然而然地应用于一些有重大意义的互动模型中。考虑如下这个三人猎鹿博弈（Pemantle and Skyrms，2003）。个体会被选择配对、权重会演化，就像在三人成群博弈模型中一样，不过收益则取决于博弈参与者的类型。如果三个猎鹿者互动，那么他们每人都可以获得 4 的收益，但是，如果与一个猎鹿者互动的两人中至少有一个猎兔者,那么这三个人当中的猎鹿者都将一无所获。(在随机相遇的设定中,猎鹿者在这里的三人博弈中面临的风险比两人博弈中更大。)猎兔者则总能得到 3 的收益。

在极限状态下,这个猎鹿博弈中的猎鹿者将学会总是拜访其他猎鹿者,但是,与我们讨论过的其他极限结果不同,这个结果非常快就实现了。在种群由 6 个猎鹿者和 6 个猎兔者组成、贴现率为 0.5 的情况下,鹿猎者拜访一个猎兔者的概率通常在短短 25 次迭代后就下降到了 0.5% 以下。在我们进行的 1 000 计算机仿真实验中,运行 50 次迭代之后,这种情况肯定会发生。对于介于 0.5 至 0.1 之间的任何 x 值,上述结果仍然成立。对于 $x = 0.01$,100 次迭代就足够了;即便是对于 $x = 0.001$,也只需 200 次迭代就足够了。

一旦猎鹿者学会了只拜访鹿猎者,他们基本上就是与自己人进行一个三人成群博弈了。他们也可能被猎兔者拜访,但是这些拜访不会对猎鹿者产生强化作用,因此也不会改变他们的权重。然后,猎鹿者之间会形成规模为 3 人、4 人或 5 人的派系。当然,如果过去的贴现率很小,这会需要很长一段时间。

当猎鹿者学会不去拜访猎兔者之后,猎兔者也会学会只拜访猎兔者,这是一种趋势。但是,由于存在贴现因素,因此猎兔者也有可能"滞留"在拜访一个或两个猎鹿者的状态当中。这是一个现实的可能性,尤其是对过去的贴现率很大时。例如,当 $x = 0.5$ 时,在 1 000 次仿真实验中,至少有一个猎兔者与猎鹿者互动的情况出现了 384 次(在 10 000 次迭代之后)。当 $x = 0.2$ 时,这个频率下降为 1 000 次中有 6 次;而当 $x = 0.1$ 时,则下降为 1 000 次中一次也没有。那些没有陷入与猎鹿者互动的"陷阱"的猎兔者最终也都开始进行彼此之间的"三人成群博弈",他们也都形成了规模 3 人、4 人或 5 人的派系。

10.5　结构与策略的协同演化

到目前为止,我们一直集中考虑互动的动力学,因为我们相信,它迄今都未受到理应受到的重视。当然,完整的故事应该包括互动结构与策略的协同演化。根据具体情境的不同,它们可能涉及相同或不同的自适应动力学,它们的演化速度也可能相同或不同。下面,我们将通过对一个猎鹿博弈的两种不同的处理方法来说明这一点。

在 10.3 节给出两人猎鹿博弈的基础上，我们加入一个基于模仿的策略修订过程，从而使它变成了一个强化—模仿（reinforcement-imitation）模型。我们在一篇论文中讨论过这个模型（Skyrms and Pemantle，2000）。这个模型是这样的：每一天清晨，当一个人醒过来后，他会以某个特定的概率环顾四周，细细观察自己的群体，如果发现某个策略比自己的策略更加成功，他就会改用那个策略。每个人改变自己策略的概率都是独立的。如果模仿动力学相对于结构动力学更快，那么在个体的互动或多或少是随机的情况下，它就会起作用，使猎兔者有更多的机会占据整个种群。如果模仿是缓慢的，那么猎鹿者就会发现彼此且繁衍开来，然后模仿会使猎兔者慢慢地转变为猎鹿者（猎鹿者很快就能学会与其他鹿猎者互动）。

计算机仿真结果表明，在中间情况下，时机就成了一个至关重要的因素。我们先令结构权重等于 1 并通过改变模仿概率来改变动力学的相对速率。在"快"模仿时（pr＝0.1），78％的计算机仿真实验以所有人都转变为猎兔者结束，只有 22％以每个人都转化为猎鹿者结束。而在"慢"模仿时（pr＝0.01），上述数字几乎完全逆转了过来，即有 71％的计算机仿真实验以所有人都转变为猎鹿者结束，而只有 29％以所有人都转变为猎兔者结束。有流动性的网络结构加上缓慢的策略调整，推翻了传统理论的预测——猎兔者（风险占优均衡）将支配整个种群。

（如果我们在互动结构的学习动力学中加入贴现因素，这个结论仍然不受影响。将过去贴现仅仅意味着猎鹿者能够更加迅速地发现彼此。无论猎兔者的结局如何，猎鹿者都会变得更加繁荣。而猎兔者则通过模仿转变为猎鹿者。）

上述模型说明了两个不同的动力学的联合作用。这两个动力学分别是，互动结构的强化学习和用于策略调整的模仿。现在的问题是，如果这两个过程都是由强化学习驱动的，那么又会发生什么？特别是，我们希望知道的是，结构动力学和策略动力学的相对速度是否会使猎鹿与猎兔之间仍然出现那种差别。在这个双重强化（double reinforcement）模型中，每个个体都有两个权重向量：一个用于互动倾向；另一个用于狩猎倾向（要么猎鹿，要么猎兔）。对于一个个体来说，与谁互动的概率、做什么的概率，都是通过对相应的权重进行归一化而得到的。权重则是通过加入来自互动的收益而更新的，无论是对参加互动的个体的权重，还是对要采取的行动的权重，都是如此。这两个学习过程的相对速率可以通过改变初始权重的大小来调控。

在以前的模型中,我们都是从由一些鹿猎者和猎兔者组成的一个种群开始的。但是现在看来,这种做法是不正确的。确定某个个体是一个猎鹿者的唯一途径是,如果他在开始时给猎兔者的权重为 0,那么他就永远学不会猎鹿。因此,我们必须从让个体具有猎鹿或猎兔的不同倾向开始。在这里,各种各样有趣的选择都是可能的。我们将报告其中一种设定的计算机仿真结果。仿真开始时,群体规模为 10,其中有 2 个确定的猎鹿者(猎鹿权重为 100,猎兔权重为 1)、2 个确定的猎兔者(猎兔权重为 100,猎鹿权重为 1),以及 6 个未定者(猎鹿权重为 1,猎兔权重为 1)。互动结构的初始权重都是相等的,但是其大小则从 0.001 至 10 不等,这是为了改变结构学习和策略学习的相对速率。经过 10 000 次计算机仿真实验,在上述各种的设定下,以种群成员全部是猎鹿者或全部是猎兔者结束的仿真实验所占的百分比(经过百万次迭代之后),如图 10.1 所示。与前面的模型中一样,具有流动性互动结构和缓慢的策略调整有利于猎鹿(者),而相反的组合则有利于猎兔(者)。

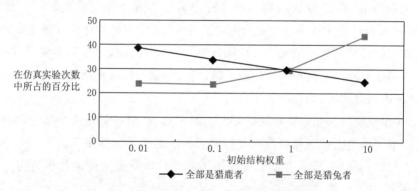

图 10.1　策略和结构都有强化学习的猎鹿博弈

关于结构与策略的协同演化的上述两个模型中(强化—模仿模型、双重强化模型),具有流动性的网络结构使均衡从风险占优的猎兔均衡,转变为合作的猎鹿均衡。

10.6　为什么需要动力学?

经典的、前动力学的博弈论对这个问题有不同的处理方法。假设一个由

10 个个体组成的群体正在进行一个 10 人博弈。一个行动既包括选择博弈对手，也包括选择博弈策略。我们最多只有找到这个大型博弈的纳什均衡。但是没有一个均衡是严格的。纯策略均衡只能分为两类：一类是每个人都猎鹿及每一个可能的互动结构；另一类是所有人猎兔及每一个可能的互动结构。（此外还有混合均衡及每一个可能的互动结构。）从这个角度来看，互动结构显得并不重要。因此，如果忽略了动力学，你就会错过很多东西。

参考文献

Alexander，J.M.(2000) "Evolutionary Explanations of Distributive Justice." *Philosophy of Science* 67:490—516.

Bala，V. and S.Goyal(2000) "A Non-Cooperative Model of Network Formation." *Econometrica* 68:1181—229.

Bonacich，P. and T.Liggett(2003) "Asymptotics of a Matrix-Valued Markov Chain Arising in Sociology." *Stochastic Processes and Their Applications* 104:155—71.

Borgers，T. and R.Sarin(1997) "Learning Through Reinforcement and Replicator Dynamics." *Journal of Economic Theory* 77:1—14.

Busemeyer，J. and J.Stout(2002) "A Contribution of Cognitive Decision Models to Clinical Assessment: Decomposing Performance on the Bechara Gambling Task." *Psychological Assessment* 14:253—62.

Bush，R. and F.Mosteller(1955) *Stochastic Models of Learning*. New York: John Wiley & Sons.

Ellison，G.(1993) "Learning, Local Interaction, and Coordination." *Econometrica* 61:1047—71.

Erev，I. and A.Roth(1998) "Predicting How People Play Games: Reinforcement Learning in Experimental Games with Unique Mixed Strategy Equilibria." *American Economic Review* 88:848—81.

Goeree，J.K. and C.A.Holt(2002) "Learning in Economic Experiments." In *Encyclopedia of Cognitive Science*, Volume 2, ed. L. Nagel, 1060—9. Macmillan: New York.

Hegselmann，R.(1996) "Social Dilemmas in Lineland and Flatland." In *Frontiers in Social Dilemmas Research*, ed. W.Liebrand and D.Messick, 337—62. Berlin: Springer.

Herrnstein，R.J.(1970) "On the Law of Effect." *Journal of the Experimental Analysis of Behavior* 13:243—66.

Jackson，M. and A.Watts(2002) "On the Formation of Interaction Networks in Social Coordination Games." *Games and Economic Behavior* 41：265—91.

Kirman，A.(1997) "The Economy as an Evolving Network." *Journal of Evolutionary Economics* 7：339—53.

Liggett，T.M. and S.Rolles(2004) "An Infinite Stochastic Model of Social Network Formation." *Stochastic Processes and Their Applications* 113：65—80.

Luce，R.D.(1959) *Individual Choice Behavior*. New York：John Wiley and Sons.

Nowak，M. and R.May(1992) "Evolutionary Games and Spatial Chaos." *Nature* 359：826—9.

Pemantle，R. and B.Skyrms(2003) "Time to Absorption in Discounted Reinforcement Models." *Stochastic Processes and Their Applications* 109：1—12.

Pemantle，R. and B.Skyrms(2004) "Network Formation by Reinforcement Learning：The Long and the Medium Run." *Mathematical Behavioral Sciences* 48：315—27.

Roth，A. and I.Erev(1995) "Learning in Extensive Form Games：Experimental Models and Simple Dynamic Models in the Intermediate Term." *Games and Economic Behavior* 8：14—212.

Skyrms，B.(2004) *The Stag Hunt and the Evolution of Social Structure*. New York：Cambridge University Press.

Skyrms，B. and R.Pemantle(2000) "A Dynamic Model of Social Network Formation." *Proceedings of the National Academy of Sciences of the USA* 97：9340—6.

Suppes，P. and R.Atkinson(1960) *Markov Learning Models for Multiperson Interactions*. Palo Alto：Stanford University Press.

Yechiam，E. and J.R.Busemeyer(2005) "Comparison of Basic Assumptions Embedded in Learning Models for Experienced Based Decision-Making." *Psychonomic Bulletin and Review* 12：387—402.

11

社会网络形成的动力学模型 *

在本章中，我们考虑这样一个群体：它的规模为 10，它的个体相互配对重复进行互动。也许他们正在合作捕猎鹿和兔，也许他们试图达成协调以便一起去听一场音乐会，也许他们之间有点对立因为他们在谈判分一个大小固定的饼，也许他们正在努力想法摆脱囚徒困境那个对双方都不利但又很难抗拒的均衡。随着时间的推移，博弈参与者们调整自己的策略，也许是将随机性纳入决策规则，以便适应他们的环境。但是他们也有可能控制了自己的环境。博弈参与者或许可以选择与谁配对，但是却很难拥有关于其他博弈参与者的完美的信息。要想改善自己的处境，他们可以考虑两种不同的途径。就像一个被欺负的孩子那样，或者学好三招两式打败对手，或者懂得逃之夭夭不吃眼前亏。类似地，一个博弈参与者要想取得令他自己满意的结果，只有要么改变博弈策略，要么更换博弈对手。无论互动是合作型的，还是冲突型的，允许社会网络（即每一对博弈参与者的互动倾向）及个体的策略发生演化，都是很自然的，也是合意的。

我们建立了一个模型，它结合了上面这两类演化模型的长处。我们的思想很简单：

（＊）个体（行为主体）开始随机互动，这种互动在模型

＊　本文与罗宾·佩曼特尔合写。

中表现为博弈的形式。博弈收益决定哪些互动被强化，社会网络结构作
为行为主体学习行为的动力学的结果而出现。

随着具体博弈的细节以及强化动力学的变化，我们可以得到一整类模型。
在本章中，我们将考察一些简单的强化动力学模型，它们可以作为未来进一
步研究的基础。

策略与社会网络同时演化的思想似乎迄今几乎完全没有得到发展。事
实上，演化博弈论中研究最彻底的模型都假设平均场（mean-field）互动。在
这样的模型中，每个个体总是与每个其他个体互动的可能性都相同。标准
的演化博弈动力学研究就是在这种范式下进行的（Hofbauer and Sigmund,
1988；Weibull, 1997）。在很大程度上，这是出于模型的易处理性的考虑。
后来，又出现了另一些模型，允许行为主体在一定范围内控制自己对博弈对
手的选择（Feldman and Thomas, 1987），但是这种控制仍然只能在一个平均
场设定上实施，即个体只能在当前的博弈对手与一个随机地从种群中新抽
取出来的人之间进行选择。

演化生物学家们很清楚，非随机相遇和人口结构都会影响演化动力学，
例如在休厄尔·赖特（Sewall Wright）的选型交配（assortative mating）模型中
（Wright, 1921）。赖特（Wright, 1945）认识到，相遇的正相关性可以为利他
主义的演化提供一种解释。因此，人们早就认识到，需要建立关于社会网络
的演化模型。

然而，当社会网络模型真的被构建出来后，它们却几乎总是静态的。[①]例
如，假定互动只发生在那些所在位置相邻的博弈参与者之间（根据某些给定
的空间数据）。到了 20 世纪 90 年代，由空间结构支配相遇模型的生物演化
模型日益频繁地出现，其中一个例子是达雷特、莱文和诺伊豪泽尔创建的模
型（Durrett and Levin, 1994；Kang, Krone and Neuhauser, 1995；Durrett and
Neuhauser, 1997）。在博弈论的背景下，布卢姆也提出了类似的空间结构假
说（Blume, 1993）。一些源于统计力学的技术也被用于对在网格上的邻居之
间进行博弈的分析。

一些博弈论专家最近的研究表明（这些研究有的直接受相关的生物学模
型的启发），如果互动受某种空间结构支配，或者更一般地，受某种图形结构
支配，那么策略性互动就会变得显著不同（Pollack, 1989；Lindgren and Nor-
dahl, 1994；Anderlini and Ianni, 1997）。例如，在那些让个体在圆圈或圆环
上与邻居进行一次性囚徒困境博弈的模型中，合作可以演化出来，而在随机

相遇模型中则不能。哪些均衡是可能的,重复互动是否可以使均衡收敛,(如果均衡能够收敛的话)均衡的收敛能不能迅速发生,空间结构(或者说图形结构)对我们回答上面这些问题可能有重要作用(Ellison, 1993)。

但是,因为重复博弈的结果可能随被选择的网络模型而变化,因此选择正确的网络模型就非常关键了。如果能提出一个关于社会互动网络的理论,将可以促进博弈论和适应策略理论的进一步发展。具体来讲,我们希望能够构建这样一个框架:在这个框架内发展出来的、作为支配种群内谋求改善自身处境的行为主体之间的互动机制模型,既是易于处理的,又是可信的。

当网络的变化远远慢于个体的策略的变化时,用一个固定的模型来对社会网络建模,无疑是合理的。而且,这种固定模型也可能是随机的。在这种情况下,如何尽可能现实地对随机性建模,是许多论文都致力于解决的一个重要问题,其中最近的一个众所周知的例子是所谓的"小世界"(small world)模型(Watts and Strogatz, 1998)。在另一个极端(Schelling, 1969, 1971; Epstein and Axtell, 1996),社会结构的演化则是这样建模的:让行为主体在一个固定图形上移动,而且不加入任何策略动力学因素。

不过,在一般情况下,互动结构是有流动性的,会随同策略一起演化。在这种情况下,需要的是一种关于互动结构的动力学,以便对社会网络如何形成和变化进行建模。我们对这种结构动力学(structure dynamics)与策略动力学(strategic dynamics)进行了区分,后者指个体改变他们自己的行为或策略。

在本章中,我们引入了一个简单的加性结构动力学,并探索了在若干不同条件下形成的若干个动力学系统的特征:有或没有对过去进行贴现;加入或不加入噪声;存在或不存在策略动力学。我们所有的模型有一个共同点,那就是,它们都是从某个(通常是对称的)初始状态开始随机演化的演化模型。来自某个种群的个体先随机选择与谁互动,然后根据它们的选择受到的强化情况来修正自己的选择,然后再重复这个过程。这种模型可能有无限多种变化。在这里我们只考虑了几个基本的模型,因为我们的目的是说明,结构动力学的严格结果并非遥不可及,而且进一步的深入研究必将带来丰硕成果。

我们先考虑均匀强化这种基准情况。在这个基准模型中,博弈参与者的任何选择受到的强化都与任何其他选择一样强。换言之,任何一对博弈参与者之间的互动总是会产生一个恒定的奖赏或惩罚。有人可能会以为,在这样一种情况下不可能存在有意思的动力学,但是事实并非如此。我们的解析分析和计算机仿真都证明,即便是在这种情况下,结构也会自发地涌现出来。因为在这里,策略动力学因素是微不足道的,所以这种基准结果的主要作用是成为一个基础构件,以便加入更有意思的策略动力学。然而,我们还注意到,这种恒定奖赏(惩罚)博弈并不是完全没有现实意义的。有研究表明,在不考虑其他环境性质时,单单仅借纯粹的熟悉性就可以导致积极的态度转变(Zajonc, 1968)。事实上,已经有学者提出了一个抽象模型,用来描述均匀重加权时的网络演化,那就是所谓的"强化随机漫步"(Reinforced Random Walk)模型(D. Coppersmith and P. Diaconis,未发表的作品)。

接着,我们讨论不同类型的博弈参与者进行一个非平凡博弈且通过博弈收益得到强化的情况。在这里,我们考察了当结构动力学和策略动力学都起作用时,行为与结构的协同演化。结构动力学和策略动力学的相对速度会影响该博弈中的均衡选择。特别是,这种相对速度将决定收益占优均衡和风险占优均衡哪一个被选中。

11.1 交友博弈:一个作为基准模型的均匀强化模型

11.1.1 交友博弈Ⅰ:非对称加权

每天早上,每个行为主体外出拜访某个其他行为主体。对拜访对象的选择是偶然决定的,概率由每个行为主体赋予其他行为主体的相对权重决定。为了说明这一点,令第 i 个行为主体赋予其他行为主体的权重向量为 $\langle w_{i1}, w_{i2}, \cdots, w_{in}\rangle$(假设 $w_{ii}=0$)。这样一来,第 i 个行为主体拜访第 j 个行为主体的概率为:

$$\text{Prob}(\text{agent } i \text{ visits } j) = \frac{w_{ij}}{\sum_k w_{ik}} \tag{11.1}$$

在这里,我们要研究的是一个对称的基准模型,所以我们假设所有的初始权重均为 1。这就是说,在一开始,所有行为主体的所有拜访都是等概率的。

每个行为主体在拜访他人时都受到了很好的款待,而且所有人、所有拜访都被一视同仁地对待,因此每个拜访者的每次拜访都可以获得 1 的强化。随后,每个行为主体给授予刚刚拜访过的那个行为主体的权重加上 1,以更新自己的权重向量。该行为主体在下一轮拜访他人的概率也随之更新。在每个阶段,我们都可以得到一个概率矩阵 p_{ij},它给出了第 i 个行为主体拜访第 j 个行为主体的概率。现在的问题是,这些概率会不会收敛?如果会收敛的话,又是为什么?

由于在起点上,一切都是对称的,而且强化也是对称的,所以如果我们可以观察到结构的涌现,那也许会令人吃惊不小。我们在这里描述的是我们完成的计算机仿真实验中的一个步长为 1 000 的片断,作为一个例子,它可以说明不少问题。仿真结果表明,上述概率(精确到小数点后两位)似乎在这种拜访活动进行了几百个回合之后就收敛了,而且收敛到了一个绝对称不上均匀的概率矩阵上(而且,从相同的对称权重的起点开始运行的每一次计算机仿真实验,都会收敛到不同的概率矩阵上)。例如会出现这样的情况:某个行为主体 A,有一半时间都用在了拜访另一个行为主体 B 上,但是 B 却没有花多少时间在 A 上,所以 A 的行为不能告诉我们 B 对 A 的拜访会有多频繁。事实上,绝大多数行为主体都不会花 1/3 以上的时间去拜访任何一个其他行为主体。

通过进一步的分析,我们证明,这是一个具有重要意义的典型结果。

定理 1 在有 n 个博弈参与者的"交友博弈 I"中,当时间趋于无穷大时,概率矩阵将会收敛于一个随机极限值 p。这个极限分布是这样的:p 的各行是相互独立的,每一行都符合 $(n-1)$ 参数的狄利克雷分布(忽略对角线上的零元素)。

由此,我们看到了结构的自发涌现。这种类型的简单模型之前在经济学文献中也出现过,被用来解释这样一种现象:在行业增长的早期阶段,由于随机强化的作用,有些位于看似随机的均衡处的市场份额,却能够稳定下来(Arthur,1989)。在这里,我们注意到,每个行为主体作出的选择都独立于任何其他行为主体作出的选择,所以这个模型就其"社会"方面而言,可以说是退化的,因此这个模型可以被视为一个关于个人选择的模型。然而尽管如此,因为它给出了互动的一个概率结构,因此也符合我们对社会网络模型的定义。我们可以对这个模型进行扩展,使模型中的互动包含一些重要的博弈。

11.1.2 交友博弈Ⅱ:对称强化

在交友博弈Ⅱ中,假设互动可以给主人带来与拜访者一样的快乐。这样一来,当行为主体 i 拜访行为主体 j 时,w_{ij} 和 w_{ji} 都要加1。在计算机仿真中,当种群规模为10时,运行1 000轮后的典型结果表面上看与交友博弈Ⅰ很相似,但是矩阵中的各个元素几乎都是对称的这一点除外。更加重要的是,在引入策略动力学之后,存在于这两个模型之间的一些微妙的差异,很可能会导致这两个模型的"行为"出现非常大的不同。为了让读者看清楚这些差异,我们先描述一下对交友博弈Ⅱ运行10次、每次1 000轮的计算机仿真实验后得到的典型结果。这次我们关注的是只有3个个体组成的种群,这也是能够观察到一些有意思的结构动力学结果的最小种群规模。在10次计算机仿真中,我们通常可以观察到:第一种结果,每个行为主体平均分配(精确至小数点后两位)拜访其他两个行为主体的时间,这在10次仿真当中会出现1次到两次;第二种结果,与第一种结果接近,每个行为主体大体上平均分配拜访其他两个行为主体的时间,这在10次仿真当中会出现好几次;第三种结果,其中两个行为主体几乎总是只去拜访第三个行为主体(从不拜访对方),而第三个行为主体则将自己的时间分别用于拜访前两个行为主体,这在10次仿真当中通常会出现1次左右。其余的仿真结果则介于上述三种结果之间。

从上面这些结果也许无法直接看出,在上面这种设定的交友博弈Ⅱ中,极限权重永远是1/2。上面这些典型结果当中,只有极小一部分体现了上述极限特征。或者换句话说,仿真数据表明,在经过1 000次迭代后,权重仍然可能远远偏离其极限值;如果这种情况确实发生了,那么三个行为主体当中,有一个基本上被其他两个完全忽略了,但是他还是会去拜访其他两个行为主体(同样频繁地)。由于许多自适应博弈的生命周期都只有1 000轮或更少,因此我们认为,在这种时间尺度上,极限行为可能并不能做为系统行为的一个很好的指引。在下面的分析中,我们将讨论这个模型的极限结果和有限时间内的行为。当种群规模大于3时,权重总是会收敛,但是极限值是随机的,且仅限于对称矩阵的子空间。而且同样地,权重收敛到其限制值的速度也比不对等的交友博弈Ⅰ中更慢。

定理2 在有 n 个博弈参与者的交友博弈Ⅱ中,当时间趋于无穷大时,概率矩阵 p_{ij} 将会收敛于一个随机极限值 p。如果 $n = 3$,这个极限是所有非对角线上的元素均为 1/2 的矩阵。而在一般情况下,极限可以是任何一个这样的对称矩阵:行之和为 1,即该随机极限的闭支撑是对称随机矩阵的整个子空间。

11.1.3 对交友博弈Ⅰ和交友博弈Ⅱ的分析

为了符合上面所说的框架*,构建如下的退化形式博弈。两个博弈参与者中的任何一个都只有一个策略,并且其收益矩阵如下:

交友博弈Ⅰ	主人	交友博弈Ⅱ	主人
拜访者	(1, 0)	拜访者	(1, 1)

权重 w_{ij} 被初始化为 1(对于 $i \neq j$),并按照下式进行更新:

$$w_{ij}(t+1) = w_{ij}(t) + u(i, j; t) \tag{11.2}$$

其中 $w_{ij}(t)$ 是行为主体 i 在时间 t 赋予行为主体 j 的权重,$u(i, j; t)$ 是由拜访者 i 与主人 j 在时间 t 进行的博弈的收益。(如果在时间 t,这种拜访行为没有发生,则收益为 0。)式(11.2)与上述定义拜访概率的式(11.1)一起,就界定了这个模型。改变初始权重不会影响任何模型的定性特征,因此没有必要去改变初始设置。

对于交友博弈Ⅰ,任何一个行为主体的权重更新过程与"波利亚瓮"过程完全一样(Eggenberger and Pólya,1923)。我们可以这么看:每个行为主体都有一个装了有 $(n-1)$ 种颜色的球的瓮,每一种颜色代表一个其他行为主体。在一开始,瓮中每一种颜色球都有一个。行为主体随机地拿出一个球,它的颜色会告诉他应该去拜访的人是哪一个,然后把球放回到瓮中,并多放进一个相同颜色的球。分属不同的行为主体的瓮在统计上是相互独立的。

对这个过程的分析已经为学界熟悉了(Johnson and Kotz,1977:ch.4)。不难证明,每个行为主体从"波利亚瓮"中取球的顺序是可交换的,这就是说,改变该序列并不会改变它的概率。因此,根据德福内蒂表示定理(de Finetti representation theorem),从一只瓮中取球的随机序列是与一个混合多项式过程,即一个独立抽取序列的混合分布等价。不难看出,这个混合量是

---

* 原文在这里还有"(＊)",应该是论文最初发表时引用的文献的编号或注释,但在本书中则不需要。已改。——译者注

狄利克雷分布的。因此,拜访概率收敛的概率等于 1,但它们却可以收敛到任何东西。拜访概率收敛为均匀向量(即每一个行为主体都有相同的概率相互拜访)的先验概率为 0。

此外,收敛到极限概率矩阵的速度也是相当快的。令 $p(t)$ 表示 (i,j) 的元素为 $p_{ij}(t)$ 的矩阵,那么可交换性的含义就是,在极限矩阵 $p = \lim_{t \to \infty} p(t)$ 的条件下,拜访的序列是一个独立序列,同分布于从极限分布抽取的过程。这样一来,中心极限定理就意味着,在时间 t,$[p(t)-p]$ 是一个多元正态的 $t^{-1/2}$ 倍。

对于交友博弈 II,可交换性不成立。这一点并不奇怪,因为可交换性本来就不是一种很稳健的性质。然而,更加令人吃惊的是,概率矩阵 $p(t)$ 的序列没有形成一个鞅(martingale)。在这里必须稍稍解释一下"鞅"这个术语。令 E_t 表示以时间 t 上的价值为条件的预期,通过简单的计算就可以证明,在交友博弈 I 中,$p_{ij}(t+1)$ 的以时间 t 上的价值为条件的预期价值等于 $p_{ij}(t)$。这是因为,w_{ij} 只有在 i 拜访 j 时才会上升,因此我们有:

$$
\begin{aligned}
E_t p_{ij}(t+1) &= E_t \sum_{k=1}^{n} p_{ik}(t) \frac{w_{ij} + \delta_{jk}}{1 + \sum_{l=1}^{n} w_{il}(t)} \\
&= \frac{w_{ij}(t) + p_{ij}(t)}{1 + \sum_{l=1}^{n} w_{il}(t)} \\
&= p_{ij}(t)
\end{aligned}
$$

即使不存在可交换性,鞅收敛定理(Durrett,1996;sect.4.2)也蕴涵着 p_{ij} 必定收敛,虽然它几乎不能说明极限的性质。

对于交友博弈 II,也可以进行类似的分析。完整的分析请参阅我们(Robin Pemantle and Brian Skyrms)已完成未发表的论文,在这里只给出主要的结果。计算结果表明(计算过程与交友博弈 I 类似):

$$
E_t p(t+1) = p(t) + \frac{1}{t} F(p(t))
$$

其中 F 是对称的 $n \times n$ 矩阵上的一个函数。换句话说,矩阵序列 $\{p(t):t=1,2,\cdots\}$ 是一个罗宾斯和门罗意义上的随机逼近(Robbins and Monro,1951),它由向量场 F 驱动。根据佩曼特尔(Pemantle,1990)及贝纳伊姆和赫希(Benaïm and Hirsch,1995)给出的一般性结果,这就蕴涵着 $p(t)$ 收敛于 F 消失的集合。为了证明 $p(t)$ 总是收敛到一个点,佩曼特尔和斯科姆斯

(Pemantle and Skyrms，未发表的作品)计算了 F 的一个李雅普诺夫函数，即对于一个函数 V，$\nabla V \cdot F < 0$，仅当 $F = 0$ 时，等式成立。这个函数，再加上一个效率不等式(限定 F 与 ∇V 之间的角度，使之远离九十度)，保证了 p 的收敛。要证明定理 2 的其余部分，只需要证明向量场 F 的全部稳定零点都是行总和全都等于 1 的对称矩阵，而且 $p(t)$ 的可能的极限点就是由 F 决定的流的稳定均衡。

要 $p(t)$ 收敛到其极限的收敛速率，在这种情况下有所不同。因为 F 所确定的流存在不稳定的均衡点，所以就不能排除这样一种可能性：在最终随着该流到达某一个稳定的均衡之前，会在这些不稳定的均衡附近滞留很长一段时间。对于有 3 个博弈参与者的博弈，不稳定的均衡就是以下三个矩阵：

$$\begin{pmatrix} 0 & \frac{1}{2} & \frac{1}{2} \\ 1 & 0 & 0 \\ 1 & 0 & 0 \end{pmatrix} \begin{pmatrix} 0 & 1 & 0 \\ \frac{1}{2} & 0 & \frac{1}{2} \\ 0 & 1 & 0 \end{pmatrix} \begin{pmatrix} 0 & 0 & 1 \\ 0 & 0 & 1 \\ \frac{1}{2} & \frac{1}{2} & 0 \end{pmatrix}$$

它们对应于以下这种情况，即在 3 个行为主体当中，有一个总是被另两个行为主体拜访，而这个行为主体则平分拜访另两个行为主体的时间。$p(t)$ 位于上述陷阱中的某一个的 ε 的概率大约为 $3\varepsilon t^{-1/3}$，因此当 $t = 1\ 000$ 时，我们发现，$p(1\ 000)$ 没有靠近均匀概率矩阵、反而位于某个不稳定均衡点的附近这种情况的概率是相当高的。当 t 变得很大，即远远大于 $t = 10^6$ 时，这种情况出现的概率仍然相当高。对于规模更大的种群，同样的现象也存在，同时收敛到不变集的速度也相对更缓慢一些。然而，对于较大的种群，比如说有 20 个或更多成员的种群，则还会发生另一种现象。位于可能的极限的 ε 内的可能的 p 矩阵空间的分部将趋向 1；这被称为测量集中(concentration of measure)现象(Talagrand，1995)。因此，一开始被卡在远离极限的地方就变得很不可能了，因为初始的随机性极有可能将之带到一个非常接近于一个可能的极限的地方。因此，大种群中交友博弈 II 的动力学看起来与交友博弈 I 非常相似。

11.2　树敌博弈

接下来，我们修改一下前面的"交友"模型。现在假设，在拜访他人的过

程中,行为主体没有被奖赏,反而被惩罚了。这也就是说,这个模型不再是不均匀的积极互动,而是均匀的消极互动的了:

树敌博弈 I	主人	树敌博弈 II	主人
拜访者	$(-1, 0)$	拜访者	$(-1, -1)$

在这种情况下,互动不再是受到强化的,而变成了受到抑制的。抑制的动力学模型也有很多种。不过这里无法继续利用式(11.2)来更新,因为不久之后权重就会变负,使得式(11.1)给出的拜访概率变得没有意义。在这一节中,我们探索发现了另两种更新权重的方法,它们能够抑制过去的行为。在负强化的情况下,我们不难预测结果将是什么:社会网络总是会变得均质化,而且动力学不敏感于特定的更新机制。事实正是如此。因为没有惊喜,也因为这个模型仅仅是一个结合了结构动力学和策略动力学的模型的基础构件,下面的讨论将会非常简短。

11.2.1 转移模型

考虑一个3人博弈模型,它的更新规则如下:初始权重均为正整数;当 i 拜访 j 时,权重 w_{ij} 减少1,同时权重 $w_{kj}(k \neq i, j)$ 则增加1。这相当于爱伦菲斯特的源于两个物体之间进行热交换的模型(Ehrenfest and Ehrenfest, 1907)。在爱伦菲斯特的原始模型中有两个瓮。从这两个瓮的所有球中随机抽取一个球,然后转移至另一个瓮。球的分布趋于二项分布,其中每个球都独立地、同样可能在任一瓮中。在有转移动力学的三人"树敌博弈"中,每个博弈参与者可以被认为拥有这样一对瓮。所有瓮都是独立的。

因为球的数量是固定的,所以一个"爱伦菲斯特瓮"是状态数量有限的马尔可夫链(状态由两个瓮的分布构成)。举例来说,如果只有两个球,则有三种状态,S1、S2 和 S3,它们与瓮的基数(2, 0)、(1, 1)和(0, 2)相对应。这个马尔可夫链的转移矩阵是

$$\begin{bmatrix} 0 & 1 & 0 \\ \dfrac{1}{2} & 0 & \dfrac{1}{2} \\ 0 & 1 & 0 \end{bmatrix}$$

而唯一的静止向量则为(1/4, 1/2, 1/4)。与"波利亚瓮"不一样的是,给

定现有的条件,我们不能说每个阶段拜访的条件概率收敛:在任一时间,给定当前的组成,某次给定的拜访的概率可能是 0、1/2 或 1,这取决于该拜访者的瓮的组成。然而,如果球的数量 N 很大,那么在下面这个意义上,大体上相等的拜访概率是非常有可能出现的。该不变分布是二项分布,当球的数量很大时,二项分布将集中在接近均匀分布之外。因此,无论初始状态如何,大约经过 $N \log N/2$ 步之后,有 N 个球时一个瓮的组成接近于从一个二项分布中抽取的概率就会变得非常高(Diaconis and Stroock,1991)。因此两次可能的拜访之一的条件概率将接近于 1/2,而且趋向于以很高的概率驻留在那里。卡茨(Kac,1947)曾经利用这些性质解决了统计力学上的一个明显的悖论,该悖论曾经对玻尔兹曼对不可逆性的讨论造成很大障碍。

11.2.2　阻力模型

有了转移模型,就可以得到负强化的有限累计额,这就在实际上生成了一条有限马尔可夫链。接下来,我们再来探讨一个非常不同的模型,我们将它称为阻力模型(resistance model)。在阻力模型中,负收益会产生阻力。在初始阶段,每一个选择都有阻力 1。负收益的大小将被加到与之相关联的阻力上去,因此式(11.2)就变成了

$$w_{ij}(t+1) = w_{ij}(t) + |u(i,j;t)|$$

在现在考察的树敌博弈中,所有的收益都是负的,因此 i 拜访 j 的概率正比于上述阻力的倒数,即:

$$p_{ij} = \text{Prob(agent } i \text{ visits } j) = \frac{1/w_{ij}}{\sum_{k=1}^{n} 1/w_{ik}}$$

按照约定,$1/w_{ii} = 0$。在这种阻力模型中,树敌博弈 I 和树敌博弈 II 的动力学是不难描述的。

定理 3　对于树敌博弈 I 和树敌博弈 II,从任何初始条件出发,概率矩阵 $p(t)$ 都会收敛于均匀概率矩阵 $\bar{p}$,其中 $\bar{p}_{ij} = 1/(n-1)$,对所有的 $i \neq j$ 成立。收敛速度很快:如果初始阻力为 N 阶,那么收敛速度为 $N \log N$ 阶。均匀分布导致服从中心极限定理:

$$t^{1/2}(p - \bar{p}) \rightarrow X$$

其中 X 是一个多元正态分布,其中,树敌博弈 Ⅰ 的协方差矩阵的秩为 $n(n-1)$、树敌博弈 Ⅱ 的协方差矩阵的秩为 $n(n-1)/2$。换句话说,对均匀性的偏离是独立正态的,服从每个个体相加为 0 的约束,而且在树敌博弈 Ⅱ 中,还服从对称性约束。

上述中心极限定理还可以从一个更强大的函数中心极限定理推导出来,即在均匀概率附近对系统进行线性化,可以看到路径:

$$t \to N^{-1/2}\left(p(Nt) - \overline{p}\right)$$

在 $N \to \infty$ 时收敛于一个多元奥恩斯坦—乌伦贝克过程(Ornstein-Uhlenbeck process)。收敛速度遵循标准的耦合参数。

均匀的正强化导致结构从非结构化的初始条件下涌现出来;相反,均匀负强化则显然会导致均匀性(无结构),即使初始条件是结构化的时候也是如此。这样看来,通常用的随机相遇(平均场)模型更适合于树敌博弈而不是交友博弈。

11.2.3 有更好的模型吗?

我们希望得到一个能够统一正反两方面的强化模型。一个自然的选择是,让 w_{ij} 记录下 i 拜访 j 的对数似然,那样的话,i 拜访 j 的概率可以由下式给出:

$$p_{ij} = \text{Prob}(\text{agent } i \text{ visits } j) \\ = \frac{\exp(w_{ij})}{\sum_{k=1}^{n} \exp(w_{ik})} \tag{11.3}$$

在 11.3 节中,我们将会看到,这个规则与将过去贴现的规则有一个共同的性质,即它会导致互动陷入在 i 总是拜访 j 这样一个确定的状态中。

问题 1 是否存在这样一个模型,它能够结合正反两方面的强化,同时又是有现实性的、易处理的,且是不带陷阱的?

11.3 对模型的扰动

在本节中,我们再增加两个因素:噪声和贴现。它们通常用于创建更加真实的模型。我们的目的则是研究它们对社会结构的影响。特别是,它们是如何导致各种各样的子群体的形成的。

11.3.1　将过去贴现

在前面的那些模型中,在遥远的过去得到的某个正的(或负的)收益对分配给一个行为主体的权重(或阻力)的贡献,被假设为与刚刚得到的一个收益完全相等。这是很难令人信服的,无论从心理学的角度来看还是从方法论的角度来看,都是如此。心理学研究已经确立的一个事实就是:记忆是会褪色的。而且,从归纳逻辑的立场来看,我们根本无法肯定学习者所处理的固定概率。事实上,就最关注的情况而言,他们肯定不是的。出于这个原因,与遥远的过去的经验相比,最近的经验可能对未来的行动有更大的指导意义。

为了反映这个思想,一个简单而标准的修正模型的方法是,引入对过去的贴现。在这里,我们将只讨论"交友博弈"模型。现在,每次互动结束后,我们要让上个阶段的权重乘以一个贴现因子 d(其值介于 0 与 1 之间),以便对过去进行贴现处理。然后,我们将本次互动中获得的收益不进行贴现就直接加上去,从而得到新的权重。这种修正对两个交友博弈模型带来了巨大的影响。

对于交友博弈Ⅰ,计算机仿真告诉我们,(例如)当 $d=0.9$,种群规模为 10 时,概率 p_{ij} 非常迅速地收敛为 0 或 1。换句话说,最终,每个个体将总是拜访同一个其他个体。

而在交友博弈Ⅱ中,计算机仿真结果表明,群体分裂成了一些"对子"(pair),每一对个体的一个成员总是只拜访自己的"伙伴"。到底哪些对子会形成,依赖于前几轮拜访中的随机性,但是最终总是会形成对子。当然,还存在其他可能的极限状态,但是它们出现的频率很低,除非使用了更加极端的贴现率。例如,一组可能的极限状态如下所述。一些行为主体结成了对子,其中一个成员总是只拜访另一个成员;其他行为主体则组成了星形(star)。每一颗星都是"一簇行为主体",其成员至少为 3 个,其中一个行为主体被称为核心(center),以某个正的概率拜访其他成员,而其他成员则总是只拜访该"核心"。

11.3.2　对于"将过去贴现"的分析

计算机仿真揭示的上述动力学特征值得进一步进行严格的推导,因为整合了正强化和负强化的对数模型存在一个明显的缺陷,而这种推导将会提供一些有益的线索,帮助我们消除这个缺陷。我们推导结果证实了这一点,尽管关于有贴现的交友博弈 I 模型的一些结果也可以直接从 H.鲁宾(H. Rubin)的一个定理推导出来(见 Davis,1990,第 227 页)。

定理 4 交友博弈 II 中,当贴现率 $d < 1$ 时,总是有一部分个体结成对子或组成星形,而且过了某个时长随机的时间之后,对子中的每个成员都只拜访对子中的另一个成员,星形中的非核心成员则只拜访核心成员。在交友博弈 I 中,存在一个随机函数 f 和一个随机时间,在过了该时间后,每个参与者 i 总是拜访 $f(i)$。

证明要点 对交友博弈 I 的分析是类似的,但是更简单一些,因此在这里只给出关于交友博弈 II 的那些结论的证明过程。对于每个概率矩阵 p,我们都将它与如下的一个图形 $G(p)$ 关联起来:边 (i, j) 是在图 G 中的,如果概率 $p_{ij} > \varepsilon$,其中,$\varepsilon < 1/(2n)$,是一个固定的正数。在那些至少有一条边射向每个顶点的图中,令 S 表示这种图形中最小的图,也就是说,只要删去一条边,就会出现一个单独的顶点。不难证明,对于所有满足定理的结论的 p,S 是集合 $G(p)$。

对有贴现的交友博弈的上述分析的背后原理是,p 的未来行为在很大程度上是由当前的 $G(P)$ 决定的。特别是,我们发现,存在一个 $\delta > 0$,它使得从任何状态 p 开始,对于每个 $G(p)$ 的每个子图 H,都有 $H \in S$,使得对于所有足够大的 t,$G(p(t)) = H$ 的概率都最小为 δ^2。我们分两个步骤来证明这一点:(步骤一)对至少为 δ 的概率,存在某个 t 使得 $G(p(t)) = H$;(步骤二)从任何状态 p 使得 $G(p) = H$,存在至少为 δ 的概率使得 $G(p(t))$ 在所有后来的时间 t 上都等于 H。

为了看清楚为什么步骤一是正确的,我们可以证明:对于 $H \in S$,令 f_H 为 H 上的顶点的任一函数,使得每一个值 $f(i)$ 都是 i 的一个邻居。不难观察到,存在一个数 k,使得从任何满足 $H \subseteq G(p)$ 的状态 P 出发,如果每个顶点 i 在接下来的 k 轮都拜访 $f(i)$,就有 $G(p(k)) = H$。对于每一轮的拜访,这个概率至少是 ε^n,其中 n 是顶点的数目,因此只要取 $\delta \leqslant \varepsilon^{kn}$ 就可以证明步骤一了。对于步骤二,则只要证明,每个行为主体在随后的所有时间都以概率 δ 拜访 H 中的一个邻居就足够了。对于每一个行为主体 i,根据 $G(p) = H$ 这个定义,拜访 H 中不与 i 相邻的 j 的 p_{ij} 的总和至多为 $n\varepsilon <$

1/2。在完成了 K 轮只拜访自己在 H 中的邻居的拜访之后,这个值必定会减少到至多为 $(1/2)d^k$。因此,N 轮只拜访 H 中的邻居的概率为至少

$$\prod_{k=0}^{N-1}\left(1-\frac{1}{2}d^k\right)^n$$

令 N 趋向于无穷大,就会产生一个收敛无穷乘积,因为 $(1/2)d^k$ 是可累加的。只要取 δ 小于上述无穷乘积就可以证明步骤二。

证明了步骤一和步骤二,剩下的就很简单了。演化受到的约束使得 $G(p(t))$ 总会至少包含 S 中的一个图形。而只要它包含 S 中的一个以上的图形中,那么就总是会以至少为 δ 的概率进入每一个。因此,最终 $G(p(t))$ 会以概率 1 在所有未来时间都等于某个 $H \in S$。而这等价于上述定理。证毕。

说明:实际上,上面也证明了,在步骤二,如果我们选择的 ε 足够小,那么我们就可以选择任意接近 1 的 δ。

现在,我们也看清楚了,为什么对数似然规则(3)会导致退化结构的固定。根据上面这些动力学,在证明定理 4 的步骤一也出现了一个等价现象。对于结成了一个对子的两个行为主体 (i, j),他们的互动有正的均值,如果配对重复进行博弈,那么我们将会看到 $w_{ij}(t)/t \to \mu > 0$。只要与 j 尝试过几轮,在那之后,i 将会在未来更换伙伴的可能性,至多可达到 $\sum_{k=0}^{\infty} B \exp(-k\mu)$ 的量级(其中,$B = \exp(\sum_{l\neq i} w_{il})$)。从这里,很容易就可以构造出一个与定理 4 的证明类似的证明,即证明在有正的平均收益的博弈中,有贴现的结构动力学导致固定配对的概率为 1。

11.3.3 引入噪声

各种类型的自适应模型的一个共同特点是它们都会引入噪声。噪声(noise)是指以很小的概率出现的某种行为,这种行为不是模型的动力学方程所选择的。噪声可能源于某个行为主体的不确定性,也可能源于行为主体所犯的错误,或者源于行为主体的控制之外的环境因素。另外,某个行为主体也可能会故意在自己的策略中加入噪声,以避免陷入一个非最优策略或结构当中。

从方法论的角度看,不会随着时间流逝而消失的噪声会使模型变成遍历

马尔可夫链。在那种情况下，没有任何状态是有"俘获能力"的。如果通过贴现法或线性对数似然法而产生的俘获状态是不现实的，那么我们可能会希望通过增加噪声因素的分量，来减轻这个问题。由于有噪声项的动力学系统不会进入一个单态，因此其结果通常用随机稳定状态这个术语来描述（Foster and Young，1990）。对于某种状态，如果当噪声项趋向于 0 时，系统位于该状态附近的可能性不会随之趋向于 0，那么就称这种状态是随机稳定的。

对于前述树敌博弈，无论是将过去贴现，还是引入噪声，都不会影响系统的极限行为。但是，交友博弈则不同。对于交友博弈，我们先修改由式（11.1）给出的概率规则，以便使在 n 人交友博弈中，i 拜访 j 概率为某个固定的正数 $\varepsilon/(N-1)$ 加上 $(1-\varepsilon)$ 乘以前面那个概率，即：

$$p_{ij} = \frac{\varepsilon}{n-1} + (1-\varepsilon)\frac{w_{ij}}{\sum_k w_{ik}}$$

这样做的效果是，把系统向均匀点 $\overline{p}$ 的方向推 ε。无论是交友博弈 I 还是交友博弈 II，现在都成了一个鞍，并且其稳定集都变成了一个单点 $\overline{p}$。在任何噪声水平 $\varepsilon > 0$，这都是成立的，因此我们看到，现在只存在一个渐近稳定点了。因为定性结果敏感于是否存在一个噪声项，所以在每一个具体的模型中，我们都必须追问一句：那个噪声项是不是自然的，是不是真实的？

11.3.4　噪声与贴现

当存在贴现 $d < 1$ 和一个噪声项 $\varepsilon > 0$ 的时候，如果 $(1-d)$ 远小于 ε，那么由于贴现率极低，噪声项会把贴现可能产生的任何影响都抹得一干二净。在另一种情况下，即当 d 保持固定不变，而 ε 趋向于 0 时，我们可能需要考虑的是，原先有贴现的动力学系统的渐近稳定状态现在是不是仍然渐进稳定。在交友博弈 I 中，这种情况没有带来什么令人眼前一亮的结果：贴现使极限状态退化了，在引入噪声之后，系统可能会从一个这样的状态跳入另一个这样的状态，至于各种状态的随机稳定性，则不会改变。

然而，对于交友博弈 II 则不同。只要博弈参与者的数量 n 至少为 4，那么引入噪声就会实实在在地改变随机稳定状态集，即它将使星形消失不见。计算机仿真结果表明，在引入噪声后，结成对子成了是有贴现的交友博弈 II 的最普遍的状态，只有当博弈参与者的数量为奇数时，才会形成一颗成员数为 3 的星形。接下来，我们就来证明，一个以上的星形，或成员数大于 3 的星形，都不是随机稳定的状态。

定理 5 在有贴现的 n 人交友博弈 II 中，当噪声趋向于 0 时，系统的随机稳定状态只有这么一些：或者是结成若干对子（当 n 为偶数时），或者是若干对子加上一颗有 3 个成员的星形（当 n 为奇数时）。

证明要点 令 S 表示对应于可能的极限状态的图（像在定理 4 的证明中一样），并令 $S_0 \subseteq S$ 表示那些没有星形（完美配对）或只有一个有 3 个成员的星形的图。S 与 S_0 的关系有如下一些重要性质。（性质一）如果 G 是在 S_0 的某一个图中加上了一条边导致的结果，那么 G 不包含 $S \backslash S_0$ 中的图。（性质二）对于任何 $G \in S$，存在一条链 $G = G_1, G_2, \cdots,$ G_k，它导致 S_0，其中每个 G_{j+1} 可以通过 G_j 中先添加一条边，再删除两条边来获得。性质一无疑是显而易见的。为了验证性质二，注意到，如果 $H \in S$，且 i 和 j 不是在 H 中的星形的中心顶点，同时它们也不同时位于同一个成员数为 3 的星形当中，那么在 i 和 j 之间加入一条边并把先前入射到 i 和 j 的两条边删除掉，就会产生一个属于 S 的新图。从 $H = G_1$ 开始，重复这个过程，那么在有限时间内（因为边的数量每次都会减少），就会产生一个 S_0 的元素。

接下来，我们按照确定随机稳定性的常用方法来尝试一下。令不服从结构动力学方程式（11.1）的概率 ρ 非常小。如果（在 S 的定义中的）ε 非常小，那么一个状态满足 $G(p) = G \in S$ 的状态 p 所有以后的时间时都会有 $G(p(t)) = G$ 的概率就会相当高，直到出现一个不服从的行为为止。而在一次不服从之后，图 $G(p)$ 就会成为 G 与一条额外的边的组合。由定理 4 的证明后面的"说明"，我们可以看到，在一次不服从之后，该图就会松弛为某个 S 中的子图。根据性质一，如果 $G \in S_0$，那么这个子图也是在 S_0 中的。因此，一次不服从之后松弛回 S，绝不会逃离 S_0。这样一来，跳向 $S \backslash S_0$ 的概率是 ρ^2 阶的，而这就蕴涵着，S_0 中的状态留在 S_0 中的时间最少为 ρ^{-2}。在另一方面，根据性质二，从 $S \backslash S_0$ 中的任一状态出发，都存在一条由单次不服从链，使得系统可以在每次不服从之后松弛，从而以一个正概率让你回到 S_0 中。因此，在返回到 S_0 中之前花在 $S \backslash S_0$ 中的预期时间最多是 ρ 阶的。从而，整个过程花费全部时间的 $(1 - \rho)$ 部分在 S_0 中，并且会使 ρ 趋向于 0，于是我们看到，在 S_0 中只有状态是随机稳定的，而且很容易看到，所有这些确实都是随机稳定的。

11.4 拥有非平凡策略的博弈中的强化

到目前为止,我们只考虑了作为基准模型的均匀强化模型,但是就是在这种模型中,竟然也观察到了非平凡的结构行为。接下来,我们将给出一个强化源于非平凡的博弈的收益的模型。我们考虑的是策略演化比结构演化速度更慢的情况。因此,我们将行为主体分成若干类型,并让每种类型的个体总是采取一个固定的策略,然后再观察什么样的互动结构会涌现出来。在那之后,我们通过允许策略性地切换类型扩展这个模型。我们发现,策略的协调确实会发生,尽管博弈参与者究竟会协调到风险占优策略上,还是会协调到收益占优策略上,要取决于模型的具体参数(例如,策略演化的速度)。根据模型的不同条件,社会网络既可以表现为结对子的形式,也可以不表现为结对子的形式。

11.4.1 卢梭的猎鹿博弈

考虑卢梭(Rousseau,1984)的两人猎鹿博弈。选择是:要么猎鹿,要么猎兔[卢梭的原文是"野兔"(hare)]。猎鹿需要两个人通力合作,而猎兔则一个人就能愉快胜任,但是猎鹿成功就可以带来更大的收益。

	猎鹿	猎兔
猎鹿	(1, 1)	(0, 0.75)
猎兔	(0.75, 0)	(0.75, 0.75)

这个博弈有两个均衡:一个是两人都猎鹿;另一个是两人都猎兔。第一个均衡收益更高,因此被称为"收益占优";第二个均衡风险最小,因此被称为"风险占优"(Harsanyi and Selten,1988)。坎多里、梅拉什和罗伯证明(Kandori,Mailath and Rob,1993),在不存在结构动力学的模型中,两人协调博弈只有风险占优均衡是随机稳定的。如果存在结构动力学,那么结论将会更加乐观一些。接下来,我们就来描述它。

定理6 假设猎鹿博弈由 $2n$ 个博弈参与者进行,并且存在由式

(11.1)给出的结构动力学和由式(11.2)给出的累积加权动力学(但不进行贴现,也没有噪声)。那么在极限情况下,猎鹿者将总是只拜访猎鹿者,而猎兔者则总是只拜访猎兔者。

证明要点:首先注意到猎鹿者对猎兔者的拜访从来都不会得到强化。因此,$w_{ij}(t) = 1$ 对所有 t 都成立,只要 i 是一个猎鹿者且 j 是一个猎兔者。再观察到,当 i 和 j 都是猎鹿者的时候,权重 $w_{ij}(t)$ 会无限增长下去,于是我们得出结论,猎鹿者拜访猎兔者的概率趋于 0。

接下来,考虑猎兔者形成的亚种群(subpopulation)。将亚种群记为 A。对于 $i \in A$,令:

$$Z(i, t) = \frac{\sum_{j \notin A} w_{ij}}{\sum_{j=1}^{n} w_{ij}}$$

表示拜访一个给定的猎兔者并且下一轮拜访一个猎鹿者的概率。$Z(i, t + 1)$的预期价值根据下式发生变化:

$$\boldsymbol{E}\big(Z(i, t+1) \mid Z(i, t)\big) = Z(i, t) + t^{-1}Y(i, t)$$

其中 $Y(i, t)$ 是预期权重中因 $j \notin A$ 而增加的比例,即:

$$Y(i, t) = \frac{\sum_{j \notin A} p_{ij} + p_{ji}}{\sum_{j=1}^{n} p_{ij} + p_{ji}}$$

忽略上式的分子和分母中的 p_{ji} 项,恰好会导致 $Z(i, t)$。对于 $j \notin A$,p_{ji} 项是很小的,但是对于 $j \in A$ 的 p_{ji} 项的总和却不可能是很小的。因此,对于某些 $\varepsilon > 0$,有 $Y(i, t) < (1-\varepsilon)Z(i, t)$,只要:

$$\boldsymbol{E}\big(Z(i, t+1) - Z(i, t) \mid Z(i, t)\big) \leqslant -\frac{\varepsilon Z(i, t)}{t}$$

因为由 $Z(i, t)$ 中的增量是以 C/t 为界的,所以存在 $\lambda, \mu > 0$, $\exp(\lambda Z(i, t) + \mu \log t)$ 是一个鞅,而这就意味着是 $Z(i, t)$ 收敛到 0 的速度是以 $\log t$ 为指数成倍加快的。证毕。

引入贴现就会改变这个结果。猎鹿者最终仍会拜访猎鹿者,因为即便是贴了现之后的强化,也要胜过完全没有强化。但是现在猎兔者会被锁入对子或星形中(就像在交友博弈中一样),或者会反复去拜访一个猎鹿者。

在引入噪声后,所有这些极限状态都保持不变。当一个猎兔者拜访一个猎鹿者时,社会蒙受的损失为 0.75,尽管另一个猎兔者会从这次拜访中获益。这个模型在这里显然有些弱,因为在一轮拜访中,它只允许每个行为主体拜访一次,但同时却允许任何数量的拜访者去拜访每一个行为主体。当猎兔者拜访猎鹿者时,猎鹿者蒙受的一个更加现实的损失是:时间被浪费掉了。

应当指出的是,虽然随机稳定状态可能包括了一些不是最有效率的状态,但是那些最有效率的状态(在这个猎鹿博弈模型中,这些状态就是指猎兔者拜访猎兔者的状态)仍然具有优势。由于存在相互强化的可能性,一个猎兔者从拜访猎鹿者转换为拜访猎兔者,会比从拜访猎兔者转换为拜访猎鹿者更加容易。其次,当贴现率接近 1 的时候,模型在很长时间内都表现得像没有贴现的模型一样,在此期间,猎兔者从一开始就很难被锁入到拜访猎鹿者的状态中。在对有 10 个博弈参与者、贴现率 $d = 0.9$ 的猎鹿博弈进行的计算机仿真表明,猎兔者"永远"只拜访猎兔者。因为上述这两种效应,系统几乎总是处于一个最有效率的状态中,即使有些随机稳定状态不是最有效率的状态,也不会影响这一点。

11.4.2　结构与策略的协同演化

在上面那个模型的基础上,我们再加入行为主体切换状态的可能性:猎鹿者可能会决定成为一个猎兔者,猎兔者也可能会突然变得大胆起来,决定成为一个猎鹿者。当这类策略演化比结构演化更快的时候,我们从如前所述的对随机相遇模型的研究中得知,在网络仍然接近于均匀拜访概率的初始状态时,每个人都猎兔这个风险占优均衡将会被实现。

策略动力学是比结构动力学更快,抑或更慢,当然取决于被建模的活动。有的时候,互动结构是外部强加的,很难改变;而在另外一些时候,结构却可能比策略或特征更加容易改变。现在,让我们假设,让猎人接受再培训,成为一个不同类型的猎人需要付出巨大的投资,这样一来,在每轮拜访中,猎人们改变自己的类型的可能性非常小。在这种情况下,正如我们已经看到的,猎人们总是(在没有噪声或不进行贴现时)或几乎总是(在有贴现的模型中)与同类型的猎人一起狩猎。这就消除了随机相遇的固有的风险,并使得猎人可以因转变为猎鹿者而获利——在开始一段时间之后,因为其他猎鹿者是在那个阶段找到的。缓慢的策略适应逐渐将猎兔者转换为猎鹿者,同时收益占优的策略占据了主导地位。

在下面,我们将给出猎鹿博弈的计算机仿真的主要结果,每次仿真实验都运行 1 000 轮,其中,在任何一个给定的时刻,一个行为主体会以某个概率 q 将自己的类型改变为上一轮最成功的类型。我们发现,当 $q = 0.1$ 时,在 22% 的仿真实验中猎人最终都变成了猎鹿者,在其余 78% 的仿真实验中则所有猎人最终都变成了猎兔者。因此,确实存在着完美的协调,但是通常无法协调到最有效的均衡上。在另一方面,当 $q = 0.01$ 时,则大多数仿真实验 (71%) 都以所有猎人都变成了猎鹿者的最有效率状态结束,而只有 29% 以所有猎人都去猎兔结束。增加初始权重会导致不太可能达到猎鹿均衡,因为那样的话猎鹿者要花很长时间才能采取一致行动,而如果不一致行动,则上一轮的最佳策略几乎总是猎兔。举例来说,如果初始权重设定是每次拜访 1 000,那么就只有 1% 的仿真实验以所有人都猎鹿结束,无论 q 值是 0.1,还是 0.01,都是如此。

当所有猎人都停止拜访不同类型的猎人之后,在这两个"亚种群"内部的结构演化就几乎与前面讨论过的交友博弈 II 如出一辙了。尽管由此而产生的社会结构不是一个完美的配对,但是确实是每个猎兔者(猎鹿者)都只拜访另一个猎兔者(猎鹿者),不过是以不同的概率。

11.5 结论

在探索互动结构演化的动力学以及结构与策略的协同演化的动力学这个方向上,我们已完成了最初的基本步骤。最终的目标是构建一些更加贴近现实的模型,并且为观察到的系统行为奠定坚实的理论基础,其中也包括为预测多重均衡之间的选择提供理论依据。

我们在这里使用的这些特定动力学模型仅仅是一些例子,但是事实证明,即便是这些最简单的模型,也可能带来非常有意思和非常令人惊讶的结果。我们发现,即使在基准模型中(在那里,博弈是退化的),结构也能自发地从均匀性中涌现出来,同时均匀性也会从结构中自发地涌现出来。我们还发现了延续时间极长的瞬变模式,在那里,极限行为不能成为预测行为的很好的指导(即便在计算机仿真运行了数千轮之后)。

涌现出来的社会互动结构倾向于将种群划分成一系列互动的小群体,在这些小群体中,存在着对策略的协调。这种划分可能是完全的,例如在交友博弈Ⅱ中;也可能只是一种趋势,例如在不进行贴现的交友博弈和猎鹿博弈中。

当我们把结构动力学和策略动力学结合起来,应用到一个不平凡的博弈,即猎鹿博弈中时,我们发现,可能的结果取决于时机因素(择时)。在随机相遇模型中,结构被假设为固定不变的,这时我们得到了预期中的风险占优均衡结果。但是,当结构相对于策略具有流动性时,结构适应中和了风险,于是我们得到了社会有效的收益占优均衡。在这两个极端之间,每种结果都有可能以一定概率出现,或者,群体也可能同时使用两种策略。我们期望看到,结构动力学在其他博弈中也能起到举足轻重的作用。事实上,我们也确实得到了一些初步的结果。计算机仿真证据表明,在讨价还价博弈(分美元博弈)中,以及一个简单的协调博弈中,情况就是如此。

还有许多思路值得去尝试和探索。正如我们在分析树敌博弈时已经提到过的,应该想办法找到一个同时存在正强化和负强化,但是却不会出现俘获的模型。在这方面,我们还没有对有3个或更多博弈参与者的互动进行过计算机仿真。我们也还没有对策略与结构之间的任何显式互动进行建模;而且,对博弈对手的选择,及与该博弈对手博弈时所用的策略,这两者之间也不一定是相互独立的。

我们还可以继续加入更多的复杂性,例如,让信息影响结构演化,允许博弈参与者之间进行交流,等等。但是,我们的主要观点已经很明确了。结构演化是现实世界的一个共同特征。任何关于策略互动的理论都必须考虑结构的演化。现在已经有了一个从数学的角度来看很丰富的理论,它提供了很多相关的工具。我们相信,结构动力学的显式建模,以及对结构与策略之间的互动的研究,必将为适应性行为理论提供重要的全新的洞见。

致　谢

我们要感谢 Persi Diaconis、Joel Sobel 和 Glenn Ellison,他们为我们两人创造了再度合作的机会。我们还要感谢他们提出的有益的建议,以及他们帮助我们更好地理解了相关文献。本研究得到了美国国家科学基金会的资助(DMS 9803249)。

注　释

① 当然也有例外。其中一个例外也许是杰克逊和沃茨最近提出的模型（Jackson and Watts，1999），我们收到了他们的论文的预印版本。

参考文献

Anderlini，L. and A.Ianni（1997）"Learning on a Torus." In *The Dynamics of Norms*，ed. C. Bicchieri，R. Jeffrey，and B. Skyrms，87—107. Cambridge：Cambridge University Press.

Arthur，W.B.（1989）"Competing Technologies，Increasing Returns，and Lock-in by Historical Events." *Economic Journal* 99：116—31.

Benaïm，M. and M. Hirsch（1995）"Dynamics of Morse-Smale urn processes." *Ergodic Theory Dynamic Systems* 15：1005—30.

Blume，L.（1993）"The Statistical Mechanics of Strategic Interaction." *Games and Economic Behavior* 5：387—423.

Davis，B.（1990）"Reinforced random walk." *Probability Theory and Related Fields* 84：203—29.

Diaconis，P. and D.Stroock（1991）"Geometric Bounds for Eigenvalues of Markov Chains." *Annals of Applied Probability* 1：39—61.

Durrett，R. and S. Levin（1994）"The Importance of Being Discrete（and Spatial)." *Theoretical Population Biology* 46：363—94.

Durrett，R. and C.Neuhauser（1997）"Coexistence Results for some Competition Models." *Annals of Applied Probability* 7：10—45.

Durrett，R.（1996）*Probability：Theory and Examples*，2nd edn. Belmont，CA：Duxbury Press，Wadsworth Publishing Company.

Eggenberger，F. and G.Pólya（1923）"Uber die Statistik verketter vorgöge." *Zeit. Angew. Math. Mech*. 3：279—289.

Ehrenfest，P. and T.Ehrenfest（1907）"Ueber zwei bekannte Einwande gegen das Boltzmannsche H-Theorem." *Physische Zeitschrift* 8：311—14.

Ellison，G.（1993）"Learning，Local Interaction，and Coordination." *Econometrica* 61：1047—71.

Ellison，G.（2000）"Basins of Attraction，Long-Run Stochastic Stability，and the Speed of Step-by-Step Evolution." *Review of Economic Studies*.

Epstein，J. and R.Axtell（1996）*Growing Artificial Societies*. Cambridge，MA：MIT/Brookings.

Feldman，M. and E.Thomas（1987）"Behavior-Dependent Contexts for Repeated

Plays in the Prisoner's Dilemma II: Dynamical Aspects of the Evolution of Co-operation." *Journal of Theoretical Biology* 128:297—315.

Foster, D. and H. P. Young(1990) "Stochastic evolutionary game dynamics." *Theoretical Population Biology* 38:219—32.

Harsanyi, J. and R. Selten(1988) *A General Theory of Equilibrium in Games.* Cambridge, MA: MIT Press.

Hofbauer, J. and K. Sigmund(1988) *The Theory of Evolution and Dynamical Systems.* Cambridge: Cambridge University Press.

Jackson, M. and A. Watts(1999) "On the Formation of Interaction Networks in Social Coordination Games." *Games and Economic Behavior* 41:265—91.

Johnson, N. and S. Kotz(1977) *Urn Models and Their Application.* New York: Wiley.

Kac, M. (1947) "Random Walk and the Theory of Brownian Motion." *American Mathematical Monthly* 54:369—91.

Kandori, M., G. Mailath, and R. Rob(1993) "Learning, mutation, and long-run equilibria in games." *Econometrica* 61:29—56.

Kang, H.-C., S. Krone, and C. Neuhauser(1995) "Stepping-stone Models with Extinction and Recolonization." *Annals of Applied Probability* 5:1025—60.

Lindgren, K. and M. Nordahl(1994) "Evolutionary Dynamics of Spatial Games." *Physica D* 75:292—309.

Pemantle, R. (1990) "Nonconvergence to unstable points in urn models and sto-chastic approximations." *Annals of Probability* 18:698—712.

Pollack, G. B. (1989) "Evolutionary Stability in a Viscous Lattice." *Social Networks* 11:175—212.

Robbins, H. and S. Monro(1951) "A stochastic approximation method." *Annals of Mathematical Statistics* 22:400—7.

Rousseau, J.-J. (1984) *A Discourse on Inequality*; trans. Cranston, M. London: Penguin.

Schelling, T. (1969) "Models of Segregation." *American Economic Review: Papers and Proceedings* 59:488—93.

Schelling, T. (1971) "Dynamic Models of Segregation." *Journal of Mathematical Sociology* 1:143—86.

Talagrand, M. (1995) "Concentration of Measure and Isoperimetric Inequalities in Product Spaces." *IHES Publications Mathématiques* 81:73—205.

Watts, D. and S. Strogatz(1998) "Collective dynamics of 'small-world' networks." *Nature(London)* 393:440—2.

Weibull, J.(1997) *Evolutionary Game Theory*. Cambridge, MA: MIT Press.

Wright, S.(1921) "Systems of Mating III: Assortative Mating Based on Somatic Resemblance." *Genetics* 6:144—61.

Wright, S.(1945) "Tempo and Mode in Evolution: A Critical Review." *Ecology* 26:415—19.

Zajonc, R.B.(1968) "Attitudinal Effects of Mere Exosure." *Journal of Personality and Social Psychology Monograph* 9, 1—28.

12

通过强化学习形成网络：长期和中期视角 *

12.1 引言

　　每一天，一个小群体的每一个成员从自己的群体中选择两个人，并与他们互动。个体是不同类型的，并且其类型决定每个个体从互动中得到的收益。这就是说，这个互动可以建模为一个对称三人博弈。选择其他个体与自己博弈的概率通过强化学习而演化，在这里，强化是来自互动的收益。在本章中，我们考虑两个博弈。第一个博弈称为"三人成群博弈"，这是一个退化的博弈，在这个博弈中，只有一种类型，每个个体都可以从每一次互动中得到相同的强化。第二个博弈是一个三人猎鹿博弈，在这个博弈中，有两个类型，即猎鹿者和猎兔者。猎兔者总是得到 3 的收益；猎鹿者如果与其他两个猎鹿者互动的话可以得到的收益为 4，否则就将一无所获。

　　我们不想煞有介事地声称，我们将对友谊的形成或猎人的小群体动力学给出一个非常逼真的解释。但是，我们确实希望，我们所构建的模型以及建模过程是有意义的，而且不仅仅限于纯粹的哲学意义。这种希望是基于三个方面的考虑。

---

* 本文与罗宾·佩曼特尔合写。

194

首先，我们使用的强化模型背后有庞大实验数据的支持，不仅包括了以人类为被试的实验，还包括了以动物为被试的实验，其中当然包括了考察人类在进行博弈时的互动特征的实验。在对模型进行分析时，我们所关注学习动力学系统中的参数的取值范围全都是在实验文献中可以找到的。其次，我们率先提出了互动网络与策略协同演化的概念（Skyrms and Pemantle，2000），这个概念要求我们构建一系列最基本的随机网络模型，并对它们进行深入的分析。我们的想法是，最基本的、最简单的模型可以成为构建更加复杂的模型的基础构件。为此，我们对两个简单的模型进行了分析。在第二个模型的演化过程中，第一个模型发挥了基础构件的作用：到最后，猎鹿者在自己人之间进行三人成群博弈。第三，也是最后一点，我们的目标是给出一个稳健的分析。我们对三人成群博弈和猎鹿博弈的分析就是足够稳健的，能够为我们分析同类模型提供很多线索，因为它们的数学描述在很大程度上是相同的。我们致力于提供一系列关于这类随机模型的科学的、严谨的结果，它们将有助于科学家理解这些模型在长期和中期的相似性和差异性。

12.2　强化学习与强化学习过程

心理学中所用的强化学习（reinforcement learning）这个术语，与应用数学中经常用的强化模型（reinforcement model）这个术语，两者并不是同延的。在本章中，我们将追随赫恩斯坦（Herrnstein，1970）以及罗思和埃雷弗（Roth and Erev，1995）的做法，用一类特定的强化过程来对强化学习建模。根据数学文献对强化随机行走的定义（Coppersmith and Diaconis，1997；Davis，1990，1999；Pemantle，1988，1992），在一个强化过程中，当前的概率依赖于过去的选择和收益的全部历史——通过某些与可能采取的行动相关联的概括统计量或倾向。利用这种过程对强化学习进行建模的可能性，最早由卢斯提出（Luce，1959）。

卢斯考虑了关于倾向的演化的各种各样的模型。某种行动倾向，可能因采取这种行动的收益而修正，这可以通过多种形式实现，如乘性的、加性的，或它们的某种组合。在计算行动的概率时，卢斯的方法是直接对倾向进行归一化。这就是现在大名鼎鼎的卢斯线性响应规则（linear response rule）。

把倾向演化与响应规则这两个问题分开来处理，打开了构建其他可能的模型的研究思路，例如布瑟梅耶和汤森（Busemeyer and Townsend，1993）以及凯莫勒和何等人（Camerer and Ho，1999）使用的提出的逻辑斯蒂响应规则（logistic response rule）。

赫恩斯坦（Herrnstein，1970）将桑代克（Thorndike）提出的"效果律"（Law of Effect）定量化为"匹配律"（Matching Law）：选择一个行动的概率与该行动带来的累积报酬成正比。这就是说，倾向的演化方式是，将被选择的行动的收益加入对该行动的倾向中去。如果我们采用卢斯的线性响应规则，那么我们也可以推导出赫恩斯坦的配套律。赫恩斯坦报告了大量实验室实验数据，既包括人类的，也包括动物的。这些数据为该模型的广泛适用性提供了有力的支持。

有一种特殊情况，它的极限行为已经众所周知了。如果每个行动都被均等地强化，那么这种强化过程在数学上就等价于"波利亚瓮"过程（Eggenberger and Pólya，1923）。在"波利亚瓮"过程中，每个行动都用最初在瓮中的不同颜色的球来代表。这个过程收敛于一个随机极限，作为其支撑的支集是全概率单形。换句话说，倾向或概率的任何极限状态都是有可能的。

在一项开创性研究中，苏佩斯和阿特金森（Suppes and Atkinson，1960）采用了一种不同的模型，他们用马尔可夫强化学习模型来对博弈中的学习过程建模。博弈参与者在若干可选策略之间进行选择，这一点与前面那类模型相同，不同的是，每个博弈参与者得到的收益现在依赖于所有博弈参与者所选择的行动。然后，博弈参与者通过学习动力学来修改自己的选择概率。

1995年，罗思和埃雷弗在一篇论文中（Roth and Erev，1995）提出了一个基于赫恩斯坦的线性强化和响应的多主体强化模型。在这篇论文，以及随后发表的论著中，埃雷弗和罗思（Erev and Roth，1998）和贝雷比-梅耶和埃雷弗（Bereby-Meyer and Erev，1998）证明，这个模型很好地拟合了广泛的经验数据。在最近的一篇论文中，贝格斯对罗思等人的基本模型的极限行为进行了研究（Beggs，2002）。

我们在一篇论文中（Skyrms and Pemantel，2000），将罗思—埃雷弗学习的基本模型和有贴现的模型运用于对社会网络形成的研究。个体在开始与他人互动时，拥有一定的先验互动倾向。我们用两人博弈来对个体之间的互动进行建模。个人可以选择的策略是给定的,个体之间的互动通过强化学习而演化。我们对模型的分析从交友博弈模型的一系列结果开始。交友博弈模型是用来研究在"平凡"(trivial)的策略互动这种特殊情况下——进行博弈的个体之间的互动完全无足轻重——的网络形成的。然后,我们引入了"非平凡"(nontrivial)的策略互动,并证明,网络与策略的协同演化依赖于这两种演化的相对速率以及模型的其他特征。

现在这篇论文(本章)是我们在上一章研究(Skyrms and Pemantle,2000)的自然延伸。在多行为主体互动的更加丰富多彩的背景下,更多的现象涌现出来,它们包括集团(派系)的形成和亚稳定的网络连通性。这种网络连通性只出现在初始阶段,且延续时间极大地依赖于模型中的贴现参数。在 12.5.3 小节中,我们将讨论这些特征对于范围很广的一大类模型的意义。

12.3 数学背景

我们的最终目标是要解释一些重要的定性现象,例如派系的形成,或者互动频率趋向于某些极限值的倾向。在研究强化过程的数学文献中,包含了不少这些方面的结果。对有关的文献进行评述,考察一下数学家们对这种过程的分类处理,无疑是有益的,尽管我们必须超越这个层面的分析,在我们能够观察的时间尺度上,解释各种网络形成模型的行为,例如三人成群博弈模型。

强化过程可以分为两大类:俘获性的(trapping)和非俘获性的(nontrapping)。说一个过程是俘获性的,是指这种情况:所有博弈参与者的策略存在一个子集,使得每个博弈参与者都以某个正的概率总是选择这个子集中的策略。举例来说,如果行动的任何一个单向量(i)(即博弈参与者 j 的行动 i_j)的重复就足以进行自我强化,那么就会导致行动 i 永远延续,从而这个过程就是俘获性的。布什和莫斯特勒(Bush and Mosteller,1955)研究的那些动力学模型就是俘获性的,它们大多数都是逻辑斯蒂响应模型。与此不同,那些允许过去所有的时间都产生同等影响的模型,例如赫恩斯坦动力学模型和罗思—埃雷弗动力学模型,则通常不是俘获性的。

为了尽可能地使自己的模型与数据相符,罗思和埃雷弗提出了修改模型的一些思路,其中一个思路就是引入一个贴现参数 $x \in (0, 1)$。这就是说,对过去的每个阶段,都乘上$(1-x)$,从而将过去贴现。由瓮过程理论可知,这种贴现可能会导致俘获。以 H.鲁宾的定理为例(见 Davis,1990),如果通过将过去贴现来改变"波利亚瓮",那么就会出现一个时间点,在那之后,永远只有一种颜色的球被选中。在罗思—埃雷弗模型及那一类模型中,这个结果也同样成立。贴现的罗思—埃雷弗模型是俘获性的,而无贴现的罗思—埃雷弗模型则不是俘获性的。我们在上一篇论文中(Skyrms and Pemantle,2000),对几个有贴现和无贴现的博弈模型进行了研究,并分析了均衡的稳定性。我们也发现,贴现导致俘获性。我们还研究了当贴现参数接近忽略不计时俘获的稳健性。在一篇相关的论文中,玻纳西奇和利格特(Bonacich and Liggett,2003)研究了两个送礼博弈中的布什—莫斯特勒动力学。他们的模型是有贴现的,结果他们发现了一组俘获状态。

在关于强化模型的理论研究中,一般都要面对如下这个突出的问题,如果俘获性以正概率出现了,那么就应该努力去证明,俘获性必定是以 1 的概率出现的。这是一个很难解决的问题。例如,直到最近,林麦克才证明(Limic,2001),在有三个顶点的图上的强化随机行走确实如此。其证明过程非常复杂。对这些模型的数学研究,很多都是针对这些非常困难的极限问题的。而在非俘获的情况下,即使行动的选择不固定,某些行动的概率仍然可能趋近于 0。在 20 世纪 90 年代,贝纳伊姆和赫希发表了一系列论文(Benaïm and Hirsch,1995;Benaïm,1998,1999),阐明了在无贴现的罗思—埃雷弗模型中,概率会不会趋向于某个确定性的向量。

不过,从应用的角度来看,假设在某种情况下,已经证明了(或可以推定)俘获性的存在,那么我们的兴趣将主要集中在刻画那些可能会被俘获的状态的特征,并确定那些被俘获的过程在被俘获前经历了多长时间。在此不妨再回顾一下本章开头讨论的建模目标,我们最感兴趣的是,那些当参数或模型细节变化时仍然保持稳健的结果,或者,当它们不稳健时,搞清楚参数和模型细节是如何影响观察到的定性行为的。

12.4　三人成群博弈

12.4.1　模型设定

三人成群博弈是用来对来自固定种群的行为主体之间的一种三人协作

建模的。具体地说，在每一期，每个行为主体都要选出其他两个人，并与他们形成一个临时联盟；而被选中的那两个行为主体则总是同意参加。在这个过程的每一期（你或许可以把它想象成是一天），都有足够的机会让每个人发起一个三人组。因此，一个行为主体在每一期可能参加好几个临时联盟：一个是自己发起的临时联盟，再加上 0 个或多个由其他行为主体发起的临时联盟。与我们引入的交友博弈的基本模型相似（Skyrms and Pemantle，2000），三人成群博弈也有一个不变的回报结构：每个临时联盟都会带来一个完全相同的正的回报，因此参加每个临时联盟的每个行为主体选择本三人组另两个行为主体的倾向都会增加一个完全相同的正值。因此，随之而来的选择概率可以被称为多线性响应。某个行为主体选择另两个行为主体 i 和 j 组成三人组的概率正比于该行为主体选择 i 的倾向与选择 j 的倾向的乘积。除了可以实现基于一个像"匹配律"这样简单的响应机制来对自组织行为建模这个目标之外，我们构建这个模型的目的还在于，为复杂、更重要的博弈，例如 12.5 节要讨论的三人猎鹿博弈提供基础。接下来，我们给出三人成群博弈的更加正式的数学定义。

假设有一个不变的正整数 $N \geqslant 4$，它表示种群的规模。对于 $t \geqslant 0$ 和 $1 \leqslant i, j \leqslant N$，$W(i, j, t)$ 和 $U(i, t)$ 是归纳性地定义在一个共同的概率空间 $(\Omega, F, \mathbb{P})$ 上的随机变量，具体定义如下。W 变量为正的数字；U 变量是种群的子集，其基数为 3。我们可以把 U 变量想象为完全图上的随机三角形，每个顶点代表一个行为主体。变量 $U(i, t)$ 表示行为主体 i 在时间 t 发起成立的三人组。W 变量表示倾向：$W(i, j, t)$ 是博弈参与者 i 在时间 t 选择参与者 j 的倾向。初始化后的值为：对于所有的 $i \neq j$，$W(i, j, 0) = 1$，且 $W(i, i, 0) = 0$。当 e 为边（无序集合）$\{i, j\}$ 时，我们将 $W(i, j, t)$ 写为 $W(e, t)$。[需要指出的是，下面给出的演化规则意味着，对所有的 i, j 和 t，都有 $W(i, j, t) = W(j, i, t)$]。至于归纳步骤中，对于 $t \geqslant 0$，用变量 $W(r, s, t)$，$r, s \leqslant N$ 定义变量 $U(i, t)$ 的概率（更规范地说，是给定过去情况时的条件概率）；然后用 $W(i, j, t)$ 和变量 $U(r, t)$，$r \leqslant N$ 定义 $W(i, j, t+1)$。相应的方程为：

$$\mathbb{P}\left(U(i, t) = S \mid \mathcal{F}_t\right) = \frac{1_{i \in S} \prod_{r, s \in S, r < s} W(r, s, t)}{\sum_{S'; i \in S'} \prod_{r, s \in S', r < s} W(r, s, t)} \tag{12.1}$$

$$W(i, j, t+1) = (1-x)W(i, j, t) + \sum_{r=1}^{N} 1_{i, j \in U(r, t)} \tag{12.2}$$

在这里,$(1-x)$为每单位时间的贴现因子,用它来将过去贴现。作为条件的 σ 域为直至时刻 t 的过程:

$$\mathcal{F}_t := \sigma\{W(i,j,u) : u \leqslant t\}$$

对于演化方程式(12.1),有时也采用另一种表达式,对于那些熟悉解析计算的人来说,它很有用,例如,请参阅佩曼特尔的论文(Pemantle, 1992)。这种表达式通常用于将这种过程还原为一个随机逼近。例如,试考虑如下的归一化矩阵:

$$\boldsymbol{W}_t := \frac{1}{\sum_{i,j} W(i,j,t)} W(\bullet, \bullet, t)$$

作为状态向量,那么就变成了一条渐近时间齐次马尔可夫链,其演化规则为:

$$\mathbb{E}(\boldsymbol{W}_{t+1} - \boldsymbol{W}_t \mid \mathcal{F}_t) = g(t)[\mu(\boldsymbol{W}_t) + \xi_t] \tag{12.3}$$

其中,$g(t) = x + O(1/t)$。漂移向量场 μ 将归一化矩阵的单形映射到它的切空间,并且也许可以明确地计算出来;式中的 ξ_t 为鞅增量,其阶为 1。在无贴现的情况下,$g(t) = O(1/t)$。关于这个过程的长期行为,很多信息都可以通过对流 $dX/dt = \mu(X)$ 进行分析而获得(Benaïm, 1999)。在有贴现的情况下,$g(t)$不会趋向于 0,这时就需要一个替代分析。

12.4.2 模型分析

给定参数 n 和 x,式(12.1)和式(12.2)就完全设定了模型。在种群规模为 $6(N=6)$ 时运行的计算机仿真的结果揭示了系统的如下行为特征。

当 $x = 0.5$ 时[这是一个相当高的贴现率,但是在心理学的实验室实验中绝非闻所未闻(Busemeyer and Stout, 2002)],在全部 1 000 次计算机仿真实验中,种群都分裂成了规模为 3 的两个派系,而且两个派系之间不存在跨派系互动。当种群规模更大时,用相同的贴现率,种群也会分裂成派系,其规模分别为 3、4 或 5;同样,派系的每个成员都只与同一派系的其他成员互动。

当 $N = 6$,$x = 0.4$ 时,我们发现,在总共 1 000 次计算机仿真实验中,有 994 次种群分裂成了各有 3 个成员的 2 个派系(我们让计算机仿真运行了 1 000 000 万期)。但是,当 x 降低到 0.3 时,1 000 次计算机仿真实验中就只有 13 次分裂成派系了,在其余的计算机仿真实验中,种群的所有 6 名成员在

1 000 000 期里的互动一直保持着高连通性。最后，当 $x = 0.2$ 时（对个人来说，这是一个合理的贴现率，但是仍然比大多数经济模型中的贴现率都要高），1 000 次计算机仿真实验中没有一次形成派系。种群的所有 6 名成员在 1 000 000 期之后仍然保持着高连通性。

为了更加合理地阐发这些结果的意义，我们注意到，很多学者都在利用实验室实验的数据估计贴现率，他们试图得到一个能够最好地拟合在实验室中进行罗思—埃雷弗学习博弈时得到的汇兑数据的贴现率。根据贝雷比-梅耶和埃雷弗（Bereby-Meyer and Erev, 1998）给出的数据，对 x 的最佳估计为 x 小于 0.01。但是，贴现率似乎有非常大的个体差异，有些个体的贴现率接近 0.5，有些个体的贴现率却很低；而且，无论是在人类社会，还是在其他生物系统，当环境不同时，贴现率也可能有很大不同。

计算机仿真数据可以总结如下：高贴现率导致俘获性，在高贴现率下，每个行为主体都只选择自己所在的规模为 3 的那个派系的其他 2 个成员来互动（如果种群规模更大一些，则派系的规模可能为 4 或 5）。较低的贴现率导致较少的俘获性，或者根本没有俘获性。有意思的是，上述计算机结果与下面的定理 1 是矛盾的（定理的证明见本章附录 A）：

定理 1　在三人成群博弈中，只要种群规模 $N \geqslant 6$，对于任何贴现率 $x \in (0, 1)$，种群分裂为若干派系的概率为 1，派系的规模可能是 3、4 或 5。每个派系的每个成员都以正的极限频率选择该派系的每个其他成员。某个派系的每一个成员，都只在某个有限的时间内选择派系外的个体互动。所有这些规模为 3、4 或 5 的派系出现的概率都为正。

换句话说，尽管计算机仿真数据揭示了相反的结论，但是根据定理 1，俘获性总是会出现。种群总是会分裂成规模为 3、4 或 5 的派系，从而在演化的道路上布满了"陷阱"。仿真实验结果与定理 1 之间出现了显而易见的矛盾！不过，这个冲突可以通过下面的定理 2 解决——定理 2 的证明请参阅我们的另一篇论文（Pemantle and Skyrms, 2004）。该定理指出，贴现因子 $(1 - x)$ 趋近于 1 的时候，形成派系所需的时间是呈现指数增加的（以 $1/x$ 为指数）。

定理 2　对于每一个 $N \geqslant 6$，总是存在一个 $d > 0$ 和数字 $c_N > 0$，使得在一个有 N 个博弈参与者，且贴现率为 $(1 - x)$ 的三人成群博弈中，每个博弈参与者至少以 d 的概率与每个其他参与者博弈 $\exp(c_N x^{-1})$ 的时间。

12.5 三人猎鹿博弈

12.5.1 模型的设定

现在,我们用一个非平凡的博弈,即从卢梭的猎鹿博弈扩展而来的三人猎鹿博弈来取代上述三人成群博弈中的一致正回报结构。在我们现在这个猎鹿博弈中,行为主体被分为两种类型,即猎兔者和猎鹿者。也就是说,我们先设定策略选择是不变的,或者至少在网络演化正在发生这个时间尺度内是不变的。对于一个猎兔者来说,无论与他一起出去打猎的另两个猎人到底是猎鹿者还是猎兔者,他都可以带一只兔子回家(因为一个人就能猎到兔子)。但是另一方面,对于一个猎鹿者来说就不同了,除非三个人全都是猎鹿者,不然他就会空手而归;而在三个人都是猎鹿者的情况下,每个猎鹿者都可以带回家三分之一只鹿。三分之一鹿比一只兔子好,但是猎鹿的风险显然更高,因为三个人当中只要有一个人觉得稳妥为上,决定去猎兔,那么坚持猎鹿的人就会一无所获。与在三人成群博弈中一样,三人猎鹿博弈的参与者要在每一期选择两个人结成一个三人组或临时联盟。三人猎鹿博弈的收益:无论参加的是什么样的三人组,猎兔者都可以获得 3 的收益;猎鹿者如果参加的一个由三个猎鹿者组成的三人组,那么收益为 4,否则为 0。正式的模型如下。

令 $N = 2n$ 表示种群的规模,并令 $x \in (0, 1)$ 为贴现参数。仍然在一个共同的概率空间 $(\Omega, F, \mathbb{P})$ 上定义变量 $\{W(i, j, t), U(i, t) : 1 \leqslant i, j \leqslant N; t \geqslant 0\}$,其中 W 变量取正值,它代表倾向;而 U 变量则在 $\{1, 2, \cdots, N\}$ 的子集中取值,其基数为 3,该变量表示对三人组的选择。与前面的三人成群博弈中一样,我们对变量进行初始化,令其值为 $W(i, j, 0) = 1 - \delta_{ij}$。我们也像以前一样运用线性响应机制[式(12.1)]。但是现在回报结构不再是无足轻重的了[式(12.2)],倾向按如下的狩猎边界而演化:

$$W(i, j, t+1) = (1-x)W(i, j, t) + 3 1_{i \leqslant n} \sum_{r=1}^{N} 1_{i, j \in U(r, t)} + 2 1_{i > n}$$

$$\sum_{q, r, s=n+1}^{N} 1_{i \in U(q, t) = \{q, r, s\}} \tag{12.4}$$

式中最后一个和项前面的系数为 2,是因为该和项数行为主体 q 选择的三人组$\{q,r,s\}$两次,即(q,r,s)和(q,s,r)。

12.5.2 模型分析

猎鹿者选择猎兔者的倾向保持在其初始值上,而猎鹿者选择其他猎鹿者的概率则为极限概率1。猎鹿者永远不会受到猎兔者的选择的影响,因此猎鹿者精确地模仿了三人成群博弈的参与者只在自己人之间互动的做法。两者所不同的只是猎鹿者偶尔会选择猎兔者互动,至时刻t,这种互动的次数只有$O(\log t)$,均匀地分布在x上。因此,我们知道,他们最终都会进入规模为3、4和5的小集团(派系),但是,如果贴现系数很小,这将需要相当长的时间。

猎兔者可能也会形成规模为3、4和5的派系,但是因为他们在选择猎鹿者时也会得到回报,所以他们还可能"攀附"到猎鹿者的派系上去。被猎兔者选择的猎鹿者有自己所属的派系,因而会忽略猎兔者,尽管他们偶尔会被猎兔者漫无目的地拜访。这种攀附可能是一个猎兔者连续地拜访一对猎鹿者,也可能是两个猎兔者不停地拜访一个猎鹿者。无论在哪一种情况下,这一个或两个猎兔者都将与所有其他猎人孤立开来,除了被他们选中攀附的猎鹿者之外。

在这里,重要的不是俘获状态的细节,而是陷阱形成所需的时间的多少,以及猎兔者最终被一个次优的陷阱俘获的可能性的高低。[①] 这种可能性随着贴现率的下降而减小的原因如下。极少数猎兔者选择与猎鹿者"交往",但这里是一种"单相思",猎鹿者不会"礼尚往来"。另一方面,当猎兔者选择与其他猎兔者一起去打猎的时候,共同的成功则会开启未来"礼尚往来"相互邀请的可能性。相互邀请并获得成功,增强了猎兔者选择其他猎兔者的初始倾向。因此,平均而言,对于某个猎兔者来说,发起一个猎兔者"派对"的倾向会增加,而拜访猎鹿者的倾向会减弱,而且前者的速度比后者更快。因此,相对权重会向猎兔者形成派系的方向漂移。贴现参数x越小,这种情况发生的可能性越高——在某个猎兔者被锁入某个特定的派系之前。

计算机仿真结果表明,猎鹿者发现彼此的速度非常快。在种群由6个猎鹿者和6个猎兔者组成、贴现率为0.5的情况下,猎鹿者拜访一个猎兔者的概率通常在短短25次迭代后就下降到了0.5%以下。在我们进行的1 000次计算机仿真实验中,运行50次迭代之后,这种情况肯定会发生。对于介于 0.5 至 0.1 之间的任何 x 值，上述结果仍然成立。对于 $x = 0.01$，100 次迭代就足够了；即便是对于 $x = 0.001$，也只需 200 次迭代就足够了。不过，猎兔者发现猎兔者的速度要慢一些，而且它们还可能被锁入在与猎鹿者的互动当中。当对过去的贴现率很高时，后面这种可能性就会成为一个严重的问题。当 $x = 0.5$ 时，在 1 000 次计算机仿真实验中，至少有一个猎兔者与一个鹿猎者互动（在 10 000 次迭代之后）的情况出现了 384 次。当 $x = 0.4$ 时，1 000 次计算机仿真实验中出现了 217 次。随后，当 $x = 0.3$、0.2 和 0.1 时，这个数字又相应地下降到了 74、6 和 0。另外，猎鹿者之间形成稳固的派系的速度比 12.4 节所述的三人成群博弈模型中慢得多，当 $x = 0.5$ 时，大约需要 100 000 次迭代；而当 $x = 0.6$ 时，则需 1 000 000 次以上的迭代。

12.5.3　一般原则

本章讨论的两种模型都是高度理想化的。但是从这些模型中，我们还是可以总结出一些一般性的原则的，它们可以用于分析更加广泛的模型。

当 x 接近于 0 时，系统的行为在很长一段时间内都类似于无贴现系统（即 $x = 0$）。而要想透彻地理解无贴现过程，根据贝纳伊姆（Benaïm，1999）提出的思路，我们必须找到流 $\mathrm{d}\boldsymbol{X}/\mathrm{d}t = \mu(\boldsymbol{X})$ 的均衡，并分析它们的稳定性。在一般情况下，不稳定的均衡是不重要的。无贴现过程不能收敛到该流的不稳定均衡。（然而，在不稳定均衡的效果可能会持续相当长一段时间的情况下，就不是这样了。见 Pemantle and Skyrms，2003。）

在上述流的稳定均衡有可能是，也有可能不是对应的有贴现的随机过程的可能俘获状态。在这方面，最有趣的例子也许是三人成群博弈模型中的一种情况，在那里，流的稳定均衡并不是有贴现过程的可能俘获状态。在有 6 个个体的三人成群博弈中，每个个体以相同的概率选择每一对同伴这种状态是流的稳定均衡。然而正如我们已经看到的，它并不是有贴现过程中的陷阱状态。在有贴现的过程中，可能会出现"伪陷阱"，也就是说，可能在那里停留很长一段时间。

这其实是一个普遍现象。当流的稳定状态对有贴现过程并不具有俘获性时，就有可能出现这样的伪俘获。对于这种现象，定理 2 的结论（对于对应于无有贴现过程的流），可以非常稳健地扩展到更广泛的一类线性稳定状态，在有贴现过程中，它们是非俘获性的（Pemantle and Skyrms，2004）。

12.6 结论

我们的分析支持了苏佩斯和阿特金森，以及罗思和埃雷弗强调的重点，即必须关注模型在中期的角度的经验意义。长期的极限行为很可能根本无法被观察到。对我们可以预期的、能够持续下去的中期行为的时间尺度进行定量分析是有意义的，在这方面，定理 2 可以说是一个比较典型的结果。事实上，定理 2 还得到了一个更强的定理的支持（Pemantle and Skyrms，2004，Theorem 4.1），该定理适用于各种贴现率变得微不足道的俘获模型。考虑到中期行为的性质，许多分析都将是模型依赖的。

附录：定理 1 的证明

设 $g(t)$ 为这样一个图，它的边都是 e，使得对于某些 i，有 $e \subseteq U(i, t)$，这是当时间从 t 变为 $(t+1)$ 时权重会上升的那些边的边集。下面这两个容易证明的引理刻画了一些有益的估计。

引理 1 （i）

$$\sum_e W(e, t) \to 3Nx^{-1}$$

当 $t \to \infty$，指数型快速增大。

（ii）如果 $e \in G(t)$，那么：

$$W(e, t+k) \geqslant (1-x)^{k-1}$$

证明：第一部分是总权重演化的结果：

$$\sum_e W(i, t+1) = (1-x) \sum_e W(e, t) + 3N$$

第二部分可以从第一部分得出；根据 $e \in G(t)$ 则 $W(e, t+1) \geqslant 1$ 这一事实，有：

$$W(e, t+k) \geqslant (1-x)^{k-1}$$

令 $\bar{G}$ 表示图 G 的传递（漫反射）闭包，这样 $\bar{G}$ 就是包含 G 的完全图的最

小不相交并集。□

引理 2　存在依赖于 N 和 x 的常数 c，使得每条边 $e \in \overline{G(t)}$ 至少以概率 c 满足

$$W(e, t+N^2) \geqslant (1-x)^{N^2} \qquad (12.5)$$

证明：设 H 是 $G(t)$ 的连接分支。固定一个顶点 $v \in H$，并令 w 为 H 的任何其他顶点。存在一条从 v 到 w 的长度最多为 N 的路径，将这条路径用 $(v=v_1, v_2, \cdots, v_r=w)$ 来表示。如果 $r=2$，则对于 $e \in G(t)$ 不等式 (12.5) 可以从引理 1 得出。如果 $r \geqslant 3$，那么我们就令 $E(H, v, w, 1)$ 表示这个事件，对于每一个 $2 \leqslant j \leqslant r-1$ 中，边 $\{v_{j-1}, v_{j+1}\}$ 都必定位于 $G(t+1)$ 中。由于该事件包含了 $U(v_j, t) = \{v_j, v_{j-1}, v_{j+1}\}$ 各事件在 r 的交，又因为引理 1 确定了这些概率的下界，又由于给定 F_t 时这些事件都是条件独立的，所以我们可以给出 $E(H, v, w, 1)$ 的概率的下限。在一般情况下，对于 $1 \leqslant k \leqslant r-2$，令 $E(H, v, w, k)$ 表示如下事件，即对于每一个 $2 \leqslant j \leqslant r-k$，边 $\{v_{j-1}, v_{j+k}\}$ 都必定位于 $G(t+k)$。不难看出，对于所有 $l < k$，依赖于 $E(H, v, w, l)$，给定 F_{t+K-1} 时，$E(H, v, w, k)$ 的条件概率可以界定如下：引理 1 从下面限定了乘积 $W(v_j, v_{j-1}, t)W(v_j, v_{j+k}, t)$，从而限定了 $U(v_j, t) = \{v_j, v_{j-1}, v_{j+k}\}$ 的概率；这些条件独立概率相乘就可以证明上述引理，其边界仅取决于 x 和 N。

从上面的证明过程中，我们看到，交 $E(H, v, w) := \bigcap_{1 \leqslant k \leqslant r-2} E(H, v, w, k)$ 有一个被从下方限定的概率。有顺序地，我们选出 w 值的一个序列，将 H 中与 v 的距离为 $r(w)-1 \geqslant 2$（以 H 为度量尺度）的所有点都尝试一遍。对于每一个这样的 w，我们可以确定其概率的下界，因为在 $(r-2)$ 期之内，从 v 到 w 的路径就可传递地完成了。我们把这些事件表示为 $E'(H, v, w)$，其中的角分号表示使得 $E(H, v, w)$ 的事件得以依次发生的时移。把遍历所有 $w \in H$ 的时间加总到一起，最多只需要 N^2 期。令 $E(H, v)$ 表示所有事件 $E'(H, v, w)$ 的交。总结以上，我们可以看到，$E(H, v)$ 的概率的下界为一个正数，其值只取决于 N 和 x。

最后，我们让 (H, v) 随 H 耗尽 $G(t)$ 各分支而变化，并令 v 为 H 的顶点上的一个选择函数。各事件 $E(H, v)$ 全都有条件地独立于给定的 F_t，因此它们的交的概率 E 是以一个正常数为下界的，这就是我们所称的 c。再一次，我们由引理 1 可知，在 E 上，式 (12.5) 对每个 $e \in \overline{G(t)}$ 都成立。□

定理 1 的证明：对于行为主体的任何子集 V，令：

$$E(V, t) := \bigcap_{s \geq t} \bigcap_{v \in V, w \in V^c} \{\{v, w\} \notin G(s)\}$$

表示从时刻 t 以后，V 与它的补分开来这个事件。如果 V 是 $G(t)$ 的一个分支的顶点集合，那么给定 F_t，事件 $E(V, t)$ 的条件概率的下限可以按如下方法确定。对于任何 $v \in V$，$w \in V^c$，以及任何 $s \geq t$，如果对于任何 $t \leq r < s$，边 $e := \{v, w\}$ 都不在 $G(r)$ 中，那么根据引理 1 的第一部分，它的权重 $W(e, s)$ 最多为 $(1-x)^{s-t}3Nx^{-1}$。由于对于所有 v, z, s 都有 $\Sigma_z W(v, z, s) \geq 2$，因此从演化方程可得：

$$\mathbb{P}\left(e \in G(s) \mid F_s\right) \leq \frac{(1-x)^{s-t}3Nx^{-1}}{2 + (1-x)^{s-t}3Nx^{-1}}$$

从中又可推出：

$$\mathbb{P}\left(\exists v \in V, w \in V^c : \{v, w\} \in G(s) + \mathcal{F}_s\right) = O\left(Nx^{-1}(1-x)^{s-t}\right)$$

当 $s-t \to \infty$ 时，在 N，x 和 t 上是均匀的（尽管在 N 和 x 上的均匀性并不是必要条件）。由条件波莱尔—坎泰利引理（Borel-Cantelli Lemma）可以推出，对于 V 为 $\overline{G(t)}$ 的一个分支的顶点集这一事件，有：

$$\mathbb{P}\left(E(V, t) \mid F_t\right) > c(N, x) \tag{12.6}$$

在条件波莱尔—坎泰利引理的反方向，对于某些 t，事件 $E(V, t)$ 发生的概率为 1，只要 V 为 $\overline{G(t)}$ 的一个分支这个事件无限频繁地发生。令 $e = \{v, w\}$ 为任何边。如果 $e \notin \overline{G(t)}$ 无限频繁，那么由于只存在有限多个顶点的子集，不难推出如下结论：对于作为 $G(t)$ 的不相交的分支 V 和 W，有 $v \in V$ 和 $w \in W$。这也就意味着 $e \notin \overline{G(t)}$ 是有限频繁的。至此，我们已经证明，边几乎可以肯定有两种类型：在 $\overline{G(t)}$ 有限频繁的那些，以及在 $\overline{G(t)}$ 几乎有限频繁的那些。而这又进一步意味着，$\overline{G(t)}$ 最终是恒定不变的。将这个几乎肯定的极限记为 G_∞。接下来的任务就是把 G_∞ 刻画清楚。

很显然，G_∞ 不包括任何规模小于 3 的分支，因为 $G(t)$ 是所有 $U(i, t)$ 三角形的并集。设对于某些基数至少为 6 的 H，$\overline{G(t)} = H$。根据引理 2，以 F_t 和 $\overline{G(t)} = H$ 为条件，对于每一个 $e \in H$，有：

$$W(e, t + N^2) \geq \frac{(1-x)^{N^2}}{3N}$$

将 H 写为作为集合 J 和 K 的不相交的并集(集合 J 和 K 的基数至少为 3),从而:对于每个 $i \in J$,有 $U(i, t+N^2) \subseteq J$;对于每个 $i \in K$,有 $U(i, t+N^2) \subseteq K$ 的概率至少为:

$$\left(\frac{(1-x)^{N^2}}{3N + (1-x)^{N^2}}\right)^{|J|+|K|}$$

在这种情况下,$\overline{G(t+N^2)}H$ 有一些分支恰恰是 H 的真子集。根据鞅收敛定理:

$$\mathbb{P}(H \text{ 是 } G_\infty \text{ 的一个分支} \mid \mathcal{F}_t)$$

以 1 的概率收敛向 H 是 G_∞ 的一个分支的指示函数。从上面的计算过程可知,当 H 基数为 6 或更多时,$\mathbb{P}(H \text{ 是 } G_\infty \text{ 的一个分支} \mid \mathcal{F}_t)$ 是不可能收敛到 1 的。因此,G_∞ 的每一个分支的基数都只能是 3、4 或 5。

接下来要证明定理的其余部分就很容易了。令 V_1, V_2, $\cdots$, V_k 为 $[N]$ 的任何一个分割,进入基数为 3、4 和 5 的集合中。对式(12.6)求导,可以证明:

$$P\left(\bigcap_{j=1}^{k} E(V_j, 1)\right) > 0$$

换句话说,G_∞ 有 k 有个恰好 V_1, V_2, $\cdots$, V_k 上的完全图的概率为正。很基本的一点是,在三人成群博弈的两个过程,即种群规模分别为 N 和 $K < N$(但贴现率 x 的值相等)的两个过程之间能够产生耦合,使得如果 $\{\tilde{W}(i, j, t), \tilde{U}(i, t)\}$ 是较小的种群的权重和选择变量,那么对于一切 $t < \tau$,都有 $\tilde{U}(i, t) = U(i, t)$ 和 $\tilde{W}(i, j, t+1) = W(i, j, t+1)$,其中 τ 是第一个 $U(i, t)$ 包含 $[K]$ 与 $\{K+1, \cdots, N\}$ 之间的一条边的时期,它可能是无穷远的某个时期。在一般情况下,利用耦合方法可以证明,如果 $\mathbb{P}(G_\infty = G_0 \mid t) > 1-\varepsilon$,那么三人成群博弈从时间 t 往后的过程,给定 $\mathcal{F}_t$ 和 $G_\infty = G_0$,移回 t 期并限于 G_∞ 的一个分支 H 的条件概率,落在了在 H 上以初始权重 $W'(i, j, 0) := W(i, j, t)$ 开始的三人成群过程的分布的总变异的 ε 之内。□

当种群规模为 3、4 或 5 时,三人成群博弈在任何贴现率 $1-x < 1$ 下,都是一个遍历性的过程。要证明这一点,只需注意到,状态空间为 W 变量的集合的马尔可夫链是哈里斯递归(Harris recurrent)的,这是引理 2 的一个后果。这一不变测度给每个边赋予正频率,从而每个行为主体以正频率选择彼此。这样就证明了定理 1。

致　谢

本研究的资助部分源于美国国家科学基金会(♯DMS0103635)。

注　释

① 在这个模型中,由于允许每个行为主体在每一期都形成任意数量的临时联盟,所以次优性不是通过猎鹿者时间被浪费表现出来的。相反,它是一种"社交机会成本"(societal opportunity cost),由所有猎兔者承担,从而有利于猎鹿者。

参考文献

Beggs，A.(2002) "On the convergence of reinforcement learning." Preprint Oxford Economics Discussion Paper 96，1—34.

Benaïm，M.(1998) "Recursive algorithms, urn processes and chaining number of chain-recurrent sets." *Ergodic Theory and Dynamical Systems* 18:53—87.

Benaïm，M.(1999) "Dynamics of Stochastic approximation algorithms." *Seminaires de Probabilités XXXIII*. Lecture Notes in Mathematics，vol.1709:1—68. Berlin: Springer.

Benaïm，M. and M. Hirsch(1995) "Dynamics of Morse-Smale urn processes." *Ergodic Theory and Dynamical Systems* 15:1005—30.

Bereby-Meyer，Y. and I. Erev(1998) "On learning to become a successful loser: a comparison of alternative abstractions of learning processes in the loss domain." *Journal of Mathematical Psychology* 42:266—86.

Bonacich，P. and T. Liggett(2003) "Asymptotics of a matrix-valued Markov chain arising in sociology." *Stochastic Processes and their Applications* 104:155—71.

Busemeyer，J. and J. Stout(2002) "A contribution of cognitive decision models to clinical assessment: decomposing performance on the Bechara Gambling Task." *Psychological Assessment* 14:253—62.

Busemeyer，J. and J. Townsend(1993) "Decision field theory: a dynamic-cognitive approach to decision making in an uncertain environment." *Psychological Review* 100:432—59.

Bush，R. and F.，Mosteller(1955) *Stochastic Models for Learning*. New York: Wiley.

Camerer，C. and T. Ho(1999) "Experience-weighted attraction in games." *Econometrica* 64:827—74.

Coppersmith，D. and P. Diaconis(1997). Unpublished manuscript.

Davis, B. (1990) "Reinforced random walk." *Probability Theory and Related Fields* 84:203—29.

Davis, B. (1999) "Reinforced and perturbed random walks. Random Walks." *Bolyai Society Mathematical Studies* 9:113—26(Budapest, 1998).

Eggenberger, F. and G. Pólya(1923) "Uber die Statistik verketter vorgäge." *Zeitschrift für Angewandte Mathematik und Mechanik* 1:279—89.

Erev, I. and A. Roth(1998) "Predicting how people play games: reinforcement learning in experimental games with unique mixed-strategy equilibria." *American Economic Review* 88:848—81.

Herrnstein, R. J. (1970) "On the law of effect." *Journal of the Experimental Analysis of Behavior* 13:243—66.

Limic, V. (2001) "Attracting edge property for a class of reinforced random walks." Preprint. ⟨http://www.math.cornell.edu/limic/⟩.

Luce, D. (1959) *Individual Choice Behavior*. New York: Wiley.

Pemantle, R. (1988) "Phase transition in reinforced random walk and RWRE on trees." *Annals of Probability* 16:1229—41.

Pemantle, R. (1992) "Vertex-reinforced random walk." *Probability Theory and Related Fields* 92:117—36.

Pemantle, R. and B. Skyrms(2003) "Reinforcement Schemes May Take a Long Time to Exhibit Limiting Behavior." In preparation.

Pemantle, R. and B. Skyrms(2004) "Time to absorption in discounted reinforcement models." *Stochastic Processes and their Applications* 109:1—12.

Roth, A. and I. Erev(1995) "Learning in extensive form games: experimental data and simple dynamic models in the intermediate term." *Games and Economic Behavior* 8, 164—212.

Skyrms, B. and R. Pemantle(2000) "A dynamic model of social network formation." *Proceedings of the National Academy of Sciences of the United States of America* 97:9340—6.

Suppes, P. and R. Atkinson(1960) *Markov Learning Models for Multiperson Interactions*. Palo Alto, CA: Stanford Univ. Press.

13

贴现强化模型中的吸收时间[*]

13.1 引言

自从学者们引入"波利亚瓮"过程以后（Eggenberger and Pólya，1923），在随机模型中将似然性随自身的累积频率而增加这种机制结合进来的研究已经屡见不鲜了。对这类模型的数学处理通常出现在以下几支文献中：随机逼近，其开创者为罗宾斯和门罗（Robbins and Monro，1951）；"波利亚瓮"模型（Freedman，1965）；强化随机游走（Pemantle，1990；Limic，2003）。此外，也出现在研究随机系统与它们的确定性平均场动力学系统的关系的文献中（Benaïm and Hirsch，1995；Benaïm，1996）。

这些过程，在数学界内部都称为强化过程，但是心理学家长期以来也一直在用它们来对强化学习建模（Bush and Mosteller，1955；Iosifescu and Theodorescu，1969；Norman，1972；Lakshmivarahan，1981）。逐渐地，越来越多的社会科学家接受了强化模型。作为互动模型，它们被用来对体现为网络形成或策略适应的集体学习建模。例如，社会学家所研究

---

[*] 本文与罗宾·佩曼特尔合写。

的"小世界"网络现象（Watts and Strogatz，1998；Barrat and Weigt，2000）、相互认可的二人组的形成（Flache and Macy，1996）、经济学家所研究的演化博弈论（Maynard Smith，1982）、策略学习（Fudenberg and Kreps，1993；Roth and Erev，1995），以及策略学习与网络结构的互动（Ellison，1993；Anderlini and Ianni，1997）。这些模型旨在探索这样的机制：尽管行为主体只拥有不完全信息，而且是有限理性的（或不是非常精明），但是他们仍然通过应用简单的规则使社会结构出现对自己有利的变化。

到目前为止，也许是因为缺乏关于简单的局部规则的认识（或者也可能是因为建模者缺乏想象力），绝大多数强化模型都可以归为两类。第一类是对过去均匀加权的模型，上面提到过的瓮模型、随机近似模型和强化随机游走模型都属于这一类，罗思和埃雷弗（Roth and Erev，1995）在经济学中提出那个博弈论模型也属于这类模型。均匀加权意味着，从第$(n-1)$期到第n期这一步，只代表了截至第n期的"总学习"的$1/n$这一小部分，这样一来，人们就可以得到一个非时间齐次的过程，其中的隐藏变量在时间n的变化的数量级为$1/n$。第二类是对过去指数型加权或过去被遗忘的模型。20世纪60年代和70年代提出的一系列学习模型（Iosifescu and Theodorescu，1969），以及经济学中的许多重复博弈模型（如Bonacich and Liggett，2002），都属于这一类。在这些模型中，当前的权量渐近等于贴现参数x。贴现参数x是这样定义的，某个行动t期后应被加权$(1-x)^t$。或者更准确地说，从第$(n-1)$期到第n期在截至第n期的总学习中所占的比例，大致为$1/n$和x之间的最大值。

本章关注的主要问题是，当$x \to 0$时，有贴现过程如何接近于无贴现过程。在这两种情况下的长期行为存在着质的不同。对于无贴现过程，各种关于极限性质的定理主要是在对动力学系统加以随机扰动这种研究框架中获得的。通常情况下，随机系统会收敛到动力学系统的极限点或极限环，这对应于随机系统的平均运动（Benaïm and Hirsch，1995）。随机极限在弱稳定均衡上有支持（Pemantle，1990），尽管系统可能长时间地保持在接近不稳定均衡点的位置（关于连续时间下存在的这种现象，请参阅 Benjamini and Pemantle，2003）。

我们在本章研究的有贴现过程存在俘获状态（某条链最终要落入的状态）。玻纳西奇和利格特（Bonacich and Liggett，2002）的互惠模型，也是这种类型的。（还有另一种有贴现过程，我们在这里暂且不研究它。这种有贴现过程收敛于一个遍历马尔可夫链,例如请参见:Iosifescu and Theodorescu,1969。)从我们要研究的当贴现率趋于 0 时发生过渡的角度来看,最有意思的情况应当是:在无贴现过程中,俘获状态与稳定均衡是不相交的。有贴现过程的俘获状态必定是无贴现过程的均衡,但是,当所有俘获状态都是不稳定的均衡时(或者等价地,无贴现过程的所有稳定均衡都是无贴现过程的非俘获状态时),有贴现的行为与无贴现的行为之间的矛盾就趋于最大化。

对上述过渡进行非正式的描述并不困难。当贴现率趋近于 0,有贴现过程表现得像无贴现过程的时间将变得非常长,然后突然被某个陷阱俘获。当然从理论上看,当贴现参数为 x 时,至少需要数量级为 $1/x$ 的时间,系统才能"注意"到存在贴现这回事。但是事实上,由于在这个阶段已经存在学习,因此系统将花费 $\exp(cx^{-1})$ 数量级的时间去发现一个陷阱并落入其中。其实,只要稍稍花点力气计算一下,就不难推测到这一点。我们在这里之所以要进行严格证明,主要动机是想解释为什么仿真数据会与很容易就能证明的极限定理有冲突。原因要从时间尺度上去找。计算机仿真所指向的时间尺度(更加不用说计算机仿真所建模的现实世界中的任何实际现象的时间尺度了)从来没有接近过找到一个陷阱所需的时间。

在本章中,我们的目的就是要从各个角度证明这一点。在 13.2 节中,我们给出了一个三人互动模型,写作本章的初始动机就源于这个模型。13.3 节则介绍了一个简单的过程,它是构建前述三人互动模型的一个基础构件。对于这个过程,我们将证明,不但关于俘获次数的结果是可以得到的,而且可以计算出正确的常数。13.4 节则证明了,$\exp(cx^{-1})$ 数量级的等待时间这个结果适用于一大类模型,但是正确 c 值无法得出。我们利用简单的线性代数知识就证明了,这个结论适用于 13.2 节的三人互动模型。

13.2 三人成群博弈:一个三人互动模型

如下所述的这个过程最先出现在佩曼特尔和斯科姆斯的一篇论文中(Pemantle and Skyrms,2003)。在那里,它被称为"三人成群博弈"。之所以要构建这个模型,主要是因为可以用它来说明三人猎鹿博弈中的三人协作的形成(卢梭当初提出的是两人猎鹿博弈)。给定一个不变的正整数 $N \geqslant 4$,代表种群规模。对于 $t \geqslant 0$ 和 $1 \leqslant i, j \leqslant N$,在共同的概率空间 $(\Omega, \mathscr{F}, \mathbb{P})$

上定义随机变量 $W(i, j, t)$ 和 $U(i, t)$。具体定义如下：W 变量为正的数字；U 变量是种群的子集，其基数为 3。读者不妨把 U 变量想象为完全图上的随机三角形，每个顶点代表一个行为主体。各变量的初始值为：对于所有的 $i \neq j$，$W(i, j, 0) = 1$，而 $W(i, i, 0) = 0$。归纳步骤是，对于 $t \geqslant 0$，用 $W(r, s, t)$，$r, s \leqslant N$ 定义变量 $U(i, t)$ 的概率（更规范地说，是给定过去的情况时的条件概率）；然后用 $W(i, j, t)$ 和变量 $U(r, t)$，$r \leqslant N$ 定义 $W(i, j, t+1)$。相应的方程为：

$$\mathbb{P}\left(U(i, t) = S \mid \mathscr{F}_t\right) = \frac{1_{i \in S} \Pi_{r, s \in S, r<s} W(r, s, t)}{\sum_{S'; i \in S'} \Pi_{r, s \in S', r<s} W(r, s, t)} \tag{13.1}$$

$$W(i, j+1) = (1-x)W(i, j, t) + \sum_{r=1}^{N} 1_{i, j \in U(r, t)} \tag{13.2}$$

在这里，$(1-x)$ 为每单位时间的贴现因子，用它来将过去贴现。作为条件的 σ 域为直至时间 t 的过程：

$$\mathscr{F}_t := \sigma\{W(i, j, u) : u \leqslant t\}$$

我们可以考虑将如下的归一化矩阵：

$$\mathbf{W}_t := \frac{1}{\sum_{i, j} W(i, j, t)} W(\cdot, \cdot, t)$$

作为状态向量，那么这就变成了一条渐近时间齐次马尔可夫链，其演化规则是大家熟悉的形式：

$$E(\mathbf{W}_{t+1} - \mathbf{W}_t \mid \mathscr{F}_t) = g(t)[\mu(\mathbf{W}_t) + \xi_t] \tag{13.3}$$

在这种情况下，$g(t) = 1/x + O(1/t)$。漂移向量场 μ 将归一化矩阵的单形映射到它的切空间，并且也许可以明确地计算出来；式中的 ξ_t 为鞅增量，其阶为 1。

　　这些方程模型化了如下这样一种互动：每个行为主体 i 在每一期 t 邀请另外两个行为主体一起参加游戏。[①] 对于每个行为主体 i，他选中的三人组是从所有包含他的可能的三人组中选择出来的，依据的是权重的乘积 $W(i, \cdot, t)$。因此，行为主体 i 形成三人组 $\{i, j, k\}$ 的概率正比于 $W(i, j, t)W(i, k, t)$。在这轮游戏结束后，美好的记忆留了下来：三个权重 $W(i, j, t)$、$W(i, k, t)$、$W(j, k, t)$ 每一个都增加了 1，但是与此同时，过去的记

忆却有 x 部分被遗忘了。在这里,为了便于"记录",无序对的权重被定义为有序对的对称权重,权重 $W(j,i,t)$、$W(k,i,t)$、$W(k,j,t)$ 也都分别增加了。当 e 为边(无序集)$\{i,j\}$ 时,我们将 $W(i,j,t)$ 记为 $W(e,t)$。

我们证明(Pemantle and Skyrms, 2003a),网络总是会分裂成小集团(派系),互动将只发生在小集团内部。

  定理 1 在三人成群博弈中,只要种群规模 $N \geqslant 4$,同时贴现率为任意的 $x \in (0,1)$,种群分裂成若干小集团的概率为 1,小集团的规模可能为 3—5。每个小集团的每个成员都以正的极限频率选择该小集团内部的每个其他成员。某个小集团的每一个成员,都只会在特定的有限时间内选择小集团外的个体互动。所有这些规模为 3—5 的小集团出现的概率都为正。

我们的论文中也给出了相应的仿真数据。当 $N=6$,$x=0.4$ 时(0.4 是一个相当陡峭的贴现率),网络总共分裂成各有 3 个成员的两个小集团,就像上面的定理预测的一样。当 $N=6$,$x=0.2$ 时(0.2 的贴现率仍然比大多数经济模型所用的贴现率都要高),我们发现,在几千次计算机仿真实验中,没有一次涌现出了小集团;相反,种群的所有 6 名成员一直保持着很高的连通性。这是因为,从稳定均衡(高连通性是无贴现模型的一个稳定均衡),过渡到俘获状态所需的时间尺度是指数型的(两个规模为 3 的小集团是种群规模为 6 的有贴现模型的唯一一个吸引状态)。这就是我们在本章 13.4 节将证明的如下定理。

  定理 2 在"三人成群博弈"中,对于每一个 $N \geqslant 6$,总是存在一个 $\delta > 0$ 和数字 $c_N > 0$,使得在一个有 N 个博弈参与者且贴现率为 $1-x$ 的"三人成群博弈"中,每个博弈参与人至少以 δ 的概率与每个其他参与人博弈 $\exp(c_N x^{-1})$ 的时间。

13.3 一维有贴现强化过程中的俘获

在本节中,我们将分析一个一维过程。通过对这个一维过程的分析,我们可以得到一些关于指数速度的清晰的定量结果:俘获前的时间以为 $1/x$ 为指数增加,其中 $(1-x)$ 为贴现因子。这种做法符合我们的一贯思路,即对于简单的模型,要给出尽可能多、更可能清晰的结果,因为它们是构建更加复杂的模型所需的基础构件。在本章的 13.4 节，我们将应用从这些简单的模型中得到的规律，确定三人成群博弈中俘获时间的指数型增长的速度的界限。

让我们考虑这样一个系统，它的状态向量在区间 $[0，1]$ 内变化，其演化动力学是这样的：系统对称围绕在一个位于 $1/2$ 的吸引子周围，同时它从状态 w 的过渡有一个剖面（profile），依赖于 w 并随 x 缩放。与三人成群博弈模型类似，我们假设未缩放的过渡有一个方差，其下界随 w 在 $(0，1)$ 的紧凑子区间上变动。因此状态向量 w 的演化规则可以用概率分布 Q_w 来给出，并用 $w \in [0，1]$ 来参数化；它有限支撑，满足 $Q_w(s) = Q_{1-w}(-s)$，并在当 $x \to 0$ 有 $W(n)$ 位于一个紧致子区间 I_x 上且有 $I_x \uparrow (0，1)$ 时，服从

$$\mathbb{P}\big(W(n+1) - W(n) \in x \cdot S \mid \mathscr{F}_n\big) = Q_{W(n)}(S) \qquad (13.4)$$

我们假设 Q_w 的平均值在 $(0，1/2)$ 上为正，且在 $(1/2，1)$ 上为负，但是 Q_w 在它的支撑上既有正的元素，也有负的元素，并随 w 而平滑地变化。

作为一个例子，我们可以考虑一类双色瓮模型，它们推广了弗里德曼（Freedman，1949，1965）的贴现环境下的瓮模型。在一开始的时候，一只瓮内有 $R(0)$ 个红球和 $B(0)$ 个黑球，在第 n 步，往瓮中加入 $U(n)$ 个红球和 $V(n)$ 个黑球，$U(n)$ 和 $V(n)$ 均为随机数。在这种情况下，依赖于过去，$\mathbb{P}\big(U(n) = k\big) = u_{W(n-1)}(k)$ 和 $\mathbb{P}\big(V(n) = k\big) = u_{1-W(n-1)}(k)$，其中 $W(n) := R(n)/(R(n)+B(n))$ 是状态参数（在这里这种情况下它就是红球的比例），而 U_w 则为对非负整数的概率分布，随参数 $w \in [0，1]$ 连续变化，且满足：

$$\frac{\sum_k k u_w(k)}{\sum_k k\big(u_w(k) + u_{1-w}(k)\big)} > w，当 0 < w < \frac{1}{2}$$

在每一步结束时，所有的球都要"减重"，方法是乘以一个因子 $(1-x)$。为了说得更清楚一些，我们可以记住这样一个例子：先抽取 2 个球；如果它们是相同颜色的 2 个球，那么就再加上 1 个同颜色的球；如果它们是不同颜色的 2 个球，那么就每种颜色的球各增加 1 个。

在一个无贴现系统中，如果在第 n 步，步长变为 $1/n$，而不再保持在不变的 x 上，那么用下面这个扩散就可以很好地对该系统进行近似模拟：增量方差的阶为 n^{-2}，漂移为 $n^{-1}\mu_w$，其中 μ_w 为 Q_w 的均值 $\overline{Q_w}$。因此上面的（13.3）

成立,其中 $g(t)=t^{-1}$,$u(w)=\overline{Q_w}$ 。 这个系统必定会收敛到唯一的位于 $1/2$ 处的吸引均衡(Pemantle,1990)。在有贴现情况下,尽管状态必定会收敛到 0 或 1,但是接近于 0 或 1 期望时间的对数值却要用下面的方法来计算。

取任意一个 $w \in (0,1/2)$,$Z_w(\lambda) := \int \exp(-\lambda y) \mathrm{d}Q_w(y)$ 这个量在 $\lambda=0$ 时等于 1。导数 $(\mathrm{d}/\mathrm{d}\lambda)Z_w(\lambda)\mid_{\lambda=0}$ 由 $\int(-y)\mathrm{d}Q_w(y)$ 给出(根据 Q_w 有正均值的假设,其值为负)。另一方面,由于 Q_w 为负值的概率为正,所以我们可以推导出当 $\lambda \to \infty$ 时,$Z_w \to \infty$;而且根据 $Z_w(\cdot)$ 的凸性,我们得出,存在一个唯一的 $\lambda_w > 0$,此时有 $Z_w(\lambda_w)=1$ 。 定义:

$$\Lambda(w) := \int_w^{1/2} \lambda_u \mathrm{d}u$$

并令 $C := \Lambda(0)$,则有定理 2。

定理 3 设当 $1-x \uparrow 1$ 时,$I_x \uparrow (0,1)$,但是这个过程足够缓慢,足以使向 $[0,1]$ 外的跃迁永远不可能发生。令 T_x 为 n 第一次使得 $W(n) \notin I_x$ 的期望。那么,当 $1-x \uparrow 1$ 时,有:$x \log \mathbb{E}T_x \to C$ 。

注释: 从根本上说,这是一个大偏差问题,所以速度 C 不是经由 Q_w 的均值和方差确定的,而是经由 Q_w 的指数矩确定的。具体地说,许多过程都满足式(13.3),都具有相同的 g 和 μ ,但是大偏差率则取决于增量分布的精细结构,这会通过指数矩表现出来,并可以用测度 Z_w 和 λ_w 刻画。因此,这个速度问题可以用标准解法来解决。类似的分析在其他文献中也可以发现,例如在登博和蔡托尼的著作中(Dembo and Zeitouni,1993:sect.5.8.2)。

证明: 对于一个不等式,固定任何一个 $\delta > 0$,定义如下量:

$$M_{(\delta)}(t) := \exp\left((1-\delta)x^{-1}\Lambda(W(t))\right)$$

因为 Q_w 的变动是平滑的,且其支撑为有界的,因此我们可以得出,当 $x \to 0$ 时,有:

$$\Lambda(W(t+1)) - \Lambda(W(t)) = (W(t+1)-W(t))(-\lambda_{W(t)}+O(x))$$

因此,考虑到给定 $\mathscr{F}_t$ 时,$x^{-1}(W(t+1)-W(t))$ 的条件分布是由 $Q_{w(t)}$ 给出的,因此我们推导出:

$$\mathbb{E}\big(M_{(\delta)}(t+1)\mid \mathscr{F}_t\big) = M_{(\delta)}(t)\,\mathbb{E}\Big[\exp\big((1-\delta)x^{-1}\big(W(t+1)$$
$$-W(t)\big)\big(-\lambda_{W(t)}+O(x)\big)\big)\Big] \qquad (13.5)$$
$$\rightarrow M_{(\delta)}(t)Z_{W(t)}\big((1-\delta)\lambda_{W(t)}\big)$$

在 $W(t)$ 上均匀的(当 $x\rightarrow 0$ 时)。我们还知道,$Z_w(\cdot)<1(0,\lambda_w)$,因此,我们可以取一个足够小的 $x=x(\delta)$,使得:

$$M_{(\delta)}(t)^{-1}\,\mathbb{E}\big(M_{(\delta)}(t+1)\mid \mathscr{F}_t\big)<1$$

或者说,使得 $M(\delta)$ 是一个上鞅。

令 $I_x=[a_x,\,1-a_x]$。从 $W(t_0)\in(1/2-\delta,\,1/2)$ 开始,并结束于时间 τ,当 $W(\cdot)$ 退出 $[a_x,\,1/2]$ 时,我们可以得到某个不变的 $c(\delta)$ 与 δ 趋于 0:

$$\exp\big(x^{-1}c(\delta)\big)\geqslant M_{(\delta)}(t_0)$$
$$\geqslant \mathbb{E}\big(M_{(\delta)}(\tau)\mid \mathscr{F}_{t_0}\big)$$
$$\geqslant \mathbb{P}\big(M_{(\delta)}(\tau)<a_x\big)\exp\big(x^{-1}\Lambda(a_x)\big)$$

这意味着,当 $x\rightarrow 0$ 时,有:

$$\log\mathbb{P}\big(M_{(\delta)}(\tau)<a_x\big)<-(1-\delta)x^{-1}\big(\Lambda(0)+o(1)\big)$$

通过完全类似的论证过程可以证明,从 $(1/2,\,1/2+\delta)$ 开始,退出 $[1/2,\,1-a_x]$ 的过程也最多以这个概率发生。因此,$W(\cdot)$ 的轨迹可以被分解成若干段:开始于 $[1/2-\delta,\,1/2+\delta]$,并于 $[W(t)-1/2]$ 改变符号或 $W(t)\notin I_x$ 时结束。我们已经证明,当 $x\rightarrow 0$ 时,轨迹的期望数目至少为 $\exp\big(x^{-1}(1-\delta)\big(\Lambda(0)+o(1)\big)\big)$,而这就意味着,从 $W(t)\in[1/2-\delta,\,1/2+\delta]$ 开始,退出 I_x 所必需的步数至少也要这么多。令 $c'(\delta)$ 表示进入这个区间的概率,我们可以得出,当 $x\rightarrow 0$ 时,有:

$$\mathbb{E}\,T_x\geqslant c'(\delta)\exp\big(x^{-1}(1-\delta)\big(\Lambda(0)o(1)\big)\big)$$

并最终使 δ 趋于 0,于是可证明:

$$\liminf x\log\mathbb{E}\,T_x\geqslant C$$

对于另一个方向，在轨迹 $\{W(t): t = 0, 1, 2, \cdots\}$ 的空间上定义一个倾斜测度。具体定义方法如下。式(13.4)可以重写为：

$$\widetilde{\mathbb{P}}\big(W(n+1) - W(n) \in x \cdot S \mid \mathscr{F}_n\big) = \widetilde{Q}_{W(n)}(S)$$

其中 $\delta > 0$ 是固定的。此时的拉登—尼科迪姆导数(Radon-Nikodym derivative)可由下式给出：

$$\frac{\mathrm{d}\widetilde{Q}_w}{\mathrm{d}Q_w}(y) = \frac{\exp\big[(1+\delta)(\Lambda(w+y) - \Lambda(w))\big]}{\int \exp\big[(1+\delta)(\Lambda(w+y) - \Lambda(w))\big]\mathrm{d}Q_w(y)}$$

这个测度被有意设计成具有以下两个性质。首先，过程 $\{W(t)\}$ 对于足够小的 x，在 $[a_x, 1/2]$ 是相对于 $\widetilde{\mathbb{P}}$ 的一个上鞅。为了证明这一点，注意到它等价于在负均值的 $\widetilde{Q}_w$，而后者又等价于：

$$\int y e^{(1+\delta)(\Lambda(w+y) - \Lambda(w))} \mathrm{d}Q_w(y) \leqslant 0$$

对于所有 $w \in [a_x, 1/2]$。当 $x \to 0$ 时，量 $[\Lambda(w+y) - \Lambda(w)]$ 等于 $y(-\lambda_w + o(1))$。这样也就足以证明：

$$\int y e^{-(1+\delta)y\lambda_w} \mathrm{d}Q_w(y) < 0$$

但是，由此又可得出如下事实，即度 Z_w 是凸的，而且在 λ_w 处升过了 1，因此在 $(1+\delta)\lambda_w$ 处的导数必定是正的，且这个导数可以认定为：

$$-\int y e^{-(1+\delta)\lambda_w y} \mathrm{d}Q_w(y)$$

这样就证明了上鞅性质。第二个性质是，如果 τ 为退出 $[a_x, 1/2]$ 的时间，那么在 σ 域 $\mathscr{F}_\tau$，$\mathrm{d}\widetilde{\mathbb{P}}/\mathrm{d}\mathbb{P}$ 的时间最多为 $\exp\big((1+\delta)x^{-1}\Lambda(0)\big)$。事实上，根据其定义，可以得出：

$$\frac{\mathrm{d}\widetilde{\mathbb{P}}}{\mathrm{d}\mathbb{P}}\big(W(t_0), \cdots, W(\tau)\big) = \prod_{t=t_0}^{\tau-1} \frac{\exp\big[x^{-1}(1+\delta)\big(\Lambda\big(W(t+1)\big) - \Lambda\big(W(t)\big)\big)\big]}{\int \exp\big[(1+\delta)\big(\Lambda\big(W(t)+y\big) - \Lambda\big(W(t)\big)\big)\big]\mathrm{d}Q_{W(t)}(y)}$$

上式中每个因子的分母至少为1，这是因为如下事实：

$$M_{(-\delta)}(t) := \exp\big((1+\delta)x^{-1}\Lambda(W(t))\big)$$

是一个上鞅,当 $x(\delta)$ 足够小时。这一点可以通过与式(13.5)完全类似的计算过程来证明。而分子的乘积就是 $\exp\big((1+\delta)x^{-1}\Lambda(W(\tau))-\Lambda(W(t_0))\big)$,它最多不会超过 $\exp\big((1+\delta)x^{-1}\Lambda(0)\big)$,这就证明了第二个性质。

让 $\widetilde{\mathbb{P}}$ 在 $[a_x, 1/2]$ 及其反射 $[1/2, 1-a_x]$ 上行走,此时过程 $1/2-|1/2-W(t)|$ 是一个上鞅,其增量方差的数量级为 x^{-2}。因此,它达到某个小于 a_x 的值的中位数时间最多为 $O(x^{-2})$。对 $\widetilde{\mathbb{P}}$ 和 $\mathbb{P}$ 进行比较,不难发现,存在一个 c,使得从任何起始数据开始,在时间 cx^{-2} 之前退出 I_x 的概率至少为 $(1/2)(\mathrm{d}\mathbb{P}/\mathrm{d}\widetilde{\mathbb{P}}) \geqslant (1/2)\exp\big(-(1+\delta)x^{-1}\Lambda(0)\big)$。将这个期间分割为步长为 cx^{-2} 的一系列时间区间,那么很容易就可以求出,退出 I_x 的平均时间最多为 $2cx^{-2}\exp\big(C(1+\delta)x^{-1}\big)$。 由于对于任何 $\delta > 0$(以及依赖于 δ 的常数),这一点都成立,所以这也就证明:

$$\limsup x \log \mathbb{E}\, T_x \leqslant C$$

由此,定理得证。□

13.4　定理 2 的证明

前面这个一维模型几乎是个"玩具",但是得到了一些重要的结果。与此类似,我们也希望在三人成群博弈中发现一个俘获之前的指数型等待期,如果无贴现系统在相应的有贴现系统的吸收状态的极限集之外存在一个吸引子的话。不巧的是,到目前为止,我们还不知道用什么方法可以计算出多维系统中的大偏离率。多维系统中与定理3对应的定理(如果可以称为定理的话)表示为一个变分结果,它通常涉及函数在所有路径上的最小化。在这里,我们不得不暂且满足于证明了一个非零指数速率的存在。下面这个结果将隐含了定理 2。

命题 1　设向量值马尔可夫链 $\vec{W}(t)$ 满足:

$$\mathbb{P}\vec{W}\big((t+1)-\vec{W}(t)\in xS \mid \vec{W}(t)\big)=Q_{\vec{w}(t)}(S) \tag{13.6}$$

其中，Q_w 的支撑是有界的，而且当 w 在点 $\vec{c}$ 的某个闭邻域内变动时，Q_w 的变化是平滑的。现假设，存在一个强李雅普诺夫函数 V，即 V 是光滑且有界的：在 $\mathcal{N}^c$，$V(\vec{c}) > 0$ 上，$V < 0$ 且对所有 $w \in \mathcal{N}$，都有：

$$\int V(w + y)\, \mathrm{d}Q_w(y) > V(w)$$

那么，存在一个常量 γ，它使得，对于足够小的 x，对于 $\vec{c}$ 的某个更小的邻域内的所有 $\vec{h}$ 都有：

$$\mathbb{E}_{\vec{h}}\, T_x > \gamma \exp(\gamma x^{-1})$$

其中 T_x 为退出 $\mathcal{N}$ 的时间。

证明：给定一个非负参数 λ，定义 $M(t) = M_\lambda(t) = \exp\big(-\lambda V(\vec{w}(t))\big)$。与对定理 3 的证明的前半部分同理，根据有界支撑假说，我们可以证明，对于固定的 $w \in \mathcal{N}$，

$$M_\lambda(t)^{-1}\, \mathbb{E}\big(M_\lambda(t+1) - M_\lambda(t) \mid \mathscr{F}_t\big) \tag{13.7}$$

在 $\lambda = 0$ 处消失且有负导数。从 $\mathcal{N}$ 紧致性和 Q_w 的光滑性，我们可以取到一个 $\lambda > 0$，使得式(13.7)对所有 $w \in \mathcal{N}$ 均为负。而这就意味着，直到退出 $\mathcal{N}$ 之前，$M(t)$ 是一个上鞅。令 $\mathcal{N}'$ 表示邻域 $\{\vec{h} \in \mathcal{N} : V(h) > V(\vec{c})/2\}$，并用 T_G 表示第一次 $\tau \geqslant 0$ 使得 $W(\tau) \in G$ 的时间，那么，对于 $V(\vec{h}) > V(\vec{c})/4$，我们有：

$$\mathrm{e}^{-\lambda V(\vec{c})/4} \geqslant \mathbb{E}_{\vec{h}}(\vec{W}(0))$$
$$\geqslant \mathbb{E}_{\vec{h}}\, T_{\mathcal{N}^c \cup \mathcal{N}'}$$
$$\geqslant P_{\vec{h}}(T_{\mathcal{N}^c} < T_{\mathcal{N}'})$$

接下来，只需要将时间 $T_{\mathcal{N}'}$ 分割成远离 $\mathcal{N}'$ 的片段，再来证明定理（$\gamma = \lambda V(\vec{c})/4$）。

在三人成群博弈中，如果我们从权重总和等于 $3Nx^{-1}$ 开始（即，从平稳态开始），那么其动力学方程就是式(13.6)。我们只需要确认强李雅普诺夫函数的存在性即可，而这又只需要确定向量场 $F(\cdot)$ 的一个双曲线型吸引子［其中 $F(w)$ 是 Q_w 的平均值］即可。事实上，如果 F 在点 $\vec{c}$ 处消失，同时 $\mathrm{d}F(\vec{c})$ 的特征值有负实部，那么就存在一个靠近 $\vec{c}$ 的二次函数 V 满足 $\nabla V \cdot$

$F < 0$，这就是我们可以取的李雅普诺夫函数。剩下来要完成的工作就是要找出平均运动场的双曲线型吸引子。

平均运动是通过状态空间中的向量场 F 来给出的。在这里，状态空间是位于边上、总和为 $3Nx^{-1}$ 的非负实函数集 X，我们可以认为它们嵌入在非负函数锥体内，因为 F 自然会通过 $F(\lambda X) = F(X)$ 延伸。当我们把权重之和归一化为 $\binom{N}{2}$ 后，计算将会方便很多。另外，如果令 $n = N - 1$（即比行为主体的总数少一个），计算起来也会简便得多。我们所关注的吸引子由 $c(e) = 1$ 所定义的对称点（对于 e）。马上就可验证 $F(\bar{c}) = 0$。为了验证 $\bar{c}$ 是 F 的一个吸引子，我们需要计算 $\bar{c}$ 处的 F 差分。为此，令 $\mathbf{1}_e$ 表示这样一个函数，即在 e 处为 1，在其他地方则为 0。F 在 $\mathbf{1}_e$ 方向上导数计算如下。

令时刻 t 的边权重由 $(1 + \varepsilon \mathbf{1}_e)$ 给出。对于所有 f，满足 $f \in U(i, t)$ 的 i 的期望数量为 $6/n + O(\varepsilon)$。由于对称性，$O(\varepsilon)$ 项只取决于 f 是否与 e 有 2 个、1 个或 0 个终点。例如，在 $f = e$ 的情况下，我们可以计算出 e 被强化的次数。计算过程如下。令 $e = \{v, w\}$，我们有：

$$\mathbb{P}\big(e \in U(v, t)\big) = (n-1)\frac{1+\varepsilon}{\binom{n}{2} + (n-1)\varepsilon}$$

$e \in U(w, t)$ 的概率也一样。对于 $z \neq v, w$，则 $e \in U(z, t)$ 的概率恰好等于 $\binom{n}{2}^{-1}$。通过求和得出 $W(e, t)$ 预期增量为：

$$2(n-1)\frac{1+\varepsilon}{\binom{n}{2} + (n-1)\varepsilon} + \frac{n-1}{\binom{n}{2}} = \frac{6}{n} + \frac{4(n-2)}{n^2}\varepsilon + O(\varepsilon)^2$$

我们将它写为：

$$\frac{6}{n}\Big(1 + \frac{2(n-2)}{3n}\varepsilon + O(\varepsilon^2)\Big)$$

用同样的方法可以计算出其他两个期望。我们发现，从 e 距离 j 处的 f 的期望为 $(6/n)\big(1 + B_j\varepsilon + O(\varepsilon^2)\big)$，其中：

$$B_0 = \frac{2(n-2)}{3n}$$

$$B_1 = 0$$

$$B_2 = -\frac{4}{3n(n-1)}$$

由此可以得出,对于任何 $\vec{h}$,有:

$$\frac{n}{6}\mathbb{E}\big(W(t+1)\mid W(t) = \vec{c}+\varepsilon\vec{h}\big) = \vec{c}+M\to h+\mathrm{O}(\mid\vec{h}\mid^2)$$

其中,M 是一个广义循环矩阵(在对成对的边进行边置换操作时保持对称),它的元素 B_0 是对角线上的元素,B_2 为不相交的边,其他元素为 0。因为 F 是指向 $\mathbb{E}\big(W(t+1)-W(t)\mid W(t)\big)$ 的向量场,因此 F 的差分,达常数倍 $6/n$,等于 $(M-1)$。

使用组合方案量规评价方法(见 Terwilliger, 1996: sect.2.2,这一方法源于 Bannai and Ito, 1984; Brouwer et al., 1989),像 M 这样的矩阵的特征值是特别容易讨论清楚的。所有这样的矩阵都是博斯—默森纳代数(Bose-Mesener algebra)$\mathscr{M}$ 的元素。$\mathscr{M}$ 就完全图的边组成的关联图而言,是三维的可交换半单。这就意味着 M 最多有三个不同的特征值,这些特征值可以通过计算 M 在三个共享特征空间上的行动来找到,这些特征空间对 $\mathscr{M}$ 的所有元素来说是共同的。

空特征空间的维数为 1:当且仅当 $\vec{h} = \lambda\vec{c}$,$M\vec{h} = 0$。另外两个特征值则可以通过选择一条边,并设定特征向量等于 $(a_2 H_2 + a_1 H_1 + a_0 H_0)$ 而得到,其中 $H_2 = \mathbf{1}_e$,H_1 是与 e 共享一个顶点的边 f 上的 $\mathbf{1}_f$ 的总和,H_0 则是不与 e 的相交的边 f 上的 $\mathbf{1}_f$ 的总和。M 对这些总和的作用产生了另一个这样的总和,并且是线性的,具有如下矩阵:

$$\frac{4}{3n(n-1)}\begin{pmatrix} \binom{n-1}{2} & 0 & -1 \\ 0 & \binom{n-2}{2} & -2(n-3) \\ -\binom{n-1}{2} & -\binom{n-2}{2} & 2n-5 \end{pmatrix}$$

分别对应于 a,b 和 c。该矩阵的左特征向量为:

$$(1,\,1,\,1),\ \left(\frac{n-1}{2},\,\frac{n-3}{4},\,-1\right)\ \text{和}\ \left[\binom{n-1}{2},\,-\frac{n-2}{2},\,1\right]$$

相应的特征值是

$$0, \frac{2}{3} \frac{(n+1)(n-2)}{n(n-1)} \text{ 和 } \frac{2}{3} \frac{n-3}{n-1}$$

于是平均行动方程为：

$$\mathbb{E}\left(W(t+1) - W(t) \mid W(t) - \vec{c} + \varepsilon \vec{h}\right) = \frac{6}{n} x^{-1}(M - I)\vec{h} + \mathrm{O}(\mid \vec{h} \mid^2)$$

当且仅当 M 的所有特征值的实部都小于 1，对于足够小的 x，点 $\vec{c}$ 为吸引子。我们已经确定，确实如此，因此点 $\vec{c}$ 是吸引子。这样，命题 1 的假设条件就通过一个二次李雅普诺夫函数得到了满足，而从定理 2 就可以得出定理 3。

注　释

① 参加某种有回报的互动，例如非竞争的定价游戏。

参考文献

Anderlini，L. and A.Ianni(1997) "Learning on a torus." In *The Dynamics of Norms* ed. by C.Bicchieri, R.Jeffrey, B.Skyrms, 87—107. Cambridge：Cambridge University Press.

Bannai，E. and T.Ito(1984) *Algebraic Combinatorics I：Association Schemes*. Menlo Park，CA：Benjamin/Cummings.

Barrat，A. and M.Weigt(2000) "On the properties of small-world network models." *European Physical Journal* B 13：547.

Benaïm，M.(1996) "A dynamical system approach to stochastic approximations." *SIAM Journal Control and Optimization* 34：437—72.

Benaïm，M. and M.Hirsch(1995) "Dynamics of Morse-Smale urn processes." *Ergodic Theory Dynamical Systems* 15：1005—30.

Benjamini，I. and R.Pemantle(2003) "Probabilities for cooled Brownian motion to linger near the top of a hill, and application to a market share model." Preprint.

Bonacich，P. and T.Liggett(2002) "Asymptotics of a matrix-valued Markov chain arising in sociology." Preprint.

Brouwer，A.，A.Cohen, and A.Neumaier(1989) *Distance-Regular Graphs*. Berlin：Springer.

Bush，R. and F.Mosteller(1955) *Stochastic Models for Learning*. New York：Wiley.

Davis，B.(1990) "Reinforced random walk." *Probability and Theory Related Fields* 84：203—29.

Dembo，A. and O. Zeitouni (1993) *Large Deviations Techniques and Applications*. Boston，MA：Jones and Bartlett.

Eggenberger, F. and G. Pólya (1923) "Uber die Statistik verketter vorgäge." *Zeitschrift für Angewandte Mathematik und Mechanik* 1:279—89.

Ellison, G. (1993) "Learning, local interaction, and coordination." *Econometrica* 61:1047—71.

Flache, A. and M. Macy (1996) "The weakness of strong ties: collective action failure in a highly cohesive group." *Journal of Mathematical Sociology* 21:3—28.

Freedman, B. (1949) "A simple urn model." *Communications on Pure and Applied Mathematics* 2:59—70.

Freedman, D. (1965) "Bernard Friedman's urn." *Annals of Mathematical Statistics* 36:956—70.

Fudenberg, D. and K. Kreps (1993) "Learning mixed equilibria." *Games and Economic Behavior* 5:320—67.

Iosifescu, M. and R. Theodorescu (1969) *Random Processes and Learning.* New York: Springer.

Lakshmivarahan, S. (1981) *Learning Algorithms: Theory and Applications.* New York: Springer.

Limic, V. (2003) "Attracting edge property for a class of reinforced random walks." *Annals of Probability* 31:1615—54.

Maynard Smith, J. (1982) *Evolution and the Theory of Games.* Cambridge: Cambridge University Press.

Norman, M. (1972) *Markov Processes and Learning Models.* New York: Academic Press.

Pemantle, R. (1990) "Nonconvergence to unstable points in urn models and stochastic approximations." *Annals of Probability* 18:698—712.

Pemantle, R. and B. Skyrms (2003) "Network formation by reinforcement learning: the long and medium run." *Mathematical Social Sciences* 48:315—27.

Robbins, H. and S. Monro (1951) "A stochastic approximation method." *Annals of Mathematical Statistics* 22:400—7.

Roth, A. and I. Erev (1995) "Learning in extensive form games: experimental data and simple dynamic models in the intermediate term." *Games and Economic Behavior* 8:164—212.

Terwilliger, P. (1996) Algebraic Combinatorics. Unpublished lecture notes.

Watts, D. and S. Strogatz (1998) "Collective dynamics of 'small-world' networks." *Nature* 393:440—2.

第四篇

信号的动力学

引　言

　　本篇第一篇论文（第14章）的主题是，有意义的信号如何在使用强化学习的两个行为主体的互动中自发涌现出来的。模型的设定是一个最简单的信号传递博弈，它的原型是大卫·刘易斯在他的著作《论约定》（*Convention*）一书中引入的。刘易斯将信号传递系统界定为完美地传递信息的系统，即信息传递博弈的严格均衡。但是并没有解决下面这个问题：如果在开始时既没有预先存在的意义，也没有某种趋向某个信号系统的倾向，又怎样才能达到均衡？计算机仿真实验已经表明，博弈参与者学会发送信号是有可能的，但是我们没有止步于此。本章将证明，在我们所考虑的这个博弈中，简单强化学习收敛到一个信号系统的概率为1。（数学方面的贡献要归功于 Argiento，Pemantle and Volkov。）

　　对于两种信号约定，如果我们在一开始的时候不"偏爱"任何一种，那么它们在演化中自发地涌现出来的概率为1/2。在更一般的信号传递博弈中（N 种状态、M 种信号、N 种行动），情况会有所不同（Hu，Tarrés and Skyrms）。在这种情况下，学会发送最优信号仍然是有可能的，但是不能保证。

　　布鲁姆等人（Blume et al.，1998，2002）所完成的经济学实验室实验，所用的博弈与我们在这里分析的博弈非常接近。对于两种状态、两种信号、两种行动的刘易斯型信号传递博弈的无限种群演化动力学理论分析（有突变或无突变的复制者动力学），则可以参阅霍夫鲍尔和胡特格尔的论文（Hofbauer and Huttegger，2008）。通过与邻居互动也可以学会传递信号，对于发生在格上的学习，请参阅佐尔曼的论文（Zollman，2005），对于发生在任意结构的网络上的学习，请参阅瓦格纳（Wagner，2009）。

本篇第二篇论文（第 15 章）扩展了上述基本强化动力学模型，允许新的信号被发明出来，从而使刘易斯信号传递博弈本身也可以演化。在这个修正后的模型中，不但允许在一开始时根本没有任何信号，而且可以允许比以前更强大信号的发明。对这个模型的分析，一部分是解析的（由 Zabell 完成），还有一部分是通过计算机完成的。在生成最优信号系统方面，学习加发明的组合似乎是特别高效的，即便是在直接的强化可能失败的情况下，这种组合也可以见效。对这个模型的一个修正（由 Alexander 完成）是引入了遗忘因素，即通过遗忘来修剪多余的信号。

第三篇论文（第 16 章）和第四篇论文（第 17 章）则把信号传递博弈和其他博弈结合了起来。博弈参与者在他们参加一个基础博弈之前可以无成本地预先交换某种信号。第三篇论文的分析采用了复制者动力学。我们证明，无成本的信号可以改变均衡的稳定特征，创造出新的均衡，并显著地改变吸引盆的大小。我在后来出版的《信号》（Signals）一书中用来度量信号所包含的信息的指标，也是在这篇论文中引入的。信号所包含的信息与策略会协同演化。瞬态信息（transient information）也是一个可以改变吸引盆的大小的重要因素。在对称的讨价还价博弈中，博弈前信号传递有利于平分策略的演化。在猎鹿博弈中，博弈前信号传递也有利于合作的演化。

接下来的一篇论文（第 17 章），是我与弗朗西斯科·桑托斯（Francisco Santos）和豪尔赫·帕切科（Jorge Pacheco）合写的，它的主题也是博弈前的信号传递，但是所用的信号传递方式不同于前两种主要方式。第一，这篇论文使用了有限种群动力学，我的合作者是这个领域的专家。第二，它增加了博弈前信号的数量，而在以前的猎鹿博弈中，则只有两个信号。我们证明，对于猎鹿博弈，更多的信号更好。有了足够多的信号，博弈参与者在几乎所有的时间内都可以实现合作。值得注意的是，许多博弈前信号传递在猎鹿博弈中发挥的作用与囚徒困境博弈中信号的作用属同一类。有了足够多的"秘密握手"（secret handshakes），在演化竞赛中，合作者就能领先于背叛者，合作水平就可以维持在很高的水平上。对于"秘密握手"在另一个不同的模型设定下（即与邻居互动时）的有效作用，请参阅佐尔曼的论文的第二部分

（Zollman，2005）。

　　本篇最后一篇论文（第18章）将前述发送者—接收者模型进一步推广到了有多个发送者和接收者的一般情形。这向建立一个更一般的信号网络理论的方向上前进了重要的一步。接收者可能会收到多个信号，每个信号都包含着各自的信息。接收者为了采取最优行动，可能需要运用各种不同的方式处理各种不同的信息。在需要团队合作的时候，发送者可以向多个接收者发送信号，以协调某些任务的执行。最近出现了一些有多个发送者的模型，读者可以阅读巴雷特（Barrett，2009，2010，2013）、戈德弗雷-史密斯（Godfrey-Smith，2013）和瓦格纳（Wagner，2013b）等人的论著。

　　来自各个领域的学者最近也探索了昂贵的信号传递博弈的演化动力学，例如在演化生物学中，胡特格尔和佐尔曼（Huttegger and Zollman，2010）对"菲利普·悉尼爵士博弈"进行了分析；在经济学中，瓦格纳（Wagner，2013a）对"斯彭斯信号传递博弈"进行了研究。戈弗雷-史密斯和马丁内斯（Godfrey-Smith and Martinez，2013）探讨了共同利益的捆绑程度与通过计算机搜索实现的成功的信号传递之间的关系。瓦格纳（Wagner，2012）证明了一个信号传递博弈中存在混沌演化动力学。奥康纳（O'Connor，2013）则揭示了刺激泛化的修正强化是如何导致模糊的范畴分类的。

　　回到18章最后一节的关注焦点：假设博弈参与者已经学会了如何传递信号，那么他们怎样才能"自我组装"成一个信号网络呢？现在已经开始出现了一些办法，使博弈参与者能够通过低理性的学习，实现这种"自我组装"，例如，读者可以参阅我们写的一篇论文（Huttegger，Skyrms and Zollman，2013）以及文中引述的参考文献。

参考文献

Barrett，J.（2009）"The Evolution of Coding in Signaling Games." *Theory and Decision* 67：223—7.

Barrett，J.（2010）"Faithful Description and the Incommensurability of Evolved Languages." *Philosophical Studies* 147：123—37.

Barrett，J.（2013）"On the Coevolution of Basic Arithmetic Language and Knowledge." *Erkenntnis* 78：1025—36.

Barrett，J. and K. Zollman（2009）"The Role of Forgetting in the Evolution of Learning and Language." *Journal of Experimental and Theoretical Artificial Intelligence* 21：293—309.

Blume，A.，D. V. De Jong，Y.-K. Kim，and G. B. Sprinkle（1998）"Experimental Evidence on the Evolution of Meaning of Messages in Sender-Receiver Games." *The American Economic Review* 88：1323—40.

Blume，A.，D. V. De Jong，G. R. Neumann and N. E. Savin（2002）"Learning and Communication in Sender-Receiver Games：An Econometric Investigation." *Journal of Applied Econometrics* 17：225—47.

Hofbauer，J. and S. Huttegger（2008）"Feasibility of Communication in Binary Signaling Games." *Journal of Theoretical Biology* 254：843—9.

Godfrey-Smith，P.（2013）"Sender-Receiver Systems within and between Organisms."（Paper read at PSA 2012）*PhilSci Archive* University of Pittsburgh.

Godfrey-Smith，P. and M. Martinez（2013）"Communication and Common Interest." *PLOS Biology* DOI：10.1371/journal. pcbi.1003282.

Hu，Y.，P. Tarrés，and B. Skyrms（2011）"Reinforcement Learning in a Signaling Game." ArXiV，Preprint.

Huttegger，S.，B. Skyrms，and K. Zollman（2013）"Probe and Adjust in Information Transfer Games." *Erkenntnis* doi：10.1007/s10670-013-9467-y.

Huttegger，S. and K. Zollman（2010）"Dynamic Stability and Basins of Attraction in the Sir Philip Sydney Game." *Proceedings of the Royal Society B* 1925—32.

Mühlenbernd，R.（2011）"Learning with Neighbors." *Synthese* 183：87—109.

Mühlenbernd，R. and M. Franke（2012）"Signaling Conventions：Who Learns What and Where in a Social Network." Preprint.

O'Connor，C.（2013）"The Evolution of Vagueness." *Erkenntnis* doi：10.1007/s10670-013-9463-2.

Wagner，E.（2009）"Communication and Structured Correlation." *Erkenntnis* 71：377—93.

Wagner，E.（2012）"Deterministic Chaos and the Evolution of Meaning." *British Journal for the Philosophy of Science* 63：547—75.

Wagner，E.（2013a）"The Dynamics of Costly Signaling." *Games* 4：161—83.

Wagner，E.（2013b）"Divergent Interests and the Evolution of Inference." Working paper，University of Amsterdam.

Zollman，K.（2005）"Talking to Neighbors：The Evolution of Regional Meaning." *Philosophy of Science* 72：69—85.

14

学会传递信号：对一个微观强化模型的分析[*]

14.1 引言

14.1.1 模型的动机

近几十年来，两人、非零和博弈及其策略的演化受到了极大的关注。演化博弈论作为一种研究范式，源于 20 世纪 70 年代后期的一些论著——例如，泰勒和琼克的论著（Taylor and Jonker, 1978）——被运用到了各种各样的情境下，其中特别是用于对合作的解释：在像囚徒困境博弈这样的情境下，合作是怎样出现的，因为这类博弈似乎有一种天生的抑制合作的倾向。

最近一段时间以来，另一个研究进路也引起了越来越多的关注：在一个由短视的、受有界理性（bounded rationality）限制的个体组成的给定种群中，合理的策略是如何形成的。这个研究进路的关注重点是，找到一些演化途径，它们的机制是足够简单的，那些不够精明老练的个体，不需要过多的思考，就可以在各种不同的情境下运用它们。学者们希望，有了这类机制，再结合其他一些因素，就可以解释社会和道德规范的

---

[*] 本文与拉斐尔·阿吉安托（Raffaele Argiento）、罗宾·佩曼特尔和斯坦尼斯拉夫·沃尔科夫（Stanislav Volkov）合写。

形成(Skyrms,2004；Alexander,2007)。当然,这些规范都只是一些"启发式"的规范,它们很容易理解,便于应用到各种各样的环境中。这类规范的形成确实是可能的,如果它源于某些个体层面的机制——这些机制能够使运用它们的个体从所处的环境中脱颖而出。

强调微观层面机制的简单性的原因是,这种做法除了普遍适用于各种情境、各种智力或有意识的思维水平上的演化分析之外,还有其他一些优越性。它使得模型在数学上更容易处理。它还允许在其他维度上增加复杂性,例如允许策略和网络结构的协同演化(Skyrms,2000,2004)。从原则上说,只有将参数的数量减少到最小,才有利于对微观层面的参数进行实证检验和校准。[例如,见佩曼特尔和斯科姆斯(Pemantle and Skyrms,2003)对贴现率参数的讨论。]从理论上说,在解释某种现象的时候,找到一个能够解释它的最简单、最简约的模型,一般都被认为是非常重要的一步。

一个主体可以利用一个瓮模型来管理自己在重复博弈中的行动,这种思想由来已久。例如,布拉特等人(Bradt et al.,1956)讨论的"双臂老虎机"(two-armed bandit)模型,假设行为主体试图发现自然状态的性质,并努力在已知信息下的最优行动,与包含信息最丰富从而能够在未来带来收益的行动之间,进行周全的权衡。许多策略都能够以瓮模型的形式来表达,其中一个广为人知的例子,请参阅例如迪弗洛的论文(Duflo,1996)。这种策略已经得到了广泛的应用,例如对医学试验的依序取样(Wei and Durham,1978)。瓮模型之所以在许多情境中自然而然地被用来对学习建模,有几个原因。首先,我们不难断定,在微观层面上存在的某些心理过程(例如,从记忆中想起什么),很好地对应于瓮模型。其次,瓮模型通常允许包含足够的噪声,从而可以避免某些在博弈论的角度来看不稳定的均衡,同时还具有良好的收敛性。既不会快速地固定下来(超长的记忆),也不是遍历性的(过短的内存)的模型,很好地拟合了许多定性学习现象。

早期的瓮模型,许多都用于给下面这种情况建模:行为主体试图制定合理的策略去与自然进行博弈。更晚近一些的瓮模型,则通常用于对多主体博弈建模,在这些模型中,我们希望得到微观层面的简单性。过去十多年来,在心理学、社会学和政治学等诸多领域,已经涌现出了相当多的正式的互动模型。有心人可以找出许多这类模型的例子,尤其是在基于行为人的建模这一支文献中。基于行为人的建模(Agent-based modeling)指一个更广泛的正式系统的类别,瓮模型也包括在内。在社会学中,基于行为人的瓮模型的一个很好的社会学例子，请参阅玻纳西奇和利格特（Bonacich and Liggett，2003），或弗拉奇和梅西（Flache and Macy，2002）。

基于行为人的建模范式的一个重要的先行者，正是演化博弈论范式。通过将策略性互动与达尔文式的种群动力学结合起来，演化博弈论极大地增进了经典博弈论的解释能力。最近的一个发展是，让互动所借以发生的网络也发生演化，这是我们率先引入的（Skyrms and Pemantle，2000）。我们已经讨论过这类模型的解释力及其哲学后果（Skyrms，2004）。我们已经将这种分析范式应用于一系列经典的博弈类型，包括囚徒困境博弈、合作博弈（以卢梭的猎鹿博弈的形式），以及讨价还价博弈。在本章中，我们将把瓮模型应用于信号传递博弈。我们将要在这里分析的这个模型，只是我们的研究计划中要分析的一系列模型中的第一个，后续模型将会把更多的信号传递系统的性质结合进来。本章 14.4 节概略地讨论了这些更复杂的模型。

14.1.2　一个有两个状态、两个信号的通信博弈

我们考虑以下这个博弈。在这个博弈中，博弈参与者分别是发送者、接收者和自然女神。自然女神先采取行动，她选择某种自然状态（或者是 1，或者是 2）。发送者在看到自然女神的行动后，必须选择一个信号。在这个简单的平凡的模型中，只存在两种合法的信号，信号 A 和信号 B。最后采取行动的是接收者，但是他只能观察到发送者的行动，而无法观察到自然女神的行动。接收者从集合{1，2}中选择一个行动。发送者和接收者的共同目标是，让接收者的行动尽可能地与自然状态相一致。这是彻头彻尾的合作博弈，因为如果不是博弈参与者双方都有所得，就是双方都有所失。这个博弈的博弈树，如图 14.1 所示，它有 8 条路径，我们将这些路径分别标为 1A1、1A2、1B1、1B2、2A1、2A2、2B1 和 2B2。不难看出，第一、第三、第六和第八条路径是通往胜利的，而其他四条路径则是通往失败的。

当然，如果允许博弈参与者在博弈开始前进行协调，那么他们将会直接确定一个代码。对于发送者给接收者发送的信息，一个合理的代码是"A 表示自然状态为 1，B 表示自然状态为 2"。同样合理的另一个代码是"B 表示自然状态为 1，A 表示自然状态为 2"。在博弈开始之前，无论确定的代码是哪一个，都将带来 100% 的效率。即使不允许博弈参与者在博弈前进行协调，他们也能够找到某种相当不错的协议来使自己遭受失败的次数最小化。这种协议的一个简单的例子是（这在现实生活中完全有可能发生），发送者

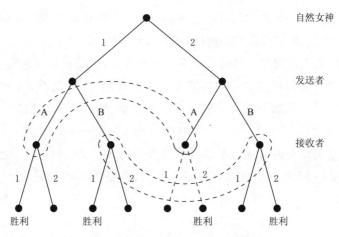

图 14.1　博弈树（虚线表示接收者的信息集）

在两种"语言"中任意选择一种，且一旦选定就永不偏离；接收者最终肯定会遵从这种"语言"。这种方法要求事前区分博弈参与者双方的角色，但是并不会破坏对称性。这样的协议确实是有用的。例如，计算机网络的某个结点就可以采用这种协议，只要网络是二分型的（即有两种类型的节点，且通信只发生在不同类型的节点之间）。一个更一般和对称的协议是：博弈参与者双方一开始随机行动；而接下来，如果上次在同样情形下的行动是成功的话，就重复上次的行动，否则就随机行动。在这里，对"同样情形下"的定义随具体情境的不同而有所不同，但就算其定义不依赖具体情境，该协议貌似也是相当普遍的。

14.1.3　进行这个博弈的瓮方案

很自然地，发送者的信息集可以用自然女神的行动来表示，即 $\{1, 2\}$。相应地，发送者有两个瓮，我们称之为"瓮 1"和"瓮 2"。每个瓮都有两种颜色的球，称之为"颜色 A"和"颜色 B"。这两个瓮的初始状态为，每个瓮中各有一种颜色的一只球。每次发送者采取行动的时候，如果自然女神的行动为 j，那么发送者就从瓮 j 中随机地选择一只球，作为信号发送出去。

接收者可以在 4 个不同的节点上采取行动，不过，与发送者一样，接收者也有一个大小为 2 的信息集，可以用发送者的行动表示为：$\{A, B\}$。相应地，接收者也有两个瓮，称之为"瓮 A"和"瓮 B"。在一开始，接收者的两个瓮内分别各有一只"颜色 1"和"颜色 2"的球。当接收者看到了信号 x 后，采取的行动是从瓮 x 中随机地取出一只球。等两个博弈参与者都采取了行动之后,就可以得知他们有没有获胜了。如果他们输了,那么所有瓮中的球都保持不变。但是如果他们赢了,那么就进行强化:每个博弈参与者都要往刚刚取过球的那个瓮中加入另一只同样的球。例如,如果在第一轮博弈中,自然状态为2,发送者发出的信号为 A,接收者采取的行动为2(在我们的模型中,自然女神采取的初始行动为2的概率为1/4),那么发送者的"瓮2"就要加入一个颜色为 A 的球,而接收者的"瓮 A"中则要加入一个颜色为2的球。

假设,自然女神会根据独立的、公平的抛硬币结果来决定选择什么状态。我们分析了这一假设下这个博弈产生的随机序列。从信号传递博弈的经典模型来看,这个博弈有多重均衡。具体地说,该博弈存在两个帕累托最优纳什均衡,它们分别对应于根据前述两种可能的"语言"所采取的行动。此外还存在一系列"胡言乱语式的"均衡(babbling equilibrium),即发送者无视自然状态,根据抛硬币的结果来选择要发送的信号,同时接收者也忽略接收到的信号,根据自己的独立的抛硬币结果来采取行动。而我们在这里的分析,试图达到的目标则介于这两者之间:我们将表明,瓮模型协议会收敛到上述两种最优语言当中的某一种,不过是在14.2节将要进行准确地阐述的那种意义上。需要指出的是,瓮模型能够产生某个均衡并不是一个先验的必要条件,尽管我们还将在14.2节中证明,该模型必定会收敛到一组适当定义的动态均衡。

14.1.4 模型的正式构建和主要结果

令 $(\Omega, \mathscr{F}, \mathbb{P})$ 为一个丰富的随机性源,为保证专一性,我们可以认为它是一个概率空间,在这个概率空间上定义了一些随机变量 $\{U_{n,j} : j \in \{1, 2, 3\}, n \geqslant 1\}$,它们是相互独立的,而且在单位区间上是均匀的。假设 $\mathscr{F}_n = \sigma(U_{k,j} : k < n, j \leqslant 3)$ 是截止时间 n 的信息的 σ 域。通过 n 进行归纳,我们可以同时定义时间为 n 时,与瓮中的东西(球)和采取的行动对应的随机变量。令变量 $V(n, i, x)$ 表示时间为 n 时瓮 i 中颜色 x 的球的数量。归纳开始时,对于 $i = 1, 2$ 且 $x = A, B$(这对应于发送者所使用的那两个瓮),初始值为 $V(n, i, x) = 1$;而对于 $i = A, B$ 且 $x = 1, 2$(这对应于接收者所使用的两个瓮),初始值亦为 $V(n, i, x) = 1$。

给定的 $V(n, i, x)$ 的 8 个值,可以通过以下方式来构建行动 N_n、S_n 和 R_n。如果 $U_{n,1} < 1/2$,则 $N_n = 1$,否则 $N_n = 2$。对于 N_n,可以这样解释,它是自然女神在第 n 步采取的行动,它总是以相同的可能性取 1 或 2,而且独立于过去。如果:

$$U_{n,2} < \frac{V(n, N_n, A)}{V(n, N_n, A) + V(n, N_n, B)}$$

则令 $S_n = A$，如果不然就令 $S_n = B$。这样一来，根据过去发生的情况，发送者选择信号 A 的概率等于在瓮 N_n 中颜色 A 的球所占的比例（瓮 N_n，就是与自然女神刚刚选中的状态相对应的那个瓮）。同样地，如果：

$$U_{n,3} < \frac{V(n, S_n, 1)}{V(n, S_n, 1) + V(n, S_n, 2)}$$

就令 $R_n = 1$，如果不然则令 $R_n = 2$。由此，接收者采取行动的概率就对应于第 n 步与信号的颜色相同的瓮中的球所占的比例。

接下来，为了完成归纳过程，还要对各个瓮内所装的内容进行更新，即规定：如果 $N_n = i$，$S_n = x$，且 $R_n = i$，则令 $V(n+1, i, x) = V(n, i, x) + 1$，否则就令 $V(n+1, i, x) = V(n, i, x)$。

在此基础上，可以把我们的主要结果表述如下：将至第 n 步为止"胜利"的次数记为 $\mathrm{win}_n := \sum_{k=1}^{n} \delta(N_n, R_n)$，其中的 δ 为通常的 delta 函数，即当各参量相等时为 1，不然则为 0。

定理 1　当 $n \to \infty$ 时，$\mathrm{win}_n/n \to 1$ 的概率为 1。此外，这种情况以下列两种特定的方式之一发生。第一，当 $n \to \infty$ 时，$V(n, 1, B)/V(n, 1, A)$、$V(n, 2, A)/V(n, 2, B)$、$V(n, A, 2)/V(n, A, 1)$ 以及 $V(n, B, 1)/V(n, B, 2)$，全都以概率 1/2 趋向于 0；第二，当 $n \to \infty$ 时，$V(n, 1, B)/V(n, 1, A)$、$V(n, 2, A)/V(n, 2, B)$、$V(n, A, 2)/V(n, A, 1)$ 以及 $V(n, B, 1)/V(n, B, 2)$，各式的倒数趋向于 0。

注释 1　如果允许任意的初始条件发生，也就是说，如果允许 $\{V(n, i, x)\}$ 为任意的实向量，有严格为正的系数。那么定理 1 的结论对于某个大于 1/2 的概率成立，它在上 $\mathscr{F}_1$ 是可测度的。

在着手证明上述定理之前，我们先来观察一下。这个观察看似无关紧要，但是实际上却降低了所涉及问题的维数并大大简化了表示形式。这就是说，我们可以观察到，对于每个 n，有：

$$V(n+1, 1, A) = V(n, 1, A) + 1 \Leftrightarrow V(n+1, A, 1) = V(n, A, 1) + 1$$
$$V(n+1, 1, B) = V(n, 1, B) + 1 \Leftrightarrow V(n+1, B, 1) = V(n, B, 1) + 1$$
$$V(n+1, 2, A) = V(n, 2, A) + 1 \Leftrightarrow V(n+1, A, 2) = V(n, A, 2) + 1$$
$$V(n+1, 2, B) = V(n, 2, B) + 1 \Leftrightarrow V(n+1, B, 2) = V(n, B, 2) + 1$$

因此,我们只需要跟踪 4 个量 $\{V(n, i, x): i = 1, 2; x = A, B\}$ 的变化过程,就可以跟踪整个变化过程,而无需对全部 8 个量都进行跟踪。将上述 4 个量的变化过程标记为一个马尔可夫链 $\{V_n\}$:

$$V_n := \big(V(n, 1, A), V(n, 1, B), V(n, 2, A), V(n, 2, B)\big)$$

如果我们将 V_n 的坐标按顺序标示为 $1A$、$1B$、$2A$ 和 $2B$,而不是 1、2、3 和 4,例如,$(V_n)_{1A} = V(n, 1, A)$,等等,那么相应的式子就会更加整齐方便。如果初始条件按照注释 1 所表述的那样发生了变化,使得对于某些 (i, x),$V(1, i, x) \neq V(1, x, i)$,那么就不再有对称性的 $V(n, i, x) = (n, x, i)$,而有 $[V(n, i, x) - (n, x, i)]$ 独立于 n。这种情况下,证明过程会麻烦一些,但是同样的结论仍然成立。

令 $\bowtie$ 表示集合 $\{1A, 1B, 2A, 2B\}$,并令 $T_n := \sum_{j \in \bowtie} V_j$ 为发送者瓮的球的总数。再令:

$$X_n := \left(\frac{V(n, 1, A)}{T_n}, \frac{V(n, 1, B)}{T_n}, \frac{V(n, 2, A)}{T_n}, \frac{V(n, 2, B)}{T_n}\right) \tag{14.1}$$

为一个归一化比例向量。显见,向量 X_n 是如下 3 单形的内部的一个元素:

$$\Delta := \{(x_{1A}, x_{1B}, x_{2A}, x_{2B}) \in \mathbb{R}^{\bowtie}: x_{1A}, x_{1B}, x_{2A}, x_{2B} \geqslant 0, \sum_{j \in \bowtie} x_j = 1\}$$

让我们采用 $X_{n, 1, A}$ 这种形式的记号,而不要采用 $(X_n)_{1A}$ 这种形式的记号。当有"胜利"时,令 $\psi_n = V_{n+1} = V_n$,为与时间 n 上的行动所导致的强化相对应的标准基础向量;如若不然,则令其为零向量。这样一来,$|\psi_n| = \text{win}_{n+1} - \text{win}_n$,在这里我们用了 $\mathbb{R}^{\bowtie}$ 的 L^1 范数,而且将一直使用它。

采用上述标记方式,定理 1 就可以改写为:

$$X_n \to \left(\frac{1}{2}, 0, 0, \frac{1}{2}\right) \text{ 或 } \left(0, \frac{1}{2}, \frac{1}{2}, 0\right) \tag{14.2}$$

由对称性可知,当 $V_1 = (1, 1, 1, 1)$ 时,两者出现的概率相等。

14.2 建立随机逼近与一个常微分方程的关系

随机逼近过程的一个非常常见的情况就是满足:

$$X_{n+1} - X_n = \gamma_n\big(F(X_n) + \xi_n\big) \tag{14.3}$$

其中的 $\{\gamma_n\}$ 是常量,可以使得 $\sum_n \gamma_n = \infty$,且 $\sum_n \gamma_n^2 < \infty$;同时,其中的 ξ_n 是有界的且 $\mathbb{E}(\xi_n \mid F_n) = 0$。有的时候,$(F(X_n) + \xi_n)$ 还要再加上另外一个余项 R_n,这个余项可能是随机的,它满足条件 $\sum_n |R_n| < \infty$(但这个条件几乎肯定可以得到满足)。对于瓮模型,并没有确切的定义,但是在一个瓮模型中,归一化的内容向量通常是一个随机逼近过程,其中 $\gamma_n = 1/n$。只要计算一下 $\mathbb{E}(X_{n+1} - X_n \mid \mathscr{F}_n)$,并观察到缩放 $1/n$ 后它会收敛到一个向量函数 F,就不难明白这一点了。

要分析这条马尔可夫链 $\{V_n\}$,或者等价地,要分析那条非时间齐次的 $\{X_n\}$,我们可以先写出如下转移概率:

$$\mathbb{P}\big(\psi_n = (1,0,0,0)\big) = \mathbb{P}(1A1) = \frac{1}{2} \frac{X_{n,1,A}}{X_{n,1,A} + X_{n,1,B}} \frac{X_{n,1,A}}{X_{n,1,A} + X_{n,2,A}}$$

$$\mathbb{P}\big(\psi_n = (0,1,0,0)\big) = \mathbb{P}(1B1) = \frac{1}{2} \frac{X_{n,1,B}}{X_{n,1,B} + X_{n,1,A}} \frac{X_{n,1,B}}{X_{n,1,B} + X_{n,2,B}}$$

$$\mathbb{P}\big(\psi_n = (0,0,1,0)\big) = \mathbb{P}(2A2) = \frac{1}{2} \frac{X_{n,2,A}}{X_{n,2,A} + X_{n,2,B}} \frac{X_{n,2,A}}{X_{n,2,A} + X_{n,1,A}}$$

$$\mathbb{P}\big(\psi_n = (0,0,0,1)\big) = \mathbb{P}(2B2) = \frac{1}{2} \frac{X_{n,2,B}}{X_{n,2,B} + X_{n,2,A}} \frac{X_{n,2,B}}{X_{n,2,B} + X_{n,1,B}}$$

$$\mathbb{P}\big(\psi_n = (0,0,0,0)\big) = \mathbb{P}(1*2, 2*1) = 1 - \mathbb{P}(|\psi_n| = 1)$$

$$(14.4)$$

其中 $*$ 代表一个信号,它可能是 A,也可能是 B。因为 ψ_n 表示 $(V_{n+1} - V_n)$,所以我们有:如果 $|\psi_n| = 1$ 的话,则:

$$X_{n+1} - X_n = \frac{V_{n+1}}{1+T_n} - \frac{V_n}{1+T_n} + \frac{V_n}{1+T_n} - \frac{V_n}{T_n} = \frac{1}{1+T_n}(\psi_n - X_n) \quad (14.5)$$

如若不然,则 $X_{n+1} - X_n = 0$。

取如下的期望:

$$\mathbb{E}(X_{n+1} - X_n \mid \mathscr{F}_n) = \frac{1}{1+T_n} F(X_n) \quad (14.6)$$

其中 $F(x) := \mathbb{E}(|\psi_n|(\psi_n - X_n) \mid X_n = x)$ 是一个从 Δ 到正切空间 $T\Delta := \{x \in R^{\bowtie} : \sum_{j \in \bowtie} x_j = 0\}$ 的函数,它由下式给出(已经写为一个列向量的形式,这样更适合一些):

$$\frac{1}{2}\begin{bmatrix} \dfrac{(1-x_{1A})x_{1A}^2}{(x_{1A}+x_{1B})(x_{1A}+x_{2A})} & -\dfrac{x_{1A}x_{1B}^2}{(x_{1A}+x_{1B})(x_{1B}+x_{2B})} & -\dfrac{x_{1A}x_{2A}^2}{(x_{2A}+x_{2B})(x_{2A}+x_{1A})} & -\dfrac{x_{1A}x_{2B}^2}{(x_{2B}+x_{2A})(x_{2B}+x_{1B})} \\[3mm] -\dfrac{x_{1B}x_{1A}^2}{(x_{1A}+x_{1B})(x_{1A}+x_{2A})} & +\dfrac{(1-x_{1B})x_{1B}^2}{(x_{1B}+x_{1A})(x_{1B}+x_{2B})} & -\dfrac{x_{1B}x_{2A}^2}{(x_{2A}+x_{2B})(x_{2A}+x_{1A})} & -\dfrac{x_{1B}x_{2B}^2}{(x_{2B}+x_{2A})(x_{2B}+x_{1B})} \\[3mm] -\dfrac{x_{2A}x_{1A}^2}{(x_{1A}+x_{1B})(x_{1A}+x_{2A})} & -\dfrac{x_{2A}x_{1B}^2}{(x_{1B}+x_{1A})(x_{1B}+x_{2B})} & +\dfrac{(1-x_{2A})x_{2A}^2}{(x_{2A}+x_{2B})(x_{2A}+x_{1A})} & -\dfrac{x_{2A}x_{2B}^2}{(x_{2B}+x_{2A})(x_{2B}+x_{1B})} \\[3mm] -\dfrac{x_{2B}x_{1A}^2}{(x_{1A}+x_{1B})(x_{1A}+x_{2A})} & -\dfrac{x_{2B}x_{1B}^2}{(x_{1B}+x_{1A})(x_{1B}+x_{2B})} & -\dfrac{x_{2B}x_{2A}^2}{(x_{2A}+x_{2B})(x_{2A}+x_{1A})} & +\dfrac{(1-x_{2B})x_{2B}^2}{(x_{2B}+x_{2A})(x_{2B}+x_{1B})} \end{bmatrix}$$

令 $\xi_n = (1+T_n)\big(\boldsymbol{X}_{n+1}-\boldsymbol{X}_n-F(\boldsymbol{X}_n)\big)$ 为噪声项,我们不难证明式(14.6)是式(14.3)的一个变体(当存在非确定性的 γ_n 时)。

对于服从式(14.3)或式(14.6)的各种过程,通过试探可知某个过程的轨迹应该逼近相对应的微分方程 $\boldsymbol{X}'=F(\boldsymbol{X})$ 的轨迹。让 $Z(F)$ 表示向量场 F 的零集。通过试探可知,如果在向量场 F 上不存在环,那么该过程应当收敛到集合 $Z(F)$。不存在环的一个充分条件是存在一个李雅普诺夫函数,即函数 L,使得 $\nabla L \cdot F \geqslant 0$ 中的等号只在 F 消失时才成立。然而,当 $Z(F)$ 足够大,即大到足以包含一条曲线时,那么对于该过程是否继续只在 $Z(F)$ 的周围移动,就不是光凭试探法所能够解决的问题了。相反,有一个关于不收敛启发式说,这种过程不应该收敛到一个不稳定均衡。

命题 1(F 的零集)　设 Q 表示多项式 $(x_{1A}x_{2B}-x_{1B}x_{2A})$。$F$ 在 Δ 上的零集 $Z(F)$ 由零集 $Z(Q):=\{Q=0\}$ 再加上两点 $\left(\dfrac{1}{2},0,0,\dfrac{1}{2}\right)$ 和 $\left(0,\dfrac{1}{2},\dfrac{1}{2},0\right)$ 组成。$Z(F)$ 如图 14.2 所示。

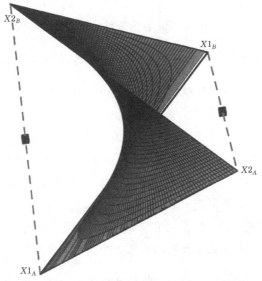

图 14.2　重心坐标 $Q=0$ 的表面,以及 F 的另两个零点

证明　常规的证明方法就是检验在那个表面和另两个点上，F 消失了。因此，只要证明这些是 Δ 上的 $F=0$ 的仅有的解就足够了。令 Z' 为单形中 $x_{1A}x_{1B}x_{2A}$ 消失的子集，或者换句话说，令 Z' 为 Δ 的四面的其中三个面的并集。我们就可以断言 $Z(F)$ 包含在集合 $Z(Q) \bigcup Z'$ 当中。

首先，把分母理清。我们用 P_1，$\cdots$，P_4 分别表示 $(x_{1A} + x_{1B})(x_{1A} + x_{2A})(x_{1B} + x_{2B})(x_{2A} + x_{2B})$ 乘以 F 的 4 个分量而获得的 4 个多项式。接着令 $P_5 := 1 - x_{1A} - x_{1B} - x_{2A} - x_{2B}$。接下来，我们将检查 $g := Qx_{1A}x_{1B}x_{2A}$ 包含在由 P_1，$\cdots$，P_5 产生的理想中。当 q_i 的范围超过多项式时，这被定义为集 $\sum_{i=1}^{5} q_i P_i$，我们将它用 $\mathfrak{J}$ 来表示。下面我们先来看看，在目前这些假设下，如何证明上述论断。在 $Z(F)$ 上，我们知道，因为 $Z(F) \in \Delta$，所以 P_5 消失；同时 F 消失，P_1，$\cdots$，P_4 消失。因此 $\mathfrak{J}$ 上的每一个多项式都会消失，其中特别是 g 消失。当 g 消失时的集包含了 $Z(Q) \bigcup Z'$，从而也就证明了上述论断。

现在，有了计算机代数系统的帮助，要检查 $g \in \mathfrak{J}$ 并不困难。例如，在 Maple 11 上，启动葛罗柏纳（Groebner）软件包后，输入命令：

$$B := \text{Basis}(([P_1, P_2, P_3, P_4, P_5]), \text{tdeg}(x_{1A}, x_{1B}, x_{2A}, x_{2B}))$$

就可以得到 $\mathfrak{J}$ 的一个**葛罗伯纳基**（Gröbner basis）[相对于如下项序 tdeg(x_{1A}, x_{1B}, x_{2A}, x_{2B})]，它是 $\mathfrak{J}$ 的一个规范表示，有现成的算法可以进行隶属检验。具体地说，给定多项式 g 和一个葛罗伯纳基 B，利用以下命令就可以生成一个余项 r，满足 $g - r \in B$ 且 r 很小的条件（相对于同样的项序）：

$$\text{Narmal Form}(g, B, \text{tdeg}(x_{1A}, x_{1B}, x_{2A}, x_{2B}))$$

只要我们试一下这个，我们就会发现，$r = 0$，而这就蕴涵着 $g \in \mathfrak{J}$，从而验证了上述论断。

最后，既然已经证明了 $Z(F) \subseteq Z(Q) \bigcup Z'$，那么同理可证，$Z(F) \subseteq Z(Q) \bigcup Z''$，其中 Z'' 为 x_{1A}，x_{1B}，x_{2A}，x_{2B} 这 4 个变量的任意 3 个的积的 Δ 上的零集。取 Z'' 的 4 个可能的集合的交集，就可以证明 $Z(F) \subseteq Z(Q) \bigcup Z_*$，其中 Z_* 是 4 个单项式 $x_{1A}x_{1B}x_{2A}$，$x_{1A}x_{1B}x_{2B}$，$x_{1A}x_{2A}x_{2B}$ 和 $x_{1B}x_{2A}x_{2B}$ 的 Δ 上的零集交。换言之，Z_* 是 Δ 的 1 骨架（"1 骨架"指所有一维边的并集）。集合 $Z(Q)$ 已经包含了该 1 骨架的 6 条边中的 4 条。考察其中一条边 $(\alpha, 0, 0, 1-\alpha)$，就可以得到位于该边的内部的 $F = 0$ 的一个解，即 $\left(\dfrac{1}{2}, 0, 0,\right.$

$\frac{1}{2}$）。接下来我们再检查另一条边$(0, \alpha, 1-\alpha, 0)$，可以得到点$\left(0, \frac{1}{2}, \frac{1}{2}, 0\right)$。这样就完成了对上述命题的证明。

下面我们来证明，对于该向量场，$Z(Q)$是一个几何不稳定的集合。

命题 2$\big(Z(Q)$的不稳定性$\big)$

$$\mathrm{Sgn}(\boldsymbol{\nabla} Q \cdot F) = \mathrm{sgn}(Q)$$

在Δ的所有点上都成立，除了$\left(\frac{1}{2}, 0, 0, \frac{1}{2}\right)$和$\left(0, \frac{1}{2}, \frac{1}{2}, 0\right)$之外。

证明 前述命题已经证明，当Q消失时，F消失，因此很显然，当$Q=0$时，结论成立。由于对称性，接下来只需证明，$Q>0$即蕴涵着，在Δ上$\boldsymbol{\nabla} Q \cdot F>0$。

设$x=(x_{1A}, x_{1B}, x_{2A}, x_{2B})$为$\Delta$上的任意一点，满足$Q(x)>0$和最多一个坐标消失的条件，那么下面的关系式成立：

$$
\begin{aligned}
\frac{x_{1A}}{x_{1A}+x_{1B}} &> \frac{x_{2A}}{x_{2A}+x_{2B}} \\
\frac{x_{1A}}{x_{1A}+x_{2A}} &> \frac{x_{1B}}{x_{2B}+x_{1B}} \\
\frac{x_{2B}}{x_{2B}+x_{2A}} &> \frac{x_{1B}}{x_{1B}+x_{1A}} \\
\frac{x_{2B}}{x_{2B}+x_{1B}} &> \frac{x_{2A}}{x_{2A}+x_{1A}}
\end{aligned}
\tag{14.7}
$$

我们可以记：

$$2\boldsymbol{\nabla} Q \cdot F = x_{1A}x_{2B}H - x_{1B}x_{2A}\tilde{H} \tag{14.8}$$

其中：

$$H(\boldsymbol{x}) = \frac{x_{1A}}{(x_{1A}+x_{1B})(x_{1A}+x_{2A})} + \frac{x_{2B}}{(x_{2B}+x_{2A})(x_{2B}+x_{1B})} - 4\psi(\boldsymbol{x})$$

$$\tilde{H}(\boldsymbol{x}) = \frac{x_{2A}}{(x_{2A}+x_{2B})(x_{2A}+x_{1A})} + \frac{x_{1B}}{(x_{1B}+x_{1A})(x_{1B}+x_{2B})} - 4\psi(\boldsymbol{x})$$

其中$\psi(\boldsymbol{x}) := \mathbb{P}(|\underline{\psi}_n|) = 1 | \boldsymbol{X}_n = \boldsymbol{x})$。

由式(14.7)，有：

$$4\psi(\boldsymbol{x}) = \frac{2x_{1A}^2}{(x_{1A}+x_{1B})(x_{1A}+x_{2A})} + \frac{2x_{1B}^2}{(x_{1B}+x_{1A})(x_{1B}+x_{2B})}$$

$$+ \frac{2x_{2A}^2}{(x_{2A}+x_{2B})(x_{2A}+x_{1A})} + \frac{2x_{2B}^2}{(x_{2B}+x_{2A})(x_{2B}+x_{1B})}$$

$$< \frac{2x_{1A}^2}{(x_{1A}+x_{1B})(x_{1A}+x_{2A})} + \frac{x_{1A}(x_{1B}+x_{2A})}{(x_{1A}+x_{1B})(x_{1A}+x_{2A})} \qquad (14.9)$$

$$+ \frac{x_{2B}(x_{2A}+x_{1B})}{(x_{2B}+x_{2A})(x_{2B}+x_{1B})} + \frac{2x_{2B}^2}{(x_{2B}+x_{2A})(x_{2B}+x_{1B})}$$

$$= \frac{x_{1A}}{x_{1A}+x_{1B}} + \frac{x_{1A}}{x_{1A}+x_{2A}} + \frac{x_{2B}}{x_{2B}+x_{2A}} + \frac{x_{2B}}{x_{2B}+x_{1B}}$$

将公分母表示为：

$$D := (x_{1A}+x_{1B})(x_{1A}+x_{2A})(x_{2B}+x_{2A})(x_{2B}+x_{1B}) \qquad (14.10)$$

然后就可以得到(利用第二行中的 $x_{1A}+x_{1B}+x_{2A}+x_{2B}=1$)：

$$H(\boldsymbol{x}) > \frac{x_{1A}\big(1-(x_{1A}+x_{1B})-(x_{1A}+x_{2A})\big)}{(x_{1A}+x_{1B})(x_{1A}+x_{2A})}$$

$$+ \frac{x_{2B}\big(1-(x_{2B}+x_{2A})-(x_{2B}+x_{1B})\big)}{(x_{2B}+x_{2A})(x_{2B}+x_{1B})}$$

$$= \frac{x_{1A}(x_{2B}-x_{1A})}{(x_{1A}+x_{1B})(x_{1A}+x_{2A})} + \frac{x_{2B}(x_{1A}-x_{2B})}{(x_{2B}+x_{2A})(x_{2B}+x_{1B})}$$

$$= (x_{1A}+x_{2B})\left[\frac{x_{2B}}{(x_{2B}+x_{2A})(x_{2B}+x_{1B})} - \frac{x_{1A}}{(x_{1A}+x_{1B})(x_{1A}+x_{2A})}\right]$$

$$= \frac{(x_{1A}-x_{2B})^2 Q}{D} > 0$$

通过类似的计算可以证明，$\tilde{H} < 0$。既然最多有一个坐标消失，不难看出式(14.15)的左侧是严格为正的。

最后，如果有一个以上 $\boldsymbol{x}$ 的坐标消失且 $Q \neq 0$，那么 $\boldsymbol{x}$ 位于两条线段 $(\alpha, 0, 0, 1-\alpha)$、$(0, \alpha, 1-\alpha, 0)$ 的内侧。插入这些参数化值，就可以证明 $\nabla Q \cdot F$ 的仅有的内部零点就是中点。

14.3 概率分析

引理1 $\dfrac{1}{2} \leqslant \liminf \dfrac{T_n}{n} \leqslant \limsup \dfrac{T_n}{n} \leqslant 1$ 的概率为 1。

证明 上界的证明很简单,因为 $T_n \leqslant n-1+T_1$。至于下界,只要我们能够证明 $\psi(\boldsymbol{x})$ 总是至少为 1/2,就马上可以根据条件波雷尔—坎泰利引理得出(Durrett,2004:Theorem I.6)。为了证明下界,对关于 ψ 的式(14.9)乘上 D,以便清理分母,然后倍之。很容易看出,结果为 $(D+Q^2)$。这样一来,就有:

$$\psi - \frac{1}{2} = \frac{Q^2}{2D}$$

这显然是一个非负量。□

在这个初步的结果的基础上,定理 1 的证明的其余部分可以分成三块,即如下的命题 3—命题 5。前面我们已经看到,$L := Q^2$ 是随机过程 $\{\boldsymbol{X}_n\}$ 的一个李雅普诺夫函数;这一点蕴涵于命题 2 以及 $\nabla(Q^2)$ 平行于 ∇Q 这一事实。其最小值 0 恰好出现在表面 $Z(Q)$ 上,其最大值 1/16 则出现在 $Z(F)$ 的另两个点上。令

$$Z_0(Q) := Z(Q) \bigcap \partial\Delta = Z(D)。$$

命题 3 (李普雅诺夫函数蕴涵收敛)。随机过程 $\{L(\boldsymbol{X}_n)\}$ 几乎肯定收敛于 0 或 1/16。

命题 4 (不稳定性蕴涵不收敛)。极限 $\lim_{n\to\infty}\boldsymbol{X}_n$ 存在并且位于 $Z(Q)\backslash Z_0(Q)$ 的概率为 0。

命题 5 (不会收敛到边界)。极限 $\lim_{n\to\infty}\boldsymbol{X}_n$ 存在的概率为 1。此外,$\mathbb{P}\left(\lim_{n\to\infty}\boldsymbol{X}_n \in Z_0(Q)\right) = 0$。

这三个命题放到一起,蕴涵着定理 1。第一个命题是一个简单的结果,很容易就可以通过鞅方法来证明,即,$\{\boldsymbol{X}_n\}$ 不能连续地跨过 F 不消失的区域。第二个命题有点类似于佩曼特尔的非收敛结果(Pemantle,1990:Theorem 1)以及贝纳伊姆(Benaïm,1999:Theorem 9.1)的推广,而从现在的情形来看,它的证明可以用更简明的形式给出(Pemantle,2007:Theorem 2.9)。第三个命题是最棘手的,它依赖于过程 $\{\boldsymbol{X}_n\}$ 的特殊性质。这是迫不得已的,因为在瓮方案的边界附近,由于增量的方差的减小,佩曼特尔的不收敛方法(Pemantle,1990)将会失效。如果能够找到一个更一般的方法,既可以证明在这种情况下不会收敛到不稳定点,同时又可以证明该过程(而不仅仅是李雅普诺夫函数)是收敛的,那就好了。

对命题 3 的证明 令 $Yn := L(\boldsymbol{X}_n)$,然后将 $\{Y_n\}$ 分解成一个鞅和一个

可预测的过程 $Y_n = M_n + A_n$，其中 $A_{n+1} - A_n = \mathbb{E}(Y_{n+1} - Y_n \mid F_n)$。从引理 1 可知，$Y_n$ 的增量几乎肯定为 $O(1/T_n) = O(1/n)$，因此鞅 $\{M_n\}$ 在 L^2 上，且几乎肯定是收敛的。为了计算 A_n，利用泰勒展开：

$$L(\boldsymbol{x} + \boldsymbol{y}) = L(\boldsymbol{x}) + \boldsymbol{y} \cdot \nabla L(\boldsymbol{x}) + R_x(\boldsymbol{y})$$

其中，$R_x(\boldsymbol{y}) = O(\mid \boldsymbol{y} \mid^2)$ 在 $\boldsymbol{x}$ 上是均匀的。然后有：

$$
\begin{aligned}
A_{n+1} - A_n &= \mathbb{E}\Big[L\big(F(\boldsymbol{X}_{n+1})\big) - L\big(F(\boldsymbol{X}_n)\big) \mid \mathscr{F}_n \Big] \\
&= \mathbb{E}\Big[\nabla L(\boldsymbol{X}_n) \cdot (\boldsymbol{X}_{n+1} - \boldsymbol{X}_n) + R_{X_n}(\boldsymbol{X}_{n+1} - \boldsymbol{X}_n) \mid \mathscr{F}_n \Big] \\
&= \frac{1}{1 + T_n}(\nabla L \cdot F)(\boldsymbol{X}_n) + \mathbb{E}\big[R_{X_n}(\boldsymbol{X}_{n+1} - \boldsymbol{X}_n) \mid \mathscr{F}_n \big]
\end{aligned}
$$

因为其中的 $R_{X_n}(\boldsymbol{X}_{n+1} - \boldsymbol{X}_n) = O(T_n^{-2}) = O(n^{-2})$ 是可累加的，所以对于某个几乎肯定收敛的 η，有：

$$An = \eta(n) + \sum_{k=1}^{n} \frac{1}{1 + T_k}(\nabla L \cdot F)(\boldsymbol{X}_k)$$

我们现在可以用通常的反证法来证明这个命题了。如果 $\boldsymbol{X}_n$ 无限远离李雅普诺夫函数的临界值，那么漂移就会导致李雅普诺夫函数"爆炸"。为了说明这一点，首先注意到 $\{Y_n\}$ 和 $\{M_n\}$ 有界性就蕴涵着和 $\{A_n\}$ 的有界性。对于任意 $\varepsilon \in (0, 1/32)$，令 Δ_ε 表示 $L^{-1}[\varepsilon, 1/16 - \varepsilon]$。在 Δ_ε 上，函数 $\nabla L \cdot F$ 是永远非负的，其下界为某个常数 c_ε。设 δ 是从 Δ_ε 到 $\Delta_{\varepsilon/2}$ 补的距离。假设 $\boldsymbol{X}_n, \boldsymbol{X}_{n+1}, \cdots, \boldsymbol{X}_{n+k-1} \in \Delta_\varepsilon$，且 $\boldsymbol{X}_{n+k} \notin \Delta_{\varepsilon/2}$。那么，由于 $|\phi_n|$ 和 $|\boldsymbol{X}_n|$ 都至多为 1，这样从式(14.5)我们可以得到：

$$
\begin{aligned}
\delta &\leqslant \sum_{j=n}^{n+k-1} \mid \boldsymbol{X}_{j+1} - \boldsymbol{X}_j \mid \\
&\leqslant \sum_{j=n}^{n+k-1} \frac{2}{1 + T_j} \\
&\leqslant \frac{4}{\varepsilon}\Big[A_{n+k} - A_n - \big(\eta(n+k) - \eta(n) \big) \Big]
\end{aligned}
$$

因此，如果 $X_n \in \Delta_\varepsilon$ 无限经常地发生，那么就可以得到 $\{A_n\}$ 无限增大的结果。至此，我们运用反证法证明了，对于每个 ε，$\{\boldsymbol{X}_n\}$ 最终都将位于 Δ_ε 之外。命题得证。

命题 4 的证明 这个证明的思想最早出现在佩曼特尔的论文中（Pemantle，1988：103)，但是那里的证明要求有一些特殊假设——佩曼特尔(Pemantle，1990：Theorem 1)和贝纳伊姆(Benaïm，1999：Theorem 9.1)也一样——即要求有一个确定性的步长$\{\gamma_n\}$，并要求对某些孤立的不稳定的不动点或整个不稳定轨道进行分析。有鉴于此，我们在这里将先说明过程$\{X_n\}$及其李雅普诺夫函数 Q 的最低要求是什么。

对于任一过程$\{Y_n\}$，我们用 ΔY_n 表示 $(Y_{n+1} - Y_n)$。令 $N \subseteq \mathbb{R}^d$ 为任一闭集，并令$\{X_n : n \geqslant 0\}$ 为一个适合于过滤$\{\mathscr{F}_n\}$ 的过程，再令 $\sigma := \inf\{k : X_k\} \notin \mathcal{N}$ 为该过程退出$\mathcal{N}$的时间。另外，令$\mathbb{R}_n$和$\mathbb{E}_n$分别表示相对于 F_n 的条件概率和期望。接下来，我们将先提出几个假设，即对$\{X_n\}$的假设式(14.11)至式(14.13)，然后考察式(14.1)定义的过程$\{X_n\}$是否符合这些假设条件。首先，我们需要假设，对于某个常数 $c_1 > 0$，有：

$$\mathbb{E}_n |\Delta X_n|^2 \leqslant c_1 n^{-2} \tag{14.11}$$

而且它还蕴涵着$\mathbb{E}_n |\Delta X_n|^2 \leqslant \sqrt{c_1} n^{-1}$。设 Q 为$\mathcal{N}$的邻域$\mathcal{N}'$上的一个两次可微的实函数，我们还需要假设，只要 $X_n \in \mathcal{N}'$，有：

$$\mathrm{sgn}(Q(X_n))[\nabla Q(X_n) \cdot \mathbb{E}_n \Delta X_n] \geqslant -c_2 n^{-2} \tag{14.12}$$

令 c_3 为$\mathcal{N}'$上的 Q 的二阶偏导数的矩阵行列式的上界。我们还需要假设，当$n < \sigma$ 时，过程$\{Q(X_n)\}$的增量方差有下限：

$$\mathbb{E}_n(\Delta Q(X_n))^2 \geqslant c_4 n^{-2} \tag{14.13}$$

这些假设与式(14.1)定义的过程$\{X_n\}$之间的关系见如下的引理。□

引理 2 假设有一个函数 $F : \mathcal{N} \to T\Delta$、非负量 $\gamma_n \in \mathscr{F}_n$ 以及 $c' > 0$，它们使得

$$|\mathbb{E}_n \Delta X_n - \gamma_n F(X_n)| \leqslant c' n^{-2} \tag{14.14}$$

$$\mathrm{sgn}(\nabla Q \cdot F) = \mathrm{sgn}(Q) \tag{14.15}$$

那么就满足了假设式(14.12)。当 N 与$\partial\Delta$ 不相交时，式(14.1)定义的过程$\{X_n\}$满足假设式(14.11)、式(14.13)，以及式(14.12)。

证明 设 $R := \mathbb{E}_n \Delta X_n - \gamma_n F(X_n)$，那么有只要取 $c_2 \geqslant c' \sup_{x \in \mathcal{N}} |\nabla Q(x)|$，就可以得到：

$$\nabla Q(X_n) \cdot \mathbb{E}_n \Delta X_n = \nabla Q(X_n) \cdot [\gamma_n F(X_n) + R]$$
$$\geqslant 0 - |\nabla Q(X_n)| c' n^{-2}$$

以及假设式(14.12)。式(14.1)定义的过程$\{X_n\}$满足假设式(14.11),$|\Delta X_n|$的上界为n^{-1}。最后,为了观察是否满足假设式(14.13),我们注意到,在任一不与$\partial\Delta$相交的闭集上,都有$|\nabla Q|\geqslant\varepsilon>0$,而且,$\mathbb{P}(\psi_n=e_j)$这样的集合对于任一基本的基向量$e_j$是有下界的。由此,可以得出$\Delta Q\{X_n\}$的二次矩的下界。

现在,可以从如下这个更一般的结果得出命题4了。

命题6 像在证明命题4时一样,定义$\{X_n\}$、Q、$\mathcal{N}\subseteq\mathcal{N}'$以及退出$\mathcal{N}$的时间$\sigma$,并令它们满足假设式(14.11)至式(14.13),其中包含c_1、c_2和c_4,而c_4则为$\mathcal{N}'$上的Q的海赛行列式的界。并进一步假设存在一个N_0,使得对于所有$n\geqslant N_0$,都有$X_n\in\mathcal{N}\Rightarrow X_{n+1}\in\mathcal{N}'$,那么有:

$$\mathbb{P}\big[\sigma=\infty \text{ and } Q(\mathrm{X}_n)\to 0\big]=0$$

注释 只要将这个结论应用于$Z(Q)\backslash Z_0(Q)$的一个紧集可数覆盖,就可以得出命题4了。

证明 证明的结构与佩曼特尔(Pemantle,1988,1990)和贝纳伊姆(Benaïm,1999)的不收敛证明很类似。我们证明,过程$\{Q(X_n)\}$的增量二次变化至少是n^{-2}阶的,这就是式(14.17)。然后,我们再证明,在时间n时,依赖于过去,过程$\{Q(X_n)\}$远离零点至少常数倍$n^{-1/2}$(这是引理3)的概率是有界的且远高于0;从而,过程$\{Q(X_n)\}$从不回到更接近于零点的概率也是有下界的(这是引理4)。

下面开始正式的证明。我们先固定$\varepsilon>0$和$N\geqslant N_0$,它们还满足下式:

$$N\geqslant\frac{16(c_2+c_1c_3)^2}{c_4^2}\tag{14.16}$$

令$\tau:=\inf\{k\geqslant N:|Q(X_k)|\geqslant\varepsilon k^{-1/2}\}$。并假设$N\leqslant n\leqslant\sigma\wedge\tau$。从泰勒估计:

$$|Q(x+y)-Q(x)-\nabla Q(x)\cdot y|\geqslant C|y|^2$$

(其中C为围绕x的半径为$|y|$的球上的Q的海赛行列式的上界),我们可以得到:

$$
\begin{aligned}
\mathbb{E}_n\Delta\big(Q(X_n)^2\big) &= \mathbb{E}_n 2Q(X_n)\Delta Q(X_n)+\mathbb{E}_n\big(\Delta Q(X_n)\big)^2\\
&\geqslant 2Q(X_n)\nabla Q(X_n)\cdot\mathbb{E}_n\Delta X_n-2c_3 Q(X_n)\mathbb{E}_n|\Delta X_n|^2\\
&\quad+\mathbb{E}_n|\Delta Q(X_n)|^2\\
&\geqslant\big[-2Q(X_n)(c_2+c_3c_1)+c_4\big]n^{-2}
\end{aligned}
$$

由式(14.16),我们有 $n^{-1/2} \leqslant c_4 / \big(4(c_2 + c_1 c_3) \big)$。因此,有:

$$\mathbb{E}_n \Delta \big(Q(\boldsymbol{X}_n)^2 \big) \geqslant \frac{c_4}{2} n^{-2} \tag{14.17}$$

引理 3 如果将 τ 的定义中 ε 的值取为 $c_4/2$,那么有 $\mathbb{P}_n(\tau \wedge \sigma < \infty)$ $\geqslant 1/2$。

证明 对于任何 $m \geqslant n$,显然有 $\mid Q(\boldsymbol{X}_{m \wedge \tau \wedge \sigma}) \mid \leqslant \varepsilon n^{-1/2}$。因此有:

$$
\begin{aligned}
\varepsilon n^{-1} &\geqslant \mathbb{E}_n Q(\boldsymbol{X}_{m \wedge \tau \wedge \sigma})^2 \\
&\geqslant \mathbb{E}_n \big[Q(\boldsymbol{X}_{m \wedge \tau \wedge \sigma})^2 - Q(\boldsymbol{X}_n)^2 \big] \\
&= \sum_{k=n}^{m-1} \mathbb{E}_n \Delta \big(Q(\boldsymbol{X}_k)^2 \big) \mathbf{1}_{k < \tau \wedge \sigma} \\
&\geqslant \sum_{k=n}^{m-1} c_4 n^{-2} P_n(\sigma \wedge \tau > k) \\
&\geqslant \frac{c_4}{2} (n^{-1} - m^{-1}) \, \mathbb{P}_n(\sigma \wedge \tau = \infty)
\end{aligned}
$$

令 $m \to \infty$,我们就可以得出结论,$\varepsilon = c_4/2$ 蕴涵着 $\mathbb{P}(\tau \wedge \sigma = \infty) \leqslant 1/2$。

引理 4 存在一个 N_0 和一个 $c_5 > 0$,使得对于所有的 $n \geqslant N_0$,只要 $\mid Q(\boldsymbol{X}_n) \mid \geqslant (c_4/2) n^{-1/2}$,都有:

$$\mathbb{P}_n \Big(\sigma < \infty \ or \ for \ all \ m \geqslant n, \ \mid Q(\boldsymbol{X}_m) \mid \geqslant \frac{c_4}{5} n^{-1/2} \Big) \geqslant c_5$$

现在,让我们利用引理 3 和引理 4 证明命题 6。令 $\mathcal{N}$ 为位于 Δ 内部的任一闭球,并令 $\mathcal{N}'$ 为 $\mathcal{N}$ 的任一凸邻域,其闭包仍然位于 Δ 内部。那么对于任何 $n \geqslant N_0$,我们有:

$$\mathbb{P}_n \big[\sigma = \infty \ and \ Q(\boldsymbol{X}_n) \to 0 \big] \frac{1}{2} + \frac{1}{2} (1 - c_5) < 1$$

但是,由于对于任一事件 $A \in \sigma(\bigcup_n \mathscr{F}_n)$,几乎肯定有 $\mathbb{P}_n(A) \to \mathbf{1}_A$。然而对于事件 $\{\sigma = \infty, \text{且 } Q(\boldsymbol{X}_n) \to 0\}$,几乎肯定有 $\mathbb{P}_n[\sigma = \infty, \text{且 } Q(\boldsymbol{X}_n) \to 0] \to 1$,从而得出该事件的概率为 0。至此,还剩下引理 4 尚未得到证明。

令 $\phi(x) := \phi_\lambda(x) := x + \lambda x^2$,并令 $\tilde{Q}(x) := \phi\big(Q(x) \big)$。首先,我们要证明,存在一个 $\lambda > 0$,使得当 $Q \geqslant 0$ 且 $n \geqslant N_0$ 时,$\tilde{Q}(\boldsymbol{X}_n)$ 是一个鞅。

$$\mathbb{E}_n \Delta \, \widetilde{Q}(X_n) = \mathbb{E}_n \Delta \, Q(\boldsymbol{X}_n) + \lambda \, \mathbb{E}_n \Delta \big(Q(\boldsymbol{X}_n)^2 \big)$$

$$\geqslant \boldsymbol{\nabla} Q(\boldsymbol{X}_n) \cdot \mathbb{E}_n \Delta \boldsymbol{X}_n - c_3 \, \mathbb{E}_n \mid \Delta \boldsymbol{X}_n \mid^2 + \lambda \, \frac{c_4}{2} n^{-2}$$

取 $\lambda \geqslant (2/c_4)(c_2 + c_1 c_3)$，那么当 $Q(\boldsymbol{X}_n) \geqslant 0$ 时，就有了一个上鞅。

接下来，令 $(M_n + A_n)$ 表示 $\{ \widetilde{Q}(\boldsymbol{X}_n) \}$ 的多布分解。或者换句话说，M_n 是一个鞅，而 A_n 则是可预测的和不断增加的。$\big| \phi'_\lambda (Q(x)) \big|$ 的上限为 $c_7 := 1 + 2\lambda \sup |Q| = 1 + 2\lambda$。从 Q 的定义可知，到 $|\boldsymbol{\nabla} Q| \leqslant 1$。从这两个事实，我们得到：

$$\frac{\mid \widetilde{Q}(x+y) - \widetilde{Q}(x) \mid}{\mid y \mid} \leqslant 1 + 2\lambda$$

至此，很容易估计：

$$\mathbb{E}_n (\Delta M_n)^2 \leqslant \mathbb{E}_n \big(\Delta \, \widetilde{Q}(\boldsymbol{X}_n) \big)^2$$

$$\leqslant \Big(\sup \frac{\mid \widetilde{Q}(x+y) - \widetilde{Q}(x) \mid}{\mid y \mid} \Big) \mathbb{E}_n \mid \Delta \boldsymbol{X}_n \mid^2$$

$$\leqslant c_1 c_7 n^{-2} \sup \frac{\mathrm{d} \widetilde{Q}}{\mathrm{d} Q}$$

因此，我们可以得出结论，存在一个常数 $c_4 > 0$，使得 $\mathbb{E}_n (\Delta M_n)^2 \leqslant c_6 n^{-2}$，从而对于一切 $m \geqslant 0$，在事件 $\{ Q(\boldsymbol{X}_n) \geqslant 0 \}$ 上，有：

$$\mathbb{E}_n (M_{n+m} - M_n)^2 \leqslant c_6 n^{-1} \tag{14.18}$$

对于任何 a，n，$V > 0$，以及任何满足 $M_n \geqslant a$ 和 $\sup_m \mathbb{E}_n (M_{n+m} - M_n)^2 \leqslant V$ 的鞅 $\{ M_k \}$，以下不等于式均成立：

$$\mathbb{P} \Big(\inf_m M_{n+m} \leqslant \frac{a}{2} \Big) \leqslant \frac{4V}{4V + a^2}$$

为了证明这一点，令 $\tau = \inf\{ k \geqslant n : M_k \leqslant a/2 \}$，并令 $p := \mathbb{P}_n (\tau < \infty)$，这样一来，有：

$$V \geqslant p \Big(\frac{a}{2} \Big)^2 + (1-p) \, \mathbb{E}_n (M_\infty - M_n \mid \tau = \infty)^2$$

$$\geqslant p \Big(\frac{a}{2} \Big)^2 + (1-p) \Big(\frac{p(a/2)}{1-p} \Big)^2$$

其等价于 $p \leqslant 4V/(4V+a^2)$。由此，当 $a = \dfrac{c_4}{2}n^{-1/2}$ 且 $V = c_6 n^{-1}$ 时，有：

$$\mathbb{P}_n\left(\inf_{k\geqslant n} M_k \leqslant \frac{c_4}{4}n^{-1/2}\right) \leqslant c_5 := \frac{4c_6}{4c_6 + (1/4)c_4^2}$$

但是对于 $K \geqslant n$，$M_k \leqslant \tilde{Q}(\boldsymbol{X}_k)$，因此 $Q(\boldsymbol{X}_k) \leqslant (c_4/5)n^{-1/2}$ 蕴涵着，对于 $n \geqslant N_0$，$\tilde{Q}(\boldsymbol{X}_k) \leqslant (c_4/4)n^{-1/2}$；而这又意味着，$M_k \leqslant (c_4/4)n^{-1/2}$。这样一来，也就证明了，在正的情形下，即 $Q(\boldsymbol{X}_n) \geqslant (c_4/2)n^{-1/2}$ 时，引理的结论是成立的。通过一个完全类似的计算过程，可以证明，当 $Q(\boldsymbol{X}_n) \leqslant 0$ 时，$[Q(\boldsymbol{X}_n) - \lambda Q(\boldsymbol{X}_n)^2]$ 是一个鞅，从而在负的情形下，即在 $Q(\boldsymbol{X}_n) \leqslant (c_4/2)n^{-1/2}$ 的情况下[*]也得到了同样的结论。至此，引理得证，而命题 4 也随之得证。

接下来证明命题 5　下面的引理 5 对一个瓮过程与一个波利亚瓮进行了比较，然后从波利亚瓮的已知性质中推导出了被比较的那个瓮过程满足的一个不等式。证明并不太困难，但是我们还是花点篇幅把证明过程写出来，以便阐明它们之间存在的某种耦合性。

引理 5　假设一个瓮内有两种颜色的球，分别为白色和黑球。再假设球的数量按每一步增加 1 个这个速度精确地增加。把时间 n（或第 n 步）的白球的数量记为 W_n，黑球的数量记为 B_n。令 $X_n := W_n/(W_n + B_n)$ 表示白球在时间 n 的比例，并令 F_n 表示截止时间 n 的信息的 σ 域。进一步假设，存在某个 $0 < P < 1$，使得白球的比例总是被吸引向 P：

$$\left(\mathbb{P}(X_{n+1} > X_n \mid F_n) - X_n\right) \cdot (p - X_n) \geqslant 0$$

那么白球的极限比例 $\lim_{n\to\infty} X_n$ 几乎总是肯定存在且严格地介于 0 与 1 之间。

证明　令 $\tau_N := \inf\{k \geqslant N : X_k \leqslant p\}$ 指时间 N 之后白球的比例第一次下降到低于 p 这个事件。过程 $\{X_{k\wedge\tau_N} : k \geqslant N\}$ 是一个有界上鞅，因此几乎肯定收敛。令 $\{(W_k', B_k') : k \geqslant N\}$ 为一个波利亚瓮过程，它与 $\{W_k, B_k\}$ 以如下方式构成耦合。令 $(W_N', B_N') = (W_N, B_N)$。我们将通过归纳验证，对于所有的 $k \leqslant \tau_N$，有 $X_k \leqslant X_k' := W_k'/(W_k' + B_k')$。如果 $k < \tau_N$ 且 $W_{k+1} - W_k = 1$，那么就令 $W_{k+1}' = W_k' + 1$。如果 $k < \tau_N$ 且 $W_{k+1} = W_k$，那么就令

---

[*]　这里原文中"正的情形"指"$Q(\boldsymbol{X}_n) \geqslant (c_4/2)n^{-1/2}$"；"负的情形"似乎也指"$Q(\boldsymbol{X}_n) \geqslant (c_4/2)n^{-1/2}$"。疑有误。已改。——译者注

Y_{k+1} 表示一个伯努利随机变量,它以非负概率 $\mathbb{P}(Y_{k+1} = 0 \mid \mathscr{F}_k) = (1 - X'_k)/(1 - X_k)$ 独立于任何其他东西。令 $W'_{k+1} = W_k + Y_{k+1}$。这种构造保证了 $W'_{k+1} \geqslant X_{k+1}$。至此,归纳完毕,我们很容易看出,$\mathbb{P}(W'_{k+1} > W_k) = X'_k$,因此 $\{X'_k : N \leqslant k \leqslant \tau_N\}$ 是一个波利亚瓮过程。

接着完成定义。一旦 $k \geqslant \tau_N$,就让 $\{X'_k\}$ 作为一个波利亚瓮过程独立地演化。谁都可以看出,X'_k 几乎确定收敛,而且在给定 F_N 时的条件分布 $X'_{\infty} := \lim_{k \to \infty}$ 是一个 beta 分布,即 $\beta(W_N, B_N)$。为了下面使用方便,我们记这个 beta 分布为一个满足以下估计的分布:

$$\mathbb{P}\left(\left| \beta(xn, (1-x)n) - x \right| >; \delta \right) \leqslant c_1 e^{-c_2 n\delta} \tag{14.19}$$

它在一个紧凑子区间 $(0, 1)$ 内对 x 是均匀的。由于 beta 分布在 1 处是没有原子(核)的,因此我们不难看出,就事件 $\{\tau_N = \infty\}$,极限 $\lim_{k \to \infty} X_k$ 严格小于 1。当把 τ_N 替换为 $\sigma_N := \inf\{k \geqslant N : X_k \geqslant p\}$ 时,可以采用完全类似的方法证明,就事件 $\{\sigma_N = \infty\}$,极限 $\lim_{k \to \infty} X_k$ 严格大于 0。在 N 上取并集,可以证明极限 $\lim_{k \to \infty} X_k$ 存在于事件 $\{(X_k - p)(X_{k+1} - p) < 0$ 有限经常发生$\}$,且严格介于 0 与 1 之间。因此,一旦我们证明了,在 $X_k - p$ 的符号的变化无限频繁这个事件上,有 $X_k \to p$,引理的证明也就完成了。

令 $G(N, \varepsilon)$ 表示事件 $X_{N-1} < P < X_N$ 且存在 $k \in [N, \tau_N]$,使得 $X_k > P + \varepsilon$。令 $H(N, \varepsilon)$ 表示事件 $X_{N-1} > P > X_N$ 且存在 $k \in [N, \sigma_N]$,使得 $X_k < P + \varepsilon$。这就足以证明,对于每个 $\varepsilon > 0$,$\sum_{N=1}^{\infty} \mathbb{P}(G(N, \varepsilon))$ 和 $\sum_{N=1}^{\infty} \mathbb{P}(H(N, \varepsilon))$ 都是有限的。然后,根据波莱尔—坎泰利引理,这些事件的发生是有限频繁的,而这就意味着,在 $(X_k - p)$ 的符号的变化无限频繁这个事件上,有 $p - \varepsilon \leqslant \liminf X_k \leqslant \limsup X_k \leqslant p + \varepsilon$。既然 ε 是任意的,这就已经足够了。不要忘记波利亚瓮是耦合于 $\{X_k : N \leqslant k \leqslant \tau_N\}$ 的。对于事件 $G(N, \varepsilon)$,或者有 $X'_{\infty} \geqslant \varepsilon/2$,或者有 $X'_{\infty} - X_\rho \leqslant -\varepsilon/2$,其中 $\rho \geqslant k$ 是最小的 $m \geqslant N$ 使得 $S'_m \geqslant \varepsilon$。给定 F_ρ 时,$X'_{\infty} - X_\rho$ 的条件分布是 $\beta(W'_\rho, B'_\rho)$。因此有:

$$\mathbb{P}(G(N, \varepsilon)) \leqslant \mathbb{E} \mathbf{1}_{X_{N-1} < p < x_N} \mathbb{P}\left(\beta(W_N, B_N) \geqslant \frac{\varepsilon}{2} \right)$$
$$+ \mathbb{E} \mathbf{1}_{\rho < \infty} \mathbb{P}\left(\beta(W'_\rho, B'_\rho) \leqslant -\frac{\varepsilon}{2} \right) \tag{14.20}$$

将上式与式(14.19)结合起来,就可以证明 $\mathbb{P}(G(N, \varepsilon))$ 的可加性。同理可

证 $\mathbb{P}\big(H(N,\varepsilon)\big)$ 的可加性。这样就完成了对上述引理的证明。

对命题 5 的证明 给上述瓮过程 $\{V_n\}$ 增加颜色因素,即将类型为 $1A$ 和 $1B$ 的球染成白色,将类型为 $2A$ 和 $2B$ 的球染成黑色。令 $\tau_k = \inf\{k: T_n = k\}$ 表示 $\{T_n\}$ 增加的时间。我们再令 $W_k := V(\tau_k, 1, A) + V(\tau_k, 2, B)$ 表示在时间 τ_k 的白球的数量,而令 $B_k := V(\tau_k, 2, A) + V(\tau_k, 1, B)$ 表示黑球的数量。我们认为,瓮过程 $\{(W_k, B_k)\}$ 满足引理 5 的假设($p = 1/2$)。为了验证这一点,让 $(x_{1A}, x_{1B}, x_{2A}, x_{2B})$ 表示 $\boldsymbol{X}_{\tau_n}$,并将 $\mathbb{P}(X_{n+1} > X_n \mid \mathscr{F}_n) - X_n$ 写为 Num/Den,其中:

$$\text{Num} = \frac{x_{1A}^2}{(x_{1A}+x_{1B})(x_{1A}+x_{2A})} + \frac{x_{1B}^2}{(x_{1A}+x_{1B})(x_{2B}+x_{1B})}$$

$$\text{Den} = \text{Num} + \frac{x_{2A}^2}{(x_{2B}+x_{2A})(x_{1A}+x_{2A})} + \frac{x_{2B}^2}{(x_{2B}+x_{1A})(x_{2B}+x_{1B})}$$

化简之并利用 $x_{1A} + x_{1B} + x_{2A} + x_{2B} = 1$,不难证明:

$$\mathbb{P}(X_{n+1} > X_n \mid \mathscr{F}_n) - X_n = -\frac{(x_{1,A}+x_{1,B}-x_{2,A}-x_{2,B})Q^2}{(x_{1,A}+x_{1,B}+x_{2,A}+x_{2,B})(Q^2+D)}$$

像前面一样,其中的 D 表示公分母式(14.10)。当 $x_{1A} + x_{1B} \geqslant x_{2A} + x_{2B}$ 时,它显然非正。这与 $x_{1A} + x_{1B} \geqslant 1/2$ 是同样的条件,因此,上述陈述得证。

现在,根据引理 5,我们可以得出这样的结论:$[V(n,1,A) + V(n,1,B)]/T_n$ 收敛向某个非零值。过程 $\{\boldsymbol{V}_n : n \geqslant 0\}$ 在变换第一坐标和第四坐标时保持不变。因此,我们得出结论,以下四个量全都几乎肯定收敛于非零值:

$$\frac{V(n,1,A)+V(n,1,B)}{T_n}, \quad \frac{V(n,1,A)+V(n,2,A)}{T_n} \tag{14.21}$$
$$\frac{V(n,2,B)+V(n,2,A)}{T_n}, \quad \frac{V(n,2,B)+V(n,1,B)}{T_n}$$

将这一点与命题 3 结合起来,我们看到,几乎必然存在一对数字 $a, b \in (0, 1)$,使得 $\boldsymbol{V}_n$ 的极限集被包含于以下集合中:

$$\Xi_{a,b} := \left\{ x := (x_{1A}, x_{1B}, x_{2A}, x_{2B}) \in \Delta : L(x) \in \left\{0, \frac{1}{16}\right\} \text{ 且有}\right.$$

$$\left. x_{1A} + x_{1B} = a \text{ 和 } x_{1A} + x_{2A} = b \right\}.$$

当 $a = b = 1/2$ 时,集合 $\Xi_{a,b}$ 由三个点组成,它们分别是 $(1/2, 0, 0, 1/2)$、

$(0，1/2，1/2，0)$和$(1/4，1/4，1/4，1/4)$。在任何其他情况下，位于单形Δ中的集合$\{x_{1A}+x_{1B}=a，x_{1A}+x_{2A}=b\}$是平行于$(1，-1，-1，1)$的一条线段，而且可能永远不会与$\{Q=0\}$有超过一个的交点，因此集合$\Xi_{a，b}$最多由一个点组成。由此得出结论，$V_n$几乎必然收敛。

在$Z_0(Q)$上，$(x_{1A}+x_{1B})$，$(x_{1A}+x_{2A})$，$(x_{2B}+x_{2A})$和$(x_{2B}+x_{1B})$这四个量总是会有一个消失；根据式（14.21），$\lim_{n\to\infty}V_n$的极限定律必定会给集合$Z_0(Q)$设定零概率。这就证明了上述命题的最后一个结论，并完成了对定理1的证明。

14.4　讨论

我们已经分析了一个最简单的协调博弈模型，但是我们认为，它并不是不重要的。对这个模型，可以很自然地从许多方面进行扩展。每一种扩展都会提出一系列有意义的问题，这些问题全都没有经过严格的分析。我们列出了扩展模型可以做的一些工作，采用的方法则为计算机仿真或启发式探索（通过一个常微分方程），但是暂时还不包括严格的解析分析。这些工作包括：让各种状态不再同样可能；让状态、信号或行动的数量超过2个（问题会因何者数量更大而有所不同）；让2个以上的行为主体在信号网络中互动，等等。我们在瓮模型中考虑这些问题。

现在我们假设，存在2种状态、2种行动、3个信号。那么，我们是否仍然可以进行有效的信号传递？会不会其中有一个信号不被使用，使得我们在本质上最终仍然只有一个双信号系统？或者，其中某一个信号代表了一种状态，另外两个信号变成了"同义词"，都被用来代表另一种状态？启发式探索和计算机仿真表明，同义词这种形式将会出现，因而不会有信号被废弃不用。再假设，我们有3种状态、3种行动和2个信号。现在出现了一个信息瓶颈，高效的信号传递只是在2/3的时间内出现。要想重新实现有效率的信号传递，有不同的方式可供选择。通常的结果是，1个信号被2种状态所共享，而不会出现某种状态没有信号表示的情况。再假设，有不止2个行为主体，不妨假设有2个发送者和1个接收者；同时假设，共有4种状态，而且每个发送者都只能观察到一个分割内的正确的成员。例如，发送者1只可以观察分割$\{\{1，2\}，\{3，4\}\}$，而发送者2则只可以观察分割$\{\{1，3\}，\{2，4\}\}$。

每个发送者都有 2 个信号，同时接收者则有 4 种行动，只有当行动与状态完全匹配时，可以得到正的回报，在这种情况下，每个人都会得到强化。另一方面，我们也可以假设存在 1 个发送者和 2 个接收者。发送者观察到 4 种状态之一，然后将 2 种信号之一发送给每个接收者。每个接收者在 2 种行动中选择其中一种。只有当被选中的行动对应于正确的状态时，所有人才能得到强化。对于这种情况，我们可以设想这样一条链：发送者观察到 2 个状态之一，然后发送 2 个信号中的某一个给 1 个中间人，中间人再发送 2 个信号中的某一个给接收者。接收者必须在 2 种行动中选择 1 种，如果它正确地对应于某种状态，则所有人都得到强化。计算机仿真结果表明，在本段上面提到过的所有模型中，个体都能学会信号传递。

然而，即便是更简单的变化，也可能会带来新的复杂性。在存在 3 种状态、3 个信号，以及有 3 种行动的情况下，会出现一系列新的、部分信息传递均衡。信息传递结合了瓶颈和同义词。例如，其中一种情况是，发送者总是在状态 1 和状态 2 发送信号 1，而在状态 3 下采取混合策略，即混合使用信号 2 和信号 3。接收者则总是在收到信号 2 和信号 3 时确定地采取行动了，同时在收到信号 1 时混合采用行动 1 和行动 2。计算机仿真结果表明，强化有时会收敛到这类均衡，有时则会收敛到信号系统。这些系统向均衡行为的收敛速度很慢，因此不禁让人怀疑这类混合均衡在事实上是否真的能够得以实现（请参见，Pemantle and Volkov，1999：Theorem 1.2 以及下面的评论；另外请参见 Pemantle and Skyrms，2001）。

问题 请判断在 3 种状态、3 个信号和 3 种行动的情况下，混合均衡是否能够实现。

最后，如果我们取消状态是等概率的这个假设，那么计算机仿真结果显示，即便是在 2 种状态、2 个信号和 2 种行动的情况下，强化也可以收敛到这样一种状态下，即接收者总是忽略收到的信号，并且总是选择对应于最可能的状态的行动。在这些情况下，要想恢复几乎必然收敛的高效信号传递，可能需要对学习动力学加入一些扰动。

致　谢

Robin Pemantle 的研究部分由美国国家科学基金会资助（♯DMS 0103635）。

参考文献

Alexander, J. (2007) *The Structural Evolution of Morality*, Cambridge: Cambridge University Press.

Benaïm, M. (1999) "Dynamics of stochastic approximation algorithms." In *Seminaires de Probabilités XXXIII*, Lecture Notes in Mathematics, vol.1709, 1—68. Berlin: Springer.

Bonacich, P. and T. Liggett(2003) "Asymptotics of a matrix valued Markov chain arising in sociology." *Stochastic Process Applications* 104:155—71.

Bradt, R., S. Johnson, and S. Karlin (1956) "On sequential designs for maximizing the sum of *n* observations." *Annals of Mathematical Statistics* 27: 1060—74.

Duflo, M. (1996) *Algorithmes Stochastiques*, Berlin: Springer.

Durrett, R. (2004) *Probability: Theory and Examples*, 3rd edn, Belmont, CA: Duxbury Press.

Flache, A. and M. Macy(2002) "Stochastic collusion and the power law of learning." *Journal of Conflict Resolution* 46:629—53.

Pemantle, R. (1988) "Random processes with reinforcement." Doctoral Dissertation, MIT.

Pemantle, R. (1990) "Nonconvergence to unstable points in urn models and stochastic approximations." *Annals of Probability* 18:698—712.

Pemantle, R. (2007) "A survey of random processes with reinforcement." *Probability Surveys* 4:1—79.

Pemantle, R. and B. Skyrms(2001) "Reinforcement schemes may take a long time to exhibit limiting behavior." Preprint.

Pemantle, R. and B. Skyrms(2003) "Time to absorption in discounted reinforcement models." *Stochastic Process Applications* 109:1—12.

Pemantle, R. and S. Volkov(1999) "Vertex-reinforced random walk on Z has finite range." *Annals of Probability* 27:1368—88.

Skyrms, B. (2004) *The Stag Hunt and the Evolution of Social Structure*. Cambridge: Cambridge University Press.

Skyrms, B. and R. Pemantle(2000) "A dynamic model of social network formation." *Proceedings of the National Academy of Science*, USA 97:9340—6.

Taylor, P. and L. Jonker(1978) "Evolutionary stable strategies and game dynamics." *Mathematical Biosciences* 40:145—6.

Wei, L. and S. Durham(1978) "The randomized play-the-winner rule in medical trials." *Journal of the American Statistical Association* 73:840—3.

15

发明新信号 *

15.1 引言

发送者—接收者信号传递博弈是刘易斯最先引入的（Lewis，1969），后来克劳福德和索贝尔又以一种更一般的形式重新推出（Crawford and Sobel，1982）。自然女神选择以某个固定的概率，从一个世界状态集中选择一种状态。一个博弈参与者，即发送者，观察到那种状态，然后从某个任意设定信号集中选择一个信号。（在这里，我们说信号是"任意"的，是指不假定它们具有某种预先存在的意义或显著性）。另一个博弈参与者，即接收者，观察到那个信号，然后从一个行动集中选择一个行动。博弈参与者的世界状态和所采取的行动共同决定。在这种博弈情境下，某种形式的演化或学习自适应动力学是否能自发地产生有意义的信号？这无疑是一个非常有意义的研究课题。

最近的研究表明，当存在强大的共同利益时，即便是在非常简单的信号传递博弈中，动力学也会出现意想不到的复杂性。假设状态的数量、信号的数量和行动的数量全都相同（且

---

* 本文与杰森·麦肯齐·亚历山大和桑迪·L.扎贝尔（Sandy L.Zabell）合写。

有限），而且对于每个状态，都只有一个行动是适合的，即当该行动被采取时，发送者和接收者的收益都为1；如果该行动没有被选择，发送者和接收者的收益都为0。（在这种情况下，我们就说双方有纯粹的或强大的共同利益。）发送者的策略是一个从状态到信号的映射，接收者的策略则是一个从信号到行动的映射。如果对于在某种状态下能够得到收益的那个行动，我们用与对状态编号相同的方法进行编号，那么我们就可以将一个信号系统均衡（signaling system equilibrium）定义为发送者和接收者的策略对：对于第 i 个编号，该组合会将第 i 状态映射到第 i 个行动。这显然是最可取的情况。

在另一个极端，还存在着一些完全混同均衡（complete pooling equilibria），在这些均衡中，发送者以独立于状态的概率发送信号，而接收者也以独立于接收到的信号的概率选择行动，因而被采取的行动并不依赖于被自然女神选择的状态。如果存在不止两种状态，那么也会出现一些局部混同均衡（partial pooling equilibria）。（这意味着，可以将状态以及与它们相对应的行动划分为若干子集，使得每一个子集内都有一个完全混同均衡：在某个子集内选择行动的概率不依赖于同一子集内的状态，而且在子集内对每个状态的行动的概率的总和为1。）

从演化的角度来看，在这类特殊的博弈中，信号系统均衡可谓"出类拔萃"，因为它是唯一的演化稳定状态（Wärneryd，1993）。因此看上去很合理的一个推测是，复制者动力学（Taylor and Jonker，1978）总是会导致信号系统均衡的出现，但事实证明这种推测是不正确的（Hofbauer and Huttegger，2008；Pawlowitsch，2008）。当然，在如下特殊情况下，这种推测确实是对的：只存在2种状态、2个信号，以及2种行动，且博弈双方有强大的共同利益，同时自然女神以相同的概率选择世界状态。但是，如果状态的选择不是等概率的，那么混同均衡的相互连接的组件就有一个吸引盆，而且其测度为正。在有3种状态、3个信号，以及3种行动的情况下，局部混同均衡也有一个测度为正的吸引盆——使自然女神以同样的概率选择状态，也是如此。

如果再加入强化学习，那么情况就会变得更加复杂。阿吉安托等人（Argiento et al.，2009）改进了罗思和埃雷弗（Roth and Erev，1995）及埃雷弗和罗思（Erev and Roth，1998）两文提出的基本强化学习模型，使之适用于对有2种状态（2种状态的概率相同）、2个信号、2种行动且有纯粹共同利益的信号传递博弈。阿吉安托等人的模型会产生一个如下的随机过程。对于每种状态,发送者各有 1 个瓮,每个瓮中都放了 2 种颜色的球(比如说,黄色和蓝色)。发送者观察到状态后,从与那个状态对应的瓮中取出 1 只球。如果取出的是一只黄色的球,那么就发出信号 1;如果取出的一只蓝色的球,那么就她发出信号 2。对于每一个信号,接收者各有一个瓮,每个瓮中都放了 2 种颜色的球(比如说,红色和绿色)。在接收到一个信号后,接收者会从与该信号对应的瓮中取出一只球。如果取出的球是红色的,那么就采取行动 1;如果取出的球是绿色的,那么就采取行动 2。无论是发送者还是接收者,取出的球都要放回原处。此外,如果接收者正确地采取了适合于状态的行动,那么发送者和接收者还要在所选择的瓮中再放入同一颜色的一只球。然后重复上述各步。(在发送者的瓮中黄色和蓝色球的初始数目,以及在接收者的瓮中红色和绿色球的初始数目,都是可以任意指定的。)利用随机逼近理论,阿吉安托等人证明(Argiento el al.,2009:Theorem 1.1),博弈参与者(的行动)收敛到一个信号系统的概率为 1;如果(球的)颜色的初始分布是均匀的,那么每个信号系统被选择的概率全都相同。计算机仿真实验表明,当两种状态不是等概率的情况下,这个结果并不成立,相反,博弈参与者有的时候可能会收敛到混同均衡。

混同均衡是低效的、不可取的。那么问题来了,行为主体难道不能自己创造新的信号,以纠正这种情况吗?我们希望给出一个简单的、易于处理的模型,来研究行为主体创造信号的过程。这就是说,我们将超越那种封闭的模型(在这类模型中,信号是由建模者给定的),而代之以一种开放的模型,即信号空间本身可以演化的模型。在本章中,我们将提出一个开放的模型,在一定意义上,它可以说是罗思—埃雷弗瓮过程与所谓的"中餐馆过程"的混血儿。众所周知,中餐馆过程是另一种形式的霍普—波利亚瓮。

15.2 "中餐馆过程"与霍普—波利亚瓮

试想象这样一个情境。在一家中餐馆,它的餐桌有无限多张,而且每张餐桌都可以让无限多位客人同时就坐。客人一个接一个鱼贯而入,每个人既可以坐在空桌上,也可以坐在已经有人的桌子上。再想象一下,这家中餐馆还有一个"幽灵异客",或者说,"幻影贵宾",他总是一个人坐(也就是说,他所坐的桌子,如果他不坐,就是空桌)。一位客人坐到某张桌子上的概率正比于该桌已经坐下来的客人的人数,其中也包括那位"幽灵异客"。(因此,如果 n 位客人已经在某张桌子上就坐了,那么下一位客人坐到幻影贵宾所在的那张桌子上去的概率为 $1/(n+1)$)。

第 1 位客人进来后,坐在第 1 张没有人坐的桌子上,因为除了幻影贵宾之外,没有任何其他客人。这位客人就坐后,幻影贵宾离开这张桌子,移到另一张无人就坐的桌子。现在,第 2 位客人进来了,他要么坐到第 1 张桌子上去,要么坐到幻影贵宾所坐的桌子上去,两者概率相等;如果是后者,那么就又多了一张有人坐的桌子。如果第 2 位客人坐到第 1 位客人所在的那张桌子上去,那么接下来走进餐馆的第 3 位客人有 2/3 的概率坐到他们那张桌子上去,有 1/3 的概率"新开一桌",即自己到一张除了幻影贵宾之外没有人坐的桌子上去坐。如果第 2 位客人新开一桌,那么幻影贵宾就继续转移到其他空桌上去,而第 3 位客人坐入第 1 张桌子、坐入第 2 张桌子、新开一桌的概率全都相同。这就是所谓的"中餐馆过程"(Chinese Restaurant Process),在抽象概率论中,它已经得到了深入的研究(Aldous, 1985;Pitman, 1995)。它等价于一个简单的瓮模型,而且对这个瓮方案进行一些修正,就可以用来描述有发明创新的强化学习过程。

1984 年,霍普(Hoppe)引入了他所称的"类波利亚瓮",并将它与"中性"演化联系起来。所谓"中性"演化,是指在没有选择压力下的演化。在古典波利亚瓮过程中,我们从一个里面放了不同颜色的球的瓮开始,进行如下操作:从瓮中随机地取出一只球,然后将这只球放回到瓮中,同时还多放进相同颜色的另一只球。所有颜色的球都一视同仁。我们可以将古典"波利亚瓮"过程视为强化学习的一种特殊情况,其中没有任何值得学习的突出之处——既没有状态,也没有行为,而且强化总是发生。标准的结果是,在一个波利亚瓮过程中,概率(即每种颜色的球所占的比例)几乎肯定会收敛于某个随机的极限。(这也就是说,概率肯定会收敛于某个东西,但是那个"某个东西"可以是任何东西。)

在波利亚瓮的基础上,霍普(Hoppe, 1984)加入了一只黑球,这是一个突变体(mutator)。该突变会使这个游戏增加新的色彩。如果黑球被抽取出来,那么在将它放回到瓮中的同时,还要再放入一只全新颜色的球。(在霍普的模型中,允许存在不止一只黑球,这对应于中餐馆过程中的多个幻影贵宾。但是在这里,我们将只讨论最简单的情况。)"霍普—波利亚瓮"模型的原意是作为一个中性演化模型,其中存在着大量的潜在突变,它们都没有携带任何选择优势。[瓮模型在关于归纳的贝叶斯理论中也有很长的历史,最早可以追溯到 1938 年,逻辑学家奥古斯塔斯·德摩根(Augustus de Morgan)用它来预测新的范围的出现。这种方法推广了贝叶斯—拉普拉斯规则,哲学家们所熟悉的卡尔纳普(Carnap)的"归纳方法的连续体"(continuum of inductive methods)也属此类(Zabell,1992,2005)。]

显而易见,霍普—波利亚瓮过程与中餐馆过程本质上是同一个过程,只是以两种不同方式描述出来而已。霍普—波利亚瓮的颜色对应于中餐馆中的餐桌;突变球对应于幻影贵宾。在重复了有限的 N 次之后,中餐馆中的 N 位客人或霍普—波利亚瓮中的 N 只球(幻影贵宾和黑球除外)将被分割成若干类别。对于霍普—波利亚瓮而言,类别就是颜色;而对于中餐馆而言,类别就是桌子。但是我们最终得到的分割结果,却是每一次都可以不同的;这取决于抽签的运气。我们将得到的是客人或球的随机分割,每一次得到的类别的数量都可能各不相同,而且每一类别中的个体的数量也都可能各不相同,并且不同个体都可能填写出不同的数字。

在 n 位客人就坐后,可能出现的模式可以用一个分割向量〈a_1, a_2, …a_n〉来描述,其中 a_j 代表有 j 位客人就坐的桌子的数量。例如,假设有 4 位客人坐在了 2 张桌子上,其中一张桌子上有 1 位客人,另一张桌子上有 3 位客人,这种模式意味着,$a_1 = 1$(只有 1 位客人的桌子有 1 张),$a_2 = 0$(有 2 位客人的桌子一张都没有),$a_3 = 1$(有 3 位客人的桌子有 1 张)和 $a_4 = 0$(有 4 位客人的桌子一张都没有)。与此相对应的分割向量为〈1, 0, 1, 0〉。

需要提请读者注意的是,有 4 种方式可以实现这种模式,而且所有这 4 种方式都是等概率的。如果把那两张有客人就坐的桌子分别标记为 A 和 B,并把那四位客人按抵达顺序标记为 1,2,3,4,那么这 4 种模式以及和它们的概率是(第 1 位客人总是坐在第一张):

A 桌	B 桌	概　率
1, 2, 3	4	$1 \times 1/2 \times 2/3 \times 1/4 = 1/12$
1, 2, 4	3	$1 \times 1/2 \times 1/3 \times 2/4 = 1/12$
1, 3, 4	2	$1 \times 1/2 \times 1/3 \times 2/4 = 1/12$
1	2, 3, 4	$1 \times 1/2 \times 1/3 \times 2/4 = 1/12$

事实上在这个过程中,给定分割向量的所有实现方式确实都是同样有可能发生的。能够影响概率的无非是对于有给定数量客人的桌子的数量的设

定。按照同一分割向量安排客人就坐的各种方式的概率相同,这个事实被称为分割可交换性(partition exchangeability)。这种分割可交换性是对该过程进行数学分析的关键。

现在已经有了明确的公式,可以将重复有限次数后的各种结果类别的概率和期望计算出来。类别的期望数量——在霍普—波利亚瓮中,指颜色的期望种数;在中餐馆中,则指桌子的期望张数——是我们特别感兴趣的,因为发送者的瓮中的颜色数量将会对应于发送者所使用的信号的数量。这个数量可以用如下这个非常简单的公式算出:在 N 次迭代之后,期望数量将为 $\sum_{(i=1\to n)} 1/i$,它是一个调和级数的第 N 个部分和,随 N 呈对数型增长。图 15.1 给出了计算结果。

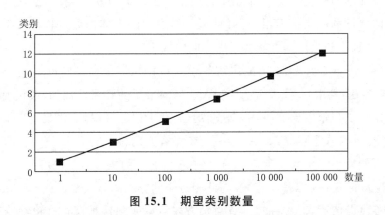

图 15.1　期望类别数量

尽管我们已经知道类别的极限数量为无穷大的概率为 1,但是即便用相当大的数值来计算,得到的预期类别数量却仍然是相对适度的。

除此之外,我们还有一些东西要强调一下。对于某个给定的类别数量,这些类别之间的分布并不是均匀的。我们可以用一个简单的例子来说明这一点。假设我们进行了 10 次试验,最终得到的类别的数量为 2 个(在霍普—波利亚瓮中,球的颜色有 2 种;而在中餐馆中,桌子有 2 张),这种情况发生的可能性大约为所有时间的 28%。作为 10 的一个分割,这可以通过 5 种不同的方式来实现:(5+5),(4+6),(3+7),(2+8)和(1+9)(它们分别对应的分割向量为:$a_5 = 2$,其他的 a_j 均为 0;$a_4 = a_6 = 1$,其他的 a_j 均为 0;$a_3 = a_7 = 1$,其他的 a_j 均为 0;$a_2 = a_8 = 1$,其他的 a_j 均为 0;$a_1 = a_9 = 1$,其他的 a_j 均为 0)。要计算各自的概率,有一个简便的计算方法,即所谓的埃文斯抽样公式（Ewens sampling formula），它给出了对于 n 次抽样的分割向量的概率：

$$\Pr\langle a_1, \cdots, a_n \rangle = \prod_{j=1\ \text{to}\ n} 1/[(j^{a_j})(a_j!\ )]$$

我们上面举的那个例子的计算结果如图 15.2 所示。

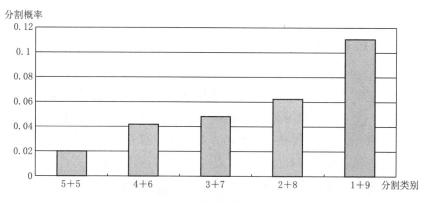

图 15.2　将 10 划分成两个类别，各分割的概率

各个类别之间的划分越不均匀的分割越容易出现。某些颜色的球的数量非常多，某些颜色的球却屈指可数；有些桌子上高朋满座，有的桌子却无人问津。我们可以认为，这是一个偏好依附过程（preferential attachment process）的结果。在中餐馆中，客人更多的桌子更容易吸引新客人。这会导致一个幂律分布（power-law distribution），类似于自然语言的词频分布和以及现实世界中的其他一些常见的分布（Zipf，1932）。

15.3　有发明的强化

在前面，我们已经指出过，可以把波利亚瓮视为一种没有什么特别值得学习的地方的强化学习：所有的选择（所有的颜色）都得到了同样的强化。在此基础上，霍普—波利亚瓮模型则在无用的学习上再加入了无用的发明。是的，霍普—波利亚瓮模型的初始动机就是，不同的等位基因不携带任何选择优势。

然而，如果我们通过加入差别强化（differential reinforcement）来修正波利亚瓮模型,那么就可以得到关于强化学习的基本罗思—埃雷弗模型。在这种模型中,不同的选择根据不同的收益得到不同的强化。阿吉安托等人(Argiento et al.,2009)所用的就是这种模型。如果我们通过加入差别强化来修正霍普—波利亚瓮模型,那么我们就可以得到一个有发明的强化学习模型。这就是我们在下面要讨论的荆。

15.4　创造新的信号

在本节中,我们将以霍普—波利亚瓮模型为基础,在信号传递博弈的情境下提出一个关于新信号发明的模型。对于世界上的每一个状态,发送者都有一个额外的选择:发送一个新的信号。我们假设总是有新的信号可用。发送者可以选择发送现有信号中的某一个,也可以选择发送一个新的信号。接收者时刻关注新的信号。("一个新信号"只意味着已经被注意到了的新信号;一个成功的新信号的概率小于1,就认为是发明信号失败,这种情况已经考虑到了。)接收者在面对一个新信号的时候,直接随机选择自己的行动。我们假设接收者对每个行动的初始倾向全都相同。

现在,我们需要精确地确定学习到底是如何进行的。自然女神选择某一种状态,发送者要么选择发明一个新信号,要么选择发送某个旧信号。如果不存在新信号,那么这个模型就与前述的基本的罗思—埃雷弗强化模型一样。如果引入一个新的信号,那么这个信号要么导致一个成功的行动,要么未能导致一个行动的行动。当没有取得成功时,系统将回到尝试这个新信号之前的状态。

但是,如果新信号导致了一个成功的行动,那么发送者和接收者都会得到强化。强化包括了两方面:一方面,发送者在该状态下发送刚刚发送过的信号的倾向会增加;另一方面,接收者也会把自己在接收到新信号时的成功行动记录在案。用瓮模型的术语来说,在一个行动取得了成功的情况下,接收者会为接收到的新信号激活一个瓮,每个行动各分配一只球,而获得了成功的行动则再加一只球。另一方面,现在发送者不仅认为新信号在刚刚尝试它的那种状态下是值得尝试的,而且还会考虑它在其他状态下的可能性。因此,用瓮模型的术语来说,不仅会有一只对应于新信号的球被加入每个发送者的瓮中,同时,还会有一个强化球被加入刚刚发生的状态的瓮中。这样,新信号就确立了。我们也就从原来的有 N 个信号的经典的刘易斯信号传递博弈,转移到了 $(N+1)$ 个信号的博弈。请参阅图 15.3:

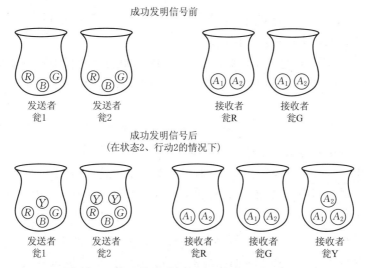

图 15.3 发明信号前后对比:霍普—波利亚瓮

注:R 指红球,G 指绿球,B 指黑球。在状态 2,抽取出了一只黑球,接收者尝试行动 2,并取得了成功。于是在发送者的瓮中加入了一只黄球,同时一个用于强化的黄球也加入了状态 2 的瓮中。接收者增加了一个对应于黄色信号的瓮,并往行动 2 的瓮中多加入一只球。

总结一下,以下三种情况中的某一种可能发生:

1. 发送者没有尝试任何新信号,博弈没有改变。强化像在一个信号数量固定的博弈中那样继续进行下去。

2. 发送者尝试了一个新的信号,但是新信号没有带来成功,博弈仍然维持不变。

3. 发送者尝试了一个新的信号,并获得了成功,这时原来那个有 n 种状态、m 个信号和 p 种行动的博弈就变成了一个有 n 种状态、$(m+1)$ 个信号和 p 种行动的新博弈。

15.5 从无到有

如果我们能发明新的信号,那么我们就完全可以从没有任何信号开始启动,然后观察整个过程会如何演化。我们应该可以预期——就像在简单的霍普—波利亚瓮模型中一样——不同信号的极限数量将会是无限的。本章附录给出了有 m 种非等概率状态、n 种行动这种情况下的证明。从没有任何信号开始,不同类型的信号的极限数量几乎肯定是无限的,而且每个信号被发送的次数也几乎肯定是无限的。

但是,即便我们进行了次数极大(但有限)的迭代,我们也不应该指望会出现相当多的不同信号种类。不幸的是,对于有发明的学习,分析起来非常不易,而且我们也不具备像阿吉安托等人(Argiento et al.,2009)所用的随机逼近理论那样的分析工具,去严格地证明这个猜测。我们在这里报告的是利用计算机仿真方法完成的一个初步研究。

考虑 3 种状态、3 种行动且每种状态都同样可能的刘易斯信号传递博弈。如前所述,在这个博弈中有很强大的共同利益——对于每种状态,只有一个行为是正确的。我们对有发明的博弈模型进行了计算机仿真实验,初始状态是没有任何信号。仿真结果表明,在进行了 10 万次迭代后,出现的信号的数量为 5—25 个。我们完成的总计 1 000 次计算机仿真实验中信号的最后数量分布见图 15.4 中的直方图。这种结果与我们预期会在一个纯粹的"中餐馆"过程中观察到的结果相当接近。

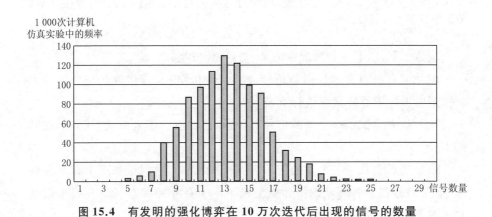

图 15.4　有发明的强化博弈在 10 万次迭代后出现的信号的数量

15.6　避开混同均衡陷阱

在这个博弈中,当信号的数量固定在 3 个时,强化学习有时会陷入局部混同均衡。对基本的罗思—埃雷弗强化学习模型进行计算机仿真实验的结果表明,当初始倾向为 1 时,全部计算机仿真实验中有 9.6% 出现了不完全的信息传递。(Barrett,2007;1 000 次计算机仿真实验,每次仿真实验运行 100 万轮迭代学习。)在这种情况下,平均收益接近 2/3,博弈参与者们似乎接近于局部混同均衡。(而在其余的计算机仿真实验中,平均收益接近于 1。)与此形成鲜明对照的是,当我们在强化中加入了发明之后,从没有任何信号的初始状态开始,1 000 次计算机仿真实验在完成了 100 万次迭代后**全部**以高效的信号传递而告终(我们确定的高效的信号传递的指标是,在进行 100 万次迭代后,至少达到 99% 的成功率)。信号发送者们发明的信号的数量远远超过了必不可少的 3 个。他们创造了大量的同义词。通过发明更多的信号,他们避开了局部混同均衡的陷阱。

在有 2 种状态、2 种行动并且将信号的数量固定为 2 个的博弈中,如果各个状态不是等概率的,那么行为主体在很多时候都会陷入完全混同均衡的陷阱,在这种均衡中,完全没有任何信息传递,平均收益则仅为 1/2。在这样一种均衡中,接收者将直接选择适合最可能出现状态的行动,而忽略接收到的信号;发送者则以与状态无关的概率发送信号。

落入完全混同均衡陷阱的概率随不同状态的概率之间的差距变大而增大。我们对基本的罗思—埃雷弗强化学习模型进行了 1 000 次计算机仿真实验(每次仿真实验都要完成 10 万个迭代),得到了如下结果。当某个状态的概率为 0.6 时,信息传递失败的情况几乎从来不会出现。当该状态的概率提高到了 0.7 时,就会有 5% 的时间出现信息传递失败的情况。当概率上升到了 0.8 时,这个数字随之上升到 22%。而当概率上升到 0.9 时,这个数字则达到了 38%。状态概率的不平等似乎是高效信号传递演化的一个主要障碍。

不过,即便是在其中一种状态的概率高达 0.9 的这种极端情况下,从完全没有信号开始,只要允许博弈参与者发明信号,那么他们也会非常可靠地学会发送信号。在 1 000 次计算机仿真实验中,没有一次掉进了混同均衡陷阱。博弈参与者们总能学会某个信号系统(同样地,我们确定的高效信号传递的指标是,在进行 100 万次迭代后,至少达到了 99% 的成功率)。新的信号的发明使得高效信号传递这种现象更加稳健了。

15.7 高效信号传递的原因

博弈参与者们之所以能够避免落入局部混同均衡陷阱,并演化出高效的信号传递系统,可能是由于两种不同的机制。这两种机制既可以单独发挥作用,也可以协同发挥作用。一种可能的机制是,信号过剩本身就可能使局部混同均衡不太可能出现。如果事实真是如此,那么在初始状态中设定比状态的数量还要多的信号数量(但是不允许发明信号),应该会使个体更难接近局部混同均衡。另一种可能的机制是,个体即便陷入了局部混同均衡,也可能通过发明信号来使自己从这种陷阱中解脱出来。如果事实真是如此,那么我们就应该发现,当我们从接近混同均衡的地方开始有发明的强化过程时,新的信号的发明,能够使系统演化出高效的信号传递系统。事实表明,这两种机制都在发挥作用。

考虑这样一个 2 种状态、2 个信号和 2 种行动的博弈,其中状态 1 的概率为 0.9,状态 2 的概率为 0.1。我们将系统初始化为接近一个混同均衡,然后开始对有发明的学习过程进行计算机仿真实验。混同均衡陷阱的"深度"可以通过改变初始权重来改变:当发送者和接收者的瓮中有更多的球时,从混同均衡中摆脱出来的难度就会变大。

我们先从这样一种设定开始:在发送者的对应于每种状态的瓮中,信号 1 有 $\left[\left(\frac{1}{2}n\right)+1\right]$ 只球,信号 2 也有 $\left[\left(\frac{1}{2}n\right)+1\right]$ 只球;在接收者的对应于每个信号的瓮中,行动 1 有 $(n+1)$ 只球,行动 2 有 1 只球。这里的 n,可以称为"壕沟参数"(entrenchment parameter)。n 的值越大,一个新信号要确立就越难。对于 $n = 10$、100、1 000 和 10 000,有发明的学习过程总能收敛到信号系统均衡(1 000 次计算机仿真实验,每次计算机仿真实验完成 100 万次迭代)。与此形成鲜明对照的是,在没有发明的情况下,当 $n > 100$ 时,学习过程总是收敛到混同均衡。(如果系统被初始化为接近信号 1 总是被发送的混同均衡,那么仿真结果也类似。)

即便是在重复了 100 万个学习步骤的计算机仿真中,发明出来的信号的数量也不大。因此,我们可以设定一开始就存在额外信号,然后启动学习过程。现在,仍然保持的原来的设置中的初始权重,仅仅改变信号的初始数量。额外的信号有效地促进了对信号的学习,仿真结果如表 15.1 所示。

表 15.1 额外的信号对高效信号传递的影响

初始信号的数量	混同均衡所占的时间(%)	信号传递系统所占的时间(%)
2	38.1	61.9
3	12.0	88.0
4	4.5	95.5
5	1.7	98.3
6	0.5	99.5
7	0.5	99.5
8	0.2	99.8
9	0.0	100.0

总之,计算机仿真告诉我们:(i)过剩的初始信号,会使系统不太可能陷入混同均衡;(ii)新的信号的发明,则能够使系统从混同均衡附近"逃走"。

15.8 同义词

让我们回到有发明的信号传递博弈上来。在通常情况下,在我们得到的高效的信号传递系统中,都会有很多同义词。那么,有多少工作是同义词完成的? 试考虑如表 15.2 所示的 $3 \times 3 \times 3$ 信号传递博弈的计算机仿真实验。

表 15.2 在有发明的学习中,只使用了一小部分同义词就实现了高效信号传递

信号 1	在状态 0,1,2 下的概率	0.000, **0.716**, 0.000
信号 2	在状态 0,1,2 下的概率	0.000, **0.281**, 0.000
信号 3	在状态 0,1,2 下的概率	0.096, 0.000, 0.001
信号 4	在状态 0,1,2 下的概率	0.009, 0.000, 0.000
信号 5	在状态 0,1,2 下的概率	**0.868**, 0.000, 0.000
信号 6	在状态 0,1,2 下的概率	0.000, 0.000, **0.810**
信号 7	在状态 0,1,2 下的概率	0.024, 0.000, 0.000
信号 8	在状态 0,1,2 下的概率	0.000, 0.000, **0.143**
信号 9	在状态 0,1,2 下的概率	0.000, 0.000, 0.044
信号 10	在状态 0,1,2 下的概率	0.000, 0.000, 0.000
信号 11	在状态 0,1,2 下的概率	0.000, 0.000, 0.000
信号 12	在状态 0,1,2 下的概率	0.001, 0.000, 0.000
信号 13	在状态 0,1,2 下的概率	0.000, 0.000, 0.000

这是一个有发明的学习过程,初始状态是没有任何信号,仿真实验要完成 10 万次迭代。

需要提请读者注意的是,有些信号(以黑体字表示)完成了绝大部分工作。例如在状态 1 下,发送信号 5 的时间占了全部发送时间的 87%。在状态 2 下,信号 1 和信号 2 是一对同义词,发送它们的时间在全部发送时间中占据了 99.5%。在状态 3 下,信号 6 和信号 8 是最主要的同义词。(所有这些信号在接收者侧都被高度强化了。)这种模式是非常典型的(在 1 000 次计算机仿真实验中)。很多被发明出来的信号最终都很少被使用,这种情况非常常见。

事实上,这正是我们根据我们对霍普—波利亚瓮过程的了解所应该期待的结果。即使没有任何选择优势,对不同类别的强化的分布也应该是趋于高度不平等的(如图 15.2 所示)。那么,不经常使用的那些信号,到最后会不会完全不被使用呢?目前我们还不清楚。计算机仿真结果显示,它们并不会消失。

15.9　有噪声的遗忘

大自然的遗忘机制很直接、很粗暴,那就是让个体死亡。一些策略(表型)完全灭绝了。然而,在复制者动力学中,这种遗忘不可能发生,因为复制者动力学是一种理想化,不成功的类型会变得越来越少见,但是却从来不会真正彻底消失。灭绝也不会发生在罗思—埃雷弗强化模型中,因为在那里,对不成功的行动是以大致相同的方式处理的。

不过,有限种群中的演化是不同的。在塞巴斯蒂安·施赖伯(Sebastian Shreiber)的模型中(Shreiber, 2001),一个由不同表型组成的有限种群被建模为一个包含了不同颜色的球的瓮。某个表型的成功繁殖对应于瓮中相同颜色的球的增加。到目前为止,这个模型与强化学习的基本模型是相同的。所不同的是,在施赖伯的模型中,个体还会死去。我们将这个思想移植到学习动力学中,构建了一个包含了有噪声的遗忘的强化学习模型(以下简称"有噪遗忘学习模型")。

就个人学习而言,这种模型可能比通常的几何型贴现模型更加符合现实。[罗思和埃雷弗建议,在基本的模型中加入几何型贴现,以便将遗忘或

"新近度"（recency）的影响也包括进模型。]这个模型，通过在每一次更新时保留每个球的某个固定比例，来实现对过去贴现，可能是最适合对累积学习建模的模型，因为这种做法可以把个体的波动平均掉。但是，个体的学习是有噪声的，因此有噪遗忘个体强化瓮模型是非常值得深入研究的。

15.10 信号的发明和遗忘

把前面这些思想结合起来，我们就可以构建一个有发明的、有噪声的、会"遗忘"的学习过程，并将之应用到信号传递博弈中去。由此而得到的模型与前述有发明的模型非常相似，除了这个模型中还包括了老强化信号的随机死亡之外。随机死亡是通过从发送者的瓮中随机去除一些球实现的。

这个想法可以通过多种方式来实现。先给出其中的一种。自然女神以一定的概率随机选择一个瓮，然后随机拿走一只有颜色的球。（这里的概率就是遗忘率，我们可以改变它，看看会发生什么。）我们将这种方式称为"遗忘 A"。再给出另一种。自然女神随机挑选一个瓮，再随机选择那个瓮所代表的颜色中的某一种，然后移走一只有那种颜色的球。我们将这种方式称为"遗忘 B"。

现在，某个发送者的瓮中某种颜色的球的数量，甚至所有颜色的球的数量，完全有可能变为 0。那么我们是不是应该允许这种情况发生呢？只要其他状态的其他瓮所代表的颜色（信号）？必须做出选择。但是无论如何，在我们下面将要报告的计算机仿真中，我们从不没有碰到过 0 的情况。

我们在"没有遗忘""遗忘 A""遗忘 B"三种设定下，对有发明的信号传递博弈进行了计算机仿真实验，其他参数为，一开始时没有任何信号，状态（和行动）的数量分别为 3、4 和 5 且各状态的概率都相等。每次仿真都要对学习过程进行 100 万次迭代，每个条目都是 1 000 次仿真实验的平均水平。仿真结果如表 15.3 所示。

与"没有遗忘"相比，"遗忘 B"在修剪未使用的信号时非常有效。（不过，就像前面已经指出过的，即使在迭代 100 万次的计算机仿真实验中，"没有遗忘"时过剩信号的数量也不会很大。）

与此相反，"遗忘 A"却没有任何帮助，有时甚至似乎是有害的。当然，"没有遗忘"与"遗忘 A"的差异还是非常明显的：即便在每一次计算机仿真

表 15.3　利用遗忘修剪无用信号

	剩下信号的平均数量		
	"没有遗忘"	"遗忘 A"	"遗忘 B"
3 种状态	16.276	19.879	3.016
4 种状态	17.491	21.079	4.005
5 种状态	18.752	22.686	4.982
6 种状态	20.097	24.069	5.975
7 种状态	21.336	25.820	6.960
8 种状态	22.661	27.140	7.941
9 种状态	23.815	28.684	8.929
10 种状态	24.925	30.663	9.928

中,学习过程只进行 1 000 次迭代,在我们分别就"没有遗忘"和"遗忘 A"进行的 100 次计算机仿真中,信号数量的平均值之间的差异($10.90 - 9.18 = 1.72$)在统计上也是高度显著的。(使用韦尔奇检验,$t = 4.457\,9$,自由度为 197,p 值为 1.388×10^{-5};该差异对应的 95% 置信区间为 0.96 至 2.48。即便使用非参数方法,差异也仍然在统计上高度显著:威尔科克森检验秩和检验给出的 p 值更小,仅为 5.061×10^{-6}。)

为什么"没有遗忘"与"遗忘 A"之间会有区别?把在这两种情况下进行计算机仿真实验的第 1 次迭代到第 1 000 次迭代得到的信号的平均数画成曲线图,可以告诉我们不少信息,见图 15.5:

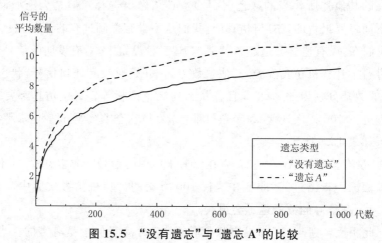

图 15.5　"没有遗忘"与"遗忘 A"的比较

注:仿真实验进行 100 次,每对仿真实验运行 1 000 代,状态是等概率的。

这种行为似乎不依赖于前面讨论的等概率状态的任何特殊性质。如果在"没有遗忘"与"遗忘 A"这两种情况下,分别对 100 种随机选择的状态概率进行迭代 1 000 次的计算机仿真实验,也可以得到一张类似的图,如图 15.6 所示:

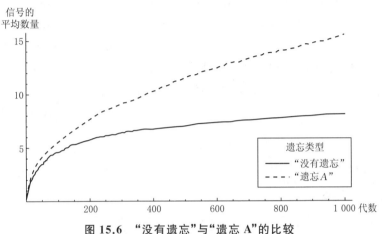

图 15.6 "没有遗忘"与"遗忘 A"的比较

注:仿真实验进行 100 次,每次仿真实验运行 1 000 代。初始状态的概率是随机地从一个单形上的均匀分布中选择出来的。对于每种遗忘类型,第 n 次运行时都使用了相同的初始条件。

我们的假说是,"没有遗忘"能够给出这种表现,是因为在这种情况下,锁定某个成功的信号是相对容易的,因而代表这种信号的那种颜色的球的数量能够快速增长。而在"遗忘 A"的情况下,某种给定颜色的球的数量越多,这种颜色的球被抛弃的可能性就越高;这通常会阻碍锁定,使得一种成功的颜色被强化的可能性较小,因此增加了瓮内球的颜色的多样性。

15.11 相关研究:状态数量或行动数量无限

巴斯卡尔(Bhaskar,1988)分析了一个信号数量无限的演化模型。他的模型是通过在基本模型中加入有噪声的、无成本的博弈前交流而得到的。由于信号的数量是无限的,因此必然有一些信号被使用的概率是任意低的。这样,基于这个模型的特殊性质,必定有一些信号在完成"秘密握手"的功能时可以做得像新信号一样好(Robson,1989)。"秘密握手"使低效均衡变得不再稳定。而这就意味着,可以在无成本博弈前交流的设定下考察能发明新信号的学习。

在沃登和莱文（Worden and Levin，2007）分析的模型中，潜在行动的数量是无限的。尝试一个未使用过的行动会改变整个博弈。该模型假设，博弈参与者只能尝试一个与某个已经使用过的行动"很接近的"未使用过的行动，以保证其收益非常接近于已经使用过的行为。这样一来，博弈就可以缓慢地改变了，从而使因徒困境演化成一种非两难情境。从形式上看，我们可以扩展我们的模型，通过授予接收者一个霍普—波利亚瓮，来允许他们发明新的行动。现在的问题是如何扩展收益矩阵。沃登和莱文在一定意义上给出了一个答案。人们可能会对他们的模型感兴趣，当然这取决于具体应用环境。

15.12　结论

我们从有一个信号闭集的信号传递博弈出发，提出了一些更加符合现实的模型。在这个模型中，信号的数量是可以改变的。新信号可以被发明出来，所以信号的数量会增加。几乎不使用的信号则可能被遗忘，所以信号的数量也会缩小。现在还无法给出对这些模型的完整的动力学分析，但是计算机仿真表明，与以往的封闭的模型相比，这些开放的模型更加有利于高效的信号的演化。

附录：信号数量无限时的分析

本附录给出了一些定义的数学形式，并提供了对一些陈述的证明。

附录 A.1　信号系统均衡

假设存在 s 种状态、s 种行动和 t 个信号。发送者的策略是一个 $s \times t$ 的随机矩阵 $A = (a_{ij})$，其中，a_{ij} 为发送者在给定状态 i 时发送信号 j 的概率。接收者的策略是一个 $t \times s$ 的随机矩阵 $B = (b_{jk})$，其中，b_{jk} 是接收者在给定他接收到的信号为 j 时选择行动 k 的概率。在这种情况下，策略组合 (A,B) 被认为构成了一个信号系统。需要提请读者注意的是，矩阵乘积 $C = AB$

是一个 $s \times s$ 的随机矩阵；如果令 $C = (c_{ik})$，那么 c_{ik} 就是接收者在给定状态 i 时选择行动 k 的概率。

如果令 π_i 表示自然女神选择状态的概率 i，那么 $\sum_i \pi_i C_{ii}$ 就是出现一个正确的状态—行为对的概率。这与信号系统中的期望收益一样（给定收益结构时）。在这里，一个均衡指的是一个纳什均衡，也就是说，无论是发送者，还是接收者都不能通过单边改变自己的策略（另一方不改变）来增加自己的收益。信号系统均衡是一个策略组合 $(A，B)$，使得 $C = 1$，即使得单位矩阵成立。在这种情况下，$t \geqslant s$（即信号的数量必须至少与状态的数量一样多），而且如果 $a_{ij} > 0$，那么 $b_{ij} = 1$。

对于一组状态，如果一个发送者在该组状态中的每一个状态下发送每一个信号的概率都相等，那么我们就说这组状态在该发送者的策略中是被混同的。完全混同均衡是指所有状态都被混同了的均衡，这也就是说，它是发送者的这样一个策略 A：所有的行都是相同的（即发送某个特定信号的概率独立于状态），因而，这使得 C 中的所有行也都相等（即选择某个特定行动的概率也独立于状态）。局部混同均衡是指其中一些状态、但不是所有状态都被混同了的均衡。

附录 A.2　埃文斯抽样公式

中餐馆过程（或霍普—波利亚瓮过程）提供了一个随机机制，可以用于生成埃文斯抽样公式所描述的随机分区。给定 n 个对象，要把它们分成 t 类（每类至少含有 1 个对象），第 i 类中有 n_i 个对象。令 $a_j (1 \leqslant j \leqslant n)$ 表示含有 j 个对象的类别的数量（即 a_j 是 $n_i = j$ 的数量）。这样一来，$\langle n_1，\cdots，n_t \rangle$ 就是（类）频率向量（frequency vector），而 $\langle a_1，\cdots，a_t \rangle$ 就是相应的分割向量（partition vector）。很显然，我们有：

$$\sum_{i=1}^{t} n_i = \sum_{j=1}^{n} j a_j = n, \quad \sum_{j=1}^{n} a_j = t$$

就中餐馆过程而言，在生成 n 个对象后出现的类别的数量本身就是随机的。在最一般的情况下，存在一个主参数 θ，使得如果 $S_n(\theta) = \theta(\theta+1)(\theta+2)\cdots(\theta+n-1)$，那么得到一个特定的分割向量的概率可以由如下的埃文斯抽样公式给出：

$$P(\langle a_1, \cdots, a_n \rangle) = \frac{n! \; \theta \sum_{j=1}^{n} a_j}{\prod_{j=1}^{n} j^{a_j} a_j! \; S_n(\theta)}$$

如果 $\theta = 1$，那么上式就可以还原为本章前面给出的公式。相反，如果 θ 取其他值，比如说 $\theta = 2$，那么就意味着出现了两个黑球突变体（或中餐馆过程中出现了两个幻影贵宾），而不是只有一个。θ 取其他正整数值的含义也相同。（但是，θ 取任意正整数值时，上面这个公式可能是有意义的，也可能是无意义的，这对应于赋予黑球 θ 对每个有颜色的球的单位权重的相对权重。）

关于随机分割的性质，过去 40 年以来已经涌现了大量理论文献。这种随机分割的随机结构是可以用埃文斯公式来描述的。

如果令 T_n 表示在抽取了 n 次之后，瓮中不同类型或颜色（除黑色之外）的（随机）数量，那么就可以证明它的期望值为：

$$E[T_n] = \theta \left(\frac{1}{\theta} + \frac{1}{\theta+1} + \cdots + \frac{1}{\theta+n-1} \right)$$

如果 $\theta = 1$，就会简化为一个调和级数的第 n 个部分和：

$$\sum_{k=1}^{n} \frac{1}{k} = \ln n + \gamma + \varepsilon_n$$

在这里，$\gamma = 0.577\,21\cdots\cdots$ 即欧拉常数，$\varepsilon_n \sim 1/2n$（即极限 $\lim_{n \to \infty} 2n\varepsilon_n = 1$）。

附录 A.3　两个极限定理

在正文中，我们描述了允许发明新信号的信号传递博弈的一些性质。接下来，我们就来推导这些性质。

不同颜色的数量是发散的

首先规定一些符号。令 $\mathcal{F}_n$ 表示该过程直到时间 n（第 n 次试验，或者第 n 轮）的历史。令 A_n 表示在第 n 轮有一个新的信号被尝试并取得了成功这个事件。再令 ω 表示我们这个强化过程的一个特定实现的全部的无限的历史。（因此，如果考虑无限次掷硬币的过程中，那么 ω 所表示的就是一个特定的正面和反面的无限序列。）令

$$P(A_n \mid \mathcal{F}_{n-1})$$

表示某个特定的历史在时间 $n-1$ 发生的条件概率；这是一个数字，但也是一个随机变量，因为它取决于 ω，而 ω 是随机的。最后，令：

$$P(A_n \mid \mathcal{F}_{n-1})(\omega)$$

表示某个特定的历史或实现的 ω，这是一个数字。

根据第二波莱尔—坎泰利引理的鞅推广（例如，请参阅 Durrett，1996：249），我们几乎肯定有：

$$\{A_n, \text{ i.o.}\} = \Big\{\sum_{n=1}^{\infty} P(A_n \mid \mathcal{F}_{n-1}) = \infty\Big\}$$

考虑以下两个事件。第一个事件是：

$$\{\omega : \omega \in A_n \text{ 有限频繁}\};$$

第二个事件是：

$$\Big\{\omega : \sum_{n=1}^{\infty} P(A_n \mid \mathcal{F}_{n-1})(\omega) = \infty\Big\}$$

我们可以断言，这两个事件是相同的，直到来到一个零概率的集合为止。

我们还断言，A_n 有限频繁地发生的概率为 1；即 $P(\{A_n \text{ i.o}\}) = 1$。

根据刚刚引述过的第二波莱尔—坎泰利引理，我们可以证明：

$$P\Big(\Big\{\omega : \sum_{n=1}^{\infty} P(A_n \mid \mathcal{F}_{n-1})(\omega) = \infty\Big\}\Big) = 1$$

事实上，我们还可以证明，对于每个历史 ω，有：

$$\sum_{n=1}^{\infty} P(A_n \mid \mathcal{F}_{n-1})(\omega) = \infty$$

为了证明这一点，假设存在 k 个状态，并且发送者以概率 p_j 在这些状态中进行选择，其中 $1 \leqslant j \leqslant k$。再假设在最初时，这 k 个瓮的每一个瓮中，都只有一只球，一只黑球。然后在每一轮，每一个瓮中都有 $a_j \geqslant 1$ 只球，其中一只球是黑球，其余 $(a_j - 1)$ 只球是其他颜色的球。在第 n 轮一个新的信号被发明出来并被成功地使用的概率，取决于第 n 轮开始时（即选择之前）的 $a_1, a_2, \cdots, a_k$ 的值。而且该概率为：

$$\sum_{j=1}^{k} p_j \Big(\frac{1}{a_j}\Big)\Big(\frac{1}{k}\Big)$$

[这也就是说，你以 p_j 的概率选择第 j 个瓮，然后从 a_j 只球（其中有一只是黑球）中选择一只，而且接收者有 k 分之一的机会选择正确的行动。]

现在，运用广义调和平均数算术平均不等式（请参见，例如，Hordy et al.，

1988),我们可以得出,对于 $a_j > 0$,有:

$$\frac{1}{\sum_{j=1}^{k}\left(\frac{p_j}{a_j}\right)} \leqslant \sum_{j=1}^{k} p_j a_j$$

再者,各个状态瓮中的球的总数 $(a_1 + a_2 + \cdots + a_k)$ 的最大值出现在,每次取出来的都是黑球而且接收者每次都选择了正确的行动的时候。[这是因为,在每一轮,我们总会认为 $(k+1)$ 只球中出现新的颜色的几率比 1 只球大。]因此,在第 n 轮开始的时候,我们有:

$$a_1 + a_2 + \cdots + a_k \leqslant (k+1)(n-1) + k$$

从而,如果 $p^* = \max\{p_j, 1 \leqslant j \leqslant k\}$,那么显而易见,我们有:

$$\sum_{j=1}^{k} p_j a_j \leqslant p^*(a_1 + \cdots + a_k) \leqslant p^*[(k+1)n-1]$$

总结以上各式,我们得出:在第 n 轮一个新的信号被发明出来并被成功地使用的概率为:

$$\frac{1}{k}\sum_{j=1}^{k}\left(\frac{p_j}{a_j}\right) \geqslant \frac{1}{kp^*}\frac{1}{(k+1)n-1}$$

根据调和级数总是发散的这个众所周知的事实,我们可以得到:

$$\sum_{n=1}^{\infty} P(A_n \mid \mathcal{F}_{n-1})(\omega) \geqslant \frac{1}{kp^*}\sum_{n=1}^{\infty}\frac{1}{(k+1)n-1} > \frac{1}{k(k+1)p^*}\sum_{n=1}^{\infty}\frac{1}{n} = \infty$$

给定的某种颜色的球的数量是发散的

假设已经确定了一种颜色。以上证明稍作修改,就可以很容易地证明,在所有状态瓮中,当 n 趋向于无穷大时,给定的某种颜色(比如说,绿色)的球的数量几乎趋向无穷大。现在,我们令 a_j 表示第 n 轮绿球被选中并得到强化这个事件;同时令 $p^* = \min\{p_j, 1 \leqslant j \leqslant k\} > 0$。那么,在接收者的绿色瓮中,必定至少有一个状态在至少 $1/k$ 的时间内被表征(因为共有 k 个状态,且各分数之和必定等于 1)。令 a_{j^*} 表示这个状态的编号。(请注意这个状态可以随 n 发生变化。)那么,我们有:

$$P(A_n \mid \mathcal{F}_{n-1}) \geqslant p^* \frac{1}{a_{j^*}}\left(\frac{1}{k}\right) \geqslant \frac{p^*}{k[(k+1)n-1]}$$

这显然也是发散的。

由此,我们还可以得出一个简明的推论:对应于某种给定颜色的信号必然会被发送(几乎肯定)无限次(尽管每次信号被发送时,与它对应的颜色既可能会得到强化,也可能不会得到强化)。

参考文献

Aldous, D. (1985) "Exchangeability and Related Topics" In *l'École d'été de probabilités de Saint-Flour*, *XIII-1983* 1—198. Berlin: Springer.

Argiento, R., R. Pemantle, B. Skyrms, and S. Volkov (2009) "Learning to Signal: Analysis of a Micro-Level Reinforcement Model." *Stochastic Processes and their Applications* 119:373—90.

Barrett, J. A. (2007) "Dynamic Partitioning and the Conventionality of Kinds." *Philosophy of Science* 74:526—46.

Bhaskar, V. (1998) "Noisy Communication and the Evolution of Cooperation." *Journal of Economic Theory* 82:110—31.

Crawford, V. and J. Sobel (1982) "Strategic Information Transmission." *Econometrica* 50:1431—51.

Durrett, R. (1996) *Probability: Theory and Examples*. 2nd edn. Belmont, CA: Duxbury Press.

Erev, I. and A. E. Roth (1998) "Predicting how people play games: reinforcement learning in experimental games with unique mixed-strategy equilibria." *The American Economic Review* 88:848—81.

Hardy, G. H., J. E. Littlewood, and G. Pólya (1988) *Inequalities*, 2nd edn. Cambridge: Cambridge University Press.

Hofbauer, J. and S. Huttegger (2008) "Feasibility of Communication in Binary Signaling Games." *Journal of Theoretical Biology* 254:843—9.

Hoppe, F. M. (1984) "Pólya-like Urns and the Ewens Sampling Formula." *Journal of Mathematical Biology* 20:91—4.

Lewis, D. (1969) *Convention*. Cambridge, MA: Harvard University Press.

Pawlowitsch, C. (2008) "Why Evolution Does Not Always Lead to an Optimal Signaling System." *Games and Economic Behavior* 63:203—26.

Pitman, J. (1995) "Exchangeable and Partially Exchangeable Random Partitions", *Probability Theory and Related Fields* 102:145—58.

Robson, A. (1989) "Efficiency in Evolutionary Games: Darwin, Nash and the Secret Handshake" *Journal of Theoretical Biology* 144:379—96.

Roth, A. and I. Erev (1995) "Learning in Extensive Form Games: Experimental Data and Simple Dynamical Models in the Intermediate Term." *Games and Eco-*

nomic Behavior 8:164—212.

Shreiber, S. (2001) "Urn Models, Replicator Processes and Random Genetic Drift." *SIAM Journal on Applied Mathematics* 61:2148—67.

Taylor, P.D. and L.B.Jonker(1978) "Evolutionarily Stable Strategies and Game Dynamics." *Mathematical Biosciences* 40:145—56.

Wärneryd, K. (1993) "Cheap Talk, Coordination, and Evolutionary Stability." *Games and Economic Behavior* 5:532—46.

Worden, L. and S.Levin(2007) "Evolutionary Escape from the Prisoner's Dilemma." *Journal of Theoretical Biology* 245:411—22.

Zabell, S.(1992) "Predicting the Unpredictable." *Synthese* 90:205—32.

Zabell, S.(2005) *Symmetry and Its Discontents: Essays in the History of Inductive Probability*. Cambridge: Cambridge University Press.

Zipf, G. (1932) *Selective Studies and the Principle of Relative Frequency in Language*. Cambridge, MA: Harvard University Press.

16

信号、演化与瞬态信息的解释力

在没有纯粹共同利益的博弈中,无成本的博弈前信号传递在许多时候都被认为是没有任何意义的。我们从演化论的角度研究了博弈前信号在保证博弈(或称猎鹿博弈)和讨价还价博弈中的作用。以前的研究发现,有信号的演化博弈的动力学显著不同于无信号的同种博弈。信号改变了基础博弈均衡的稳定性,创造出了新的多态均衡,而且还改变了基础博弈均衡的吸引盆。在出现了新的多态均衡的情况下,信号携带着与均衡有关的信息;但是稍纵即逝的瞬态信息才是导致基础博弈均衡的吸引盆大小发生显著变化的基本原因。这些现象揭示了演化博弈论和基于理性选择的经典博弈论之间的一些新的和重要的差异。

16.1 引言

不用付出任何成本就可以发送的信号对策略互动能不能产生什么影响?民间智慧对此表现出了一定的怀疑态度:"光说没有用。"外交官们总是会说,"你说够了吧,让我们看看你的实际行动吧。"他们看低对收益没有实质影响的东西。演化生物学家则强调,信号因代价过于高昂,而不可能是假的(见Zahavi, 1975;Grafen, 1990;Zahavi and Zahavi, 1997)。而博弈理论家则认为,无成本的信号只会导致"胡言乱语式"的均衡,在这种均衡中,发送者只发送与自己的类型不相关的信号,而接收者则忽略接收到的信号。那么,无成本的信号是不是真的没有任何解释力呢?

无成本的信号在某些种类的良性互动中起到重要作用。在这种互动中,信号传递系统的成功是符合博弈者的共同利益的。事实上,在标准演化动力学模型中,即使最初的潜在信号是没有任何意义的,它们也有可能自发地获得意义,而且利用有意义的信号传递系统构造一个演化稳定策略。信号系统的这种自发涌现,在很多试图通过策略互动来从博弈论的角度解释意义的模型中,都是可以预见到的。这类模型的一个例子是大卫·刘易斯引入的发送者—接收者博弈(Lewis, 1969)。[①]信号获得了发送信息的能力,这是演化过程的其中一个结果。因此必须把这视为演化博弈论的伟大成就之一。

但是,在参与各方的利益并不完全一致的那些互动中,无成本的信号又能起到什么作用呢?在一个讨价还价博弈中,很可能出现这种情况,即无论信号传递系统成功与否,对某种策略都没有任何影响。在一个保证博弈中,参与者则可能采取传达错误信息的策略。在这类博弈中,加入一轮无成本的博弈前信号传递,允许博弈参与者根据从其他博弈参与者那里接收到的信号采取行动,会对它们的演化动力学产生怎样的影响?当然,人们有理由预期,在这种情况下,无成本的信号不会产生任何影响,或只能产生微不足道的影响。毕竟"光说没有用",似乎很难指望这种廉价磋商。

然而事实却是,这类"廉价磋商"式的信号传递,会对这些互动的演化动力学产生巨大的影响。因此我们在这里必须发出警告:对于无成本的信号的有效性,请不要过快得出结论。为什么会这样?这恰恰凸显了关于信息在演化过程中的作用的一些微妙之处。

接下来的16.2节简要回顾了发送者—接收者博弈的演化动力学。16.3节引入了一个模型,它将两人博弈嵌入一个更大的廉价磋商博弈中:博弈双方参与者可以进行一轮博弈前无成本的信号传递。16.4节讨论廉价磋商对保证博弈的演化动力学的影响(理性选择理论的预测是,应该不会有任何影响)。16.5节讨论廉价磋商对讨价还价博弈的演化动力学的影响。16.6节是结论。

16.2 发送者—接收者博弈中意义的演化

在《论约定》(*Convention*)一书中,大卫·刘易斯引入了发送者—接收者博弈,试图对"意义的约定"给出一个博弈论的解释。在这个博弈中,一个博弈参与者是发送者,他拥有关于世界的真实状态的私人信息。另一个博弈参与者是接收者,他必须选择一种行动,其收益取决于世界的状态。发送者有若干信号可用,他可以选择某个信号发送给接收者,但是所有信号都没有外生给定的意义。在刘易斯的模型中,状态的数量、信号的数量和行动的数量都完全相同。在每个世界的状态下,都只有唯一一种行动能够为双方博弈参与者带来大小为 1 的收益,其余任何行动能够带给双方的收益都为 0。

发送者的策略将世界的状态映射到信号上;而接收者的策略则将信号映射到行动上。在这个博弈中,存在着很多个纳什均衡,其中包括发送者无视世界的状态始终发送相同的信号、接收者忽略接收到的信号总是选择相同的行动这样的均衡。双方博弈参与者总是做正确的事情,并各自得到大小为 1 的收益的那个均衡,被刘易斯称为"信号系统均衡"(Signaling System E-quilibrium)。这个博弈中有很多个信号系统均衡。基于此,刘易斯指出,信号的意义(如果信号有意义的话),是约定的——取决于博弈参与者实现的那一个信号系统均衡。

从演化博弈论的角度来看,刘易斯的信号传递博弈有两个非常重要的事实。第一个事实与演化稳定策略有关。请读者回想一下演化稳定策略的定义。说一个策略 s 是演化稳定的,必须满足如下条件:对于任何替代策略 m,s 在对自身时比 m 对 s 自身时更好;或者,如果它们在对 s 时同样好,那么 s 对 m 时要比 m 对 m 自身时更好。(如果将后面那个条件从"s 对 m 时要比 m 对 m 自身时更好"弱化为"s 对 m 时至少要与 m 对 m 自身时一样好",那么该策略就被称为"中性稳定"的。)

在刘易斯博弈的演化动力学模型中,一个博弈参与者会发现,自己可能是发送者的角色,也可能是接收者的角色。这时候,他的策略将是源于原来的刘易斯博弈的策略组合:⟨发送者的策略,接收者的策略⟩。尽管刘易斯的发送者—接收者博弈除了信号系统均衡之外,还有许多其他均衡,但是与该演化模型的演化稳定策略相吻合的,却只有信号系统均衡。[②]

第二个事实的意义还要重大。在一个标准的演化动力学模型,即复制者动力学模型中,信号系统均衡是吸引子,它们联合吸引盆几乎覆盖了所有可能的人口比例。有计算机仿真实验中,可以看得非常清楚,**总是**会有一些信号系统均衡成为不动点。在简化版的发送者—接收者博弈中,这一点还可以用解析的方法予以证明(Skyrms,1999)。得自复制者动力学的结论,可以用解析证明的方法推广到更一般的一大类自适应动力学模型,这说明了这些结果的稳定性。

16.3　有廉价磋商的演化博弈

自适应动力学在研究有意义的信号传递时是很有效的,既然如此,我们可以考察一下博弈的策略与博弈前信号的意义的协同演化问题,这无疑也是极有意义的。我们将先考虑两人对称博弈这种具体情形,方法是,我们将这个博弈嵌入一个廉价磋商博弈中:引入一组信号,让每个博弈参与者都发送一个信号给对方,然后让他们进行博弈;博弈时使用的策略允许他们在基础博弈的行动依赖于从其他博弈参与者那里接收到的信号。

如果有 n 个可能的信号,那么在廉价磋商博弈中,一个策略将是一个 $(n+1)$ 元组:

　　　　〈要发送的信号,如果收到信号 1 要采取的行动,如果收到信号 2 要采取的行动,…,如果收到信号 n 要采取的行动〉。

这样一来,在一个 2×2 的基础博弈之上加入两个信号,将产生一个有 8 个策略的廉价磋商博弈;在一个 3×3 基础博弈之上加入 3 个信号,将产生一个有 81 个策略的廉价磋商博弈。依此类推。如果廉价磋商博弈中的两个策略配成了对,那么它们就能确定基础博弈中的行动;同时,与它们相应的行动在基础博弈中配成对时,那么就可以得到相应的收益。

罗布森(Robson,1990)是第一个指出廉价磋商可能在演化博弈发挥着重要作用的学者。他考察的是一个由会在囚徒困境博弈中背叛的个体组成的种群。如果存在某个没有被这个种群使用的信号,那么突变体就可以利用这个信号来进行"秘密握手",从而侵入这个种群。突变体会背叛本地人而只与同类合作。这样,他们的处境就会比本地人更好,从而有能力侵入种群。如果不存在廉价磋商,那么会在囚徒困境博弈中背叛的人所组成的种群将是演化稳定的。但是,如果存在廉价磋商,情况就不会是这样。

这样说并不意味着,廉价磋商能够在囚徒困境博弈中建立起稳固的合作。如果又出现了新的突变体,它们能够制造假的秘密握手,然后再背叛,那么这种突变体就可以侵入由以前那种突变体组成的种群。再然后,如果仍然存在未被使用的信号,那么它又可以被第三轮的突变体用来进行秘密信号握手。这样看来,整个故事可能是相当复杂的。

但是,即使所有的信号都已经被使用且所有策略都是背叛的,该状态——尽管它是一个均衡——也仍然不是演化稳定的。很显然,假设廉价磋商没有任何影响是错误的。

16.4 猎鹿博弈中的廉价磋商

在一篇题目颇有挑衅意味的论文《纳什均衡绝非自我实施的》(Nash Equilibria are not Self-Enforcing)中,罗伯特·奥曼(Robert Aumann)强调,廉价磋商在如下的博弈中不可能是有效的:

奥曼的猎鹿博弈		
	c	d
(猎鹿)c	9,9	0,8
(猎兔)d	8,0	7,7

在这个基础博弈中,存在 2 个纯策略纳什均衡,即 cc 和 dd。第 1 个纳什均衡是帕累托占优的,第 3 个均衡则是更安全的(风险占优的)。

奥曼指出,无论某位博弈参与者打算采取哪一个行动,如果能够引导另一位博弈参与者相信他自己将选择行动 c,那么他就是有利可图的。如果另一位博弈参与者真的相信,那么就会选择行动 c,于是第一位博弈参与人将得到更大的收益。我们可以把 c 视为猎鹿,而把 d 视为猎兔,在这个博弈中,引导另一位博弈参与者去猎鹿,可以提高猎兔者猎得兔子的机会。因此,这两个类型的博弈参与者(无论是猎鹿者还是猎兔者),都希望另一位博弈参与者相信自己是猎鹿者。

据此,奥曼的结论是,所有类型的博弈参与者都将发出"我是一个猎鹿者"

的信号,因此这种信号没有传递任何信息。在这个博弈中,与在发送者—接收者博弈中不同,学界已经有了一个关于廉价磋商的无效性的原则性的结论。

然而,这个结论是在一个与我们现在所讨论的演化论框架大不相同的框架中形成的。奥曼的研究是在理性选择理论的框架内进行的,而且他还假设信号具有某种"预先就已存在"的意义,因而博弈参与者知道哪一个信号说的是"我是一个猎鹿者"。那么,这个论点适用于演化动力学吗?接下来,我们对基础博弈与有两个信号的廉价磋商博弈作一比较。

在基础猎鹿博弈中,有三个纳什均衡:前两个是纯策略均衡,即博弈双方都猎鹿,或都猎兔;第三个是混合策略均衡。而在作为演化博弈的猎鹿博弈中,则有两个演化稳定策略,即,猎鹿和猎兔。与混合策略均衡对应的种群多态状态则不是演化稳定的,而且是在复制者动力学上动态不稳定的。该演化博弈的动力学相图非常简单,如图 16.1 所示:

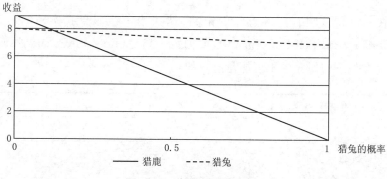

图 16.1　奥曼的猎鹿博弈

系统的状态可以用种群中猎鹿者所占的人口比例来刻画。如果 pr(猎鹿者)<7/8,复制者动力学会带着"猎鹿"策略趋向不动点。如果 pr(猎鹿者)>7/8,复制者动力学会带着"猎兔"策略走向均衡。如果 pr(猎鹿者)=7/8,那么就会处于复制者动力学的不稳定均衡。

接下来,我们把这个猎鹿博弈嵌入一个有两个信号的廉价磋商博弈中。现在,一个策略指定了:要发送哪一个信号,如果接收到了信号 1 要采取什么行动,如果接收到了信号 2 要采取什么行动。在这个博弈中,共有 8 个策略。那么在这个博弈中,均衡结构是什么样的?首先,我们必须注意到的是,每个人都猎兔的那些状态是不稳定的均衡。举例来说,如果整个种群执行的是这样一种策略:"发送信号 1,无论接收到什么信号始终猎兔",那么突变体就可以使用另一个未被使用的信号来进行秘密握手,从而侵入种群。这也就是说,突变体的策略为:"发送信号2,如果接收到信号2就猎鹿,但是如果接收到信号1就猎兔"。采用这一策略,突变体在碰到本地人时猎兔,而在碰到自己人则猎鹿,因此突变体的处境将严格优于本地人。复制者动力学会将突变体带到不动点(即使突变体占据整个种群)。接下来,无论是由同时发送两个信号的猎兔者组成的种群,还是由猎鹿者组成的种群,都不处于演化稳定的状态。猎兔并发送信号1的人,与猎兔并发送信号2的人,他们之间的人口比例可以发生变化,而且完全不会影响收益。类似地,当所有人都是猎鹿者时,情况也是一样。这些状态在一个更弱的意义上是稳定,即它们是中性稳定的,而不是演化稳定的。(在复制者动力学中,它们是动态稳定的,而不是渐进稳定的。)

但是,在廉价磋商博弈中,确实存在一个演化稳定状态。它是一个完全新的均衡,而且是由信号创造的。在这个种群状态中,分别有一半人使用如下两个策略之一:

〈1,猎兔,猎鹿〉

〈2,猎鹿,猎兔〉

第一个策略是:发送信号1,如果接收到信号1则猎兔,如果接收到信号2就猎鹿。第二个策略是:发送信号2,如果接收到信号1则猎鹿,如果接收到信号2就猎兔。这两个策略彼此之间是合作的,但是却不与同类合作!需要提请读者注意的是,如果一种种群只有这两种策略,那么复制者动力学必定会驱使它们达到50/50均衡。这是因为,如果有更多的人采用第一个策略,那么采用第二个策略的人就会得到更高的平均收益;如果有更多的人采用第二个策略,那么采用第一个策略的人就会得到更高的平均收益。[3]

我们不难检验,这个状态确实是演化稳定的。任何突变体的处境都将劣于本地人,因此复制者动力学将驱使它们走向灭绝。同时,这也是这个博弈的唯一的演化稳定状态(见Schlag,1993;Banerjee and Weibull,2000)。接下来,我们还要面对这样一个疑问:这种全新的均衡,究竟只是一个可以满足一下我们好奇心的无足轻重的现象,还是一个对演化动力学有重要意义的现象。

在另一方面,奥曼的论文也涉及了动力学问题。大卫·克雷普斯(David Kreps)问奥曼:对于如下的猎鹿博弈,是不是还会得出同样的分析结论,即以廉价磋商形式表现出来的信号传递是毫无意义的?

克雷普斯的猎鹿博弈		
	c	d
（猎鹿）c	100，100	0，8
（猎兔）d	8，0	7，7

奥曼写道:"克雷普斯这个问题把我们难倒了好一会儿。但是,答案其实很简单:事实上,$(c，c)$不是自我实施,即便在这个博弈中也不例外。它看起来似乎确实比图16.1奥曼的猎鹿博弈要好一些,但这不是因为采用这个策略组合的协议是可以自我实施的,而是因为即便没有任何协议,它也几乎肯定会被采用。采用它的协议并不能进一步提高它被采用的机会。正如前两个博弈一样,双方博弈参与者会很乐意签订一个协议,而不管他们是否会遵循协议,因此,它不能传递任何信息。"奥曼说,在克雷普斯的猎鹿博弈中,即便没有任何沟通,猎鹿也是一个非常有吸引力的选择,这当然没有错。在演化动力学中,如果大多数人一开始都不是猎鹿者,那么猎兔将被带到均衡位置。图16.2给出了这个基础博弈的动力学图解:

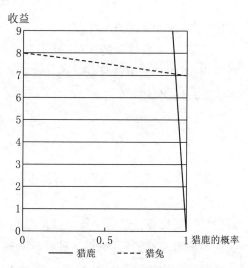

图 16.2 克雷普斯的猎鹿博弈

但是同样正确的是,在奥曼的猎鹿博弈中,"赔率"确实被操纵为有利于猎兔。因此,我们可能需要考虑一个"中性"的猎鹿博弈,即让猎鹿和猎兔的吸引力同样大:

中性猎鹿博弈		
	c	d
（猎鹿）c	15，15	0，8
（猎兔）d	8，0	7，7

对奥曼的猎鹿博弈的演化均衡分析，同样适用于对这个猎鹿博弈的分析。所有人都猎鹿的状态是中性稳定的，但不是渐进稳定的。而所有人都猎兔的状态则或者是不稳定的（当存在一个未被使用的信号时），或者是中性稳定的，但是肯定不是演化稳定的。唯一演化稳定的状态仍然是一个多态：

〈1，猎兔，猎鹿〉，50％

〈2，猎鹿，猎兔〉，50％

显而易见，在这种多态状态中，信号肯定携带了信息。这种信息使得博弈参与者始终能够在基础博弈的某个均衡上实现协调。在种群中，无视信号，反应类型[〈＊，猎兔，猎鹿〉或〈＊，猎鹿，猎鹿〉]的频率为50％。发送的信号标识着发送者的类型的相对频率则为100％。当然我们特别感兴趣的是，演化动力学能不能帮助我们搞清楚这类状态的出现是很罕见的还是很频繁的。

这就是说，我们要解决信号传递博弈中吸引盆的大小问题。猎鹿行为（猎兔行为）的吸引盆的大小，会因廉价磋商信号传递，而增加或减少吗？还是不受影响？信号传递创造出来的全新的多态均衡的吸引盆大小是可以忽略不计的？还是不可忽视的？

对中性猎鹿博弈进行的10万次蒙特卡罗计算机仿真的结果如下＊：

所有人都猎鹿均衡	75 386 次
所有人都猎兔均衡	13 179 次
多态均衡	11 435 次

很明显，信号传递所创造的多态演化稳定状态的吸引盆是绝对不可忽略的。它几乎与猎兔均衡状态的吸引盆一样大！在多态均衡中，信号携带关于发送者的反应类型的完美的信息。这种信息被接收者利用了，因为接收者采取的行动，是对发送者对自己发送的信号的反应的最优反应。

在所有人都猎鹿这个均衡中，信号不携带关于反应类型的信息。因此，要么只有一个信号被发送，在这种情况下，反应类型的概率，以发送那个信号为条件，等于种群中那个反应类型的概率。或者两个信号都被发送，在这种情况下，种群的所有成员的反应类型都是"无论收到哪个信号都猎鹿"。但在所有人都猎鹿这个均衡中，两种信号都被发送，而每个成员的反应类型

＊　原文为"10 000"次，疑有误。已改。——译者注

都是"无论收到哪个信号都猎兔"。

不过,信号确实会影响这些均衡的吸引盆的大小。在没有信号的猎鹿博弈中,猎鹿和猎兔的吸引盆各占了可能人口比例的单形的50%。而在有廉价磋商信号传递的猎鹿中,所有人都猎鹿这个均衡的吸引盆超过75%,而所有人都猎兔的均衡吸引盆则小于14%。④廉价磋商到底是如何导致了这种差异的? 在16.5节中,我们将继续追索这个谜团的谜底。

16.5 讨价还价博弈中的廉价磋商

在本节中,我们将考虑一个简单的、离散的纳什讨价还价博弈。在这个博弈中,每一次要采取的行动就是提出分得一部分饼的要求。如果各博弈参与人所要求分得的份额加起来的总额超过了1,那么讨价还价就没有结果,他们什么也得不到。否则,他们得到了他们要求分得的份额。在我们这个简化的讨价还价博弈中,博弈参与者只有3种可能的分配要求:1/3、2/3和1/2,我们分别用行动1、2和3来表示。由此产生的演化博弈有一个唯一的演化稳定策略,即所有人都要求分得1/2。不过,它还有一个演化稳定的多态状态,即种群中一半人要求分得1/3,另一半人要求分得2/3。很显然,这个多态均衡白白地浪费了很多资源,每个策略的平均收益均为1/3。所有人都要求分得1/2(并得到了1/2)的状态明显更有效率。不过,如果我们计算一下要求分得1/2策略的复制者动力学的吸引盆大小,就会发现,在可能的人口比例的3单形中,它只占到了大约62%。而严重浪费资源的多态性的吸引盆则占了38%。(另一个多态均衡,即,以1/2的概率要求分得1/3、以1/6的概率要求分得1/2、以1/3的概率要求分得2/3,是动态不稳定的,在计算机仿真实验中从未观察到过。)

那么,如果我们将这个博弈嵌入有3个无成本信号的廉价磋商博弈中去,又会发生什么情况呢? 这个廉价磋商博弈的每一个策略都是一个四重奏:

〈我要发送的信号,如果接收到信号1我要求分得多少,如果接收到信号2我要求分得多少,如果接收到信号3我要求分得多少〉

现在共有81个策略。

如果我们运行蒙特卡罗计算机仿真,从这个81单形上的均匀分布中抽样，并让种群演化足够长的时间，结果就会发现，与基础讨价还价博弈中原有的 2/3—1/3 多态均衡相对应的现象不再出现了。而且在相当短期的计算机仿真（重复 2 万代）就可以观察到趋向于这种状态的趋势，如例 1 所示：

例 1：

$$pr\langle 2112\rangle = 0.165205$$
$$pr\langle 2122\rangle = 0.012758$$
$$pr\langle 2212\rangle = 0.276200$$
$$pr\langle 2222\rangle = 0.235058$$
$$pr\langle 2312\rangle = 0.053592$$
$$pr\langle 2322\rangle = 0.248208$$

在这里，所有策略都发送信号 2。种群中大约有一半的人要求分得 1/3，另一半人要求分得 2/3。但是这里的"一半"并不是准确的一半，而且这两个"一半"之和也不精确地等于 1，因为非常小的数字无法打印出来。这种计算机仿真（2 万代）运行的时间还不够长。一个只有这些策略，且一半人要求分得 1/3、另一半人要求分得 2/3 的种群不是演化稳定的，因为它将被策略 $\langle 3113\rangle$ 侵入。信号 3 发挥了"秘密握手"的作用。这个策略在与本地人博弈时的平均收益为 1/2，与自己人博弈时的平均收益为 1/3。事实上，当我们的计算机仿真运行足够长、让秘密握手策略有时间成长之后，这种结果就不再见得到了。

与 16.4 节中所述的一样，信号创造了新的演化稳定的多态均衡，如下面的例 2 和例 3 所示：

例 2：

$$pr\langle 1132\rangle = 0.2000000$$
$$pr\langle 1232\rangle = 0.2000000$$
$$pr\langle 2331\rangle = 0.4000000$$
$$pr\langle 3121\rangle = 0.1000000$$
$$pr\langle 3122\rangle = 0.1000000$$

例 3：

$$pr\langle 1312\rangle = 0.250000$$
$$pr\langle 2213\rangle = 0.250000$$

$$pr\langle 2223 \rangle = 0.250000$$

$$pr\langle 3133 \rangle = 0.250000$$

这些情况出现计算机仿真允许种群演化 100 万代的时候。

如果我们注意到，根据所发送的信号，种群可能被划分成三个亚群，那么对这种多态性的洞察就会更加深刻一些。因为博弈参与者根据自己接收到的信号调节策略，所以一个博弈参与者针对每个亚群使用基础博弈中的策略，而且针对不同亚群的策略的选择在逻辑上是相互独立的。

考虑例 2。我们首先注意到的一件事情就是亚群本身的互动。从它们单个来看，发送信号 1 的亚群位于基础博弈的 1/3—2/3 多态性演化均衡。发送信号 3 的亚群也是如此。发送信号 2 的亚群则位于基础博弈的所有人都要求分得 1/2 演化均衡。

亚群不仅与自己博弈。它们还彼此互动。需要注意的是，当两个亚群相遇时，它们采取的是基础博弈中的纯策略纳什均衡。当信号 1 的发送者遇到了信号 2 的发送者时，他们都要求分得 1/2；当信号 1 的发送者遇到了信号 3 的发送者时，前者要求分得 2/3，后者则要求分得 1/3；当信号 2 的发送者遇到了信号 3 的发送者时，前者要求分得 1/3，后者则要求分得 2/3。这些都是严格的均衡，而且在两种群复制者动力学中也是稳定的。

我们可以认为，这三个亚群是在进行一个更高层级的博弈，其收益矩阵为：

例 2′：			
	信号 1	信号 2	信号 3
信号 1	1/3	1/2	2/3
信号 2	1/2	1/2	1/3
信号 3	1/3	2/3	1/3

如果将它看作一个单种群演化博弈，那么它就有唯一的内部吸引均衡，位于 Pr(信号 1) = 0.4，Pr(信号 2) = 0.4，Pr(信号 3) = 0.2 处，那正是例 2 中相对应的值。

对于例 3，也可以进行类似的分析。在这里，1/3—2/3 多态均衡出现在发送信号 2 的亚群中，而其他亚群在遇到自己人时则总是要求分得 1/2。亚群之间的更高层级的博弈的收益矩阵如下：

例 3′：

	信号 1	信号 2	信号 3
信号 1	1/2	1/3	2/3
信号 2	2/3	1/3	1/2
信号 3	1/3	1/2	1/2

如果将它视为一个单种群演化博弈，那么它就有唯一的内部吸引均衡，位于 Pr(信号 1) = 0.25，Pr(信号 2) = 0.50，Pr(信号 3) = 0.25 处，正如我们在例 3 可以观察到的。

上面的模块化分析的有效性依赖于这样一个事实，即我们所讲述的这个故事的各个层级上的博弈均衡，都是结构上稳定的动力学吸引子。

这些多态均衡实现的收益比基础博弈中的 1/3—2/3 多态均衡的收益高得多。在基础博弈的 1/3—2/3 的多态均衡中，每个策略的平均收益仅为 1/3。而例 2 和例 3 中，平均收益分别达到了 0.466666… 和 0.458333…。当然，这里也表现出了一定的低效率，但是这完全是因为那些在遇到自己人时发送一个指定信号的亚群涉及的多态性所致。

虽然这些新的多态均衡都是相当迷人的，但是它们在讨价还价博弈的整体演化动力学中的作用却相当有限。事实上，廉价磋商博弈的 81 单形中，超过 98％ 都演化为所有人都要求分得 1/2 的均衡。无论是增加信号的数量，还是减少信号的数量，这个结果都非常稳健。例如，当我们对有 2 个信号或 4 个信号的动力学进行计算机仿真时，所得到的结果仍然是所有人都要求分得 1/2 的均衡占据了 98％ 以上的时间。至此，我们在 16.4 节的最后留下的那个小小的谜团，不但没有得到解决，反而变得更大了。

关于廉价磋商现有定理无法解决这个问题（见 Wärneryd，1991，1993；Blume et al.，1993；Schlag，1993，1994；Sobel，1993；Kim and Sobel，1995；Bhaskar，1998），因此我们采用了计算机仿真方法。仿真实验的初始设置，保证了每次都能从 81 单形的内部开始运行。这也就是说，每个策略都有正的概率，尽管有的策略的概率可能很小。特别是，没有任何未被使用的信号。这不是一个有共同利益的博弈。如果各博弈参与者提出了相容的分配要求，那是符合他们的共同利益的。但是仅此而已。在这个范围之内，仍然存在着利益对立。对某个博弈参与者来说，最好的结果是自己要求分得 2/3，同时对方只要求分得 1/3。

信号没有任何预先存在的意义。那么，意义是否会演化？下面考虑以种群中所有人都要求分得 1/2 结束的一些计算机仿真实验的若干最终状态。

例 4（仿真运行了 100 万代）：

$$pr\langle 2131 \rangle = 0.189991$$
$$pr\langle 2132 \rangle = 0.015224$$
$$pr\langle 2133 \rangle = 0.037131$$
$$pr\langle 2231 \rangle = 0.245191$$
$$pr\langle 2232 \rangle = 0.048024$$
$$pr\langle 2233 \rangle = 0.021732$$
$$pr\langle 2331 \rangle = 0.128748$$
$$pr\langle 2332 \rangle = 0.175341$$
$$pr\langle 2333 \rangle = 0.138617$$

每个策略都发送信号 2；每个策略都在接收到信号 2 后要求分得一半。但是在收到未被使用过的信号 1 和信号 3 后，各种各样的可能性都出现在了种群中。

例 5（仿真运行了 100 万代）：

$$pr\langle 1333 \rangle = 0.770017$$
$$pr\langle 2333 \rangle = 0.057976$$
$$pr\langle 3333 \rangle = 0.172008$$

在这里，所有信号都被发送了。然而，每个策略都忽略了被发送的信号，而直接要求分得一半。在这两个极端之间，我们可以发现所有的各种各样的中间情况。

很显然，在我们设定的环境下，我们没能像在刘易斯发送者—接收者博弈那样，观察到意义的自发涌现。信号的作用在这里显得更加微妙一些。现在，我们不妨先将视线从意义这个较强的概念（它得自发送者—接收者博弈的信号系统均衡），转移到一个较弱的概念，即信息上来。一位博弈参与者发送了某个信号后，如果给定他发送的信号时，他属于某个类型的概率，不同于只是给定该博弈参与者属于他的种群时，他属于该类型的概率，那么他发出的信号就携带了一些关于他自己的信息。在所有博弈参与者都要求分得一半的均衡中，信号不可能携带关于博弈参与者的行为的信息。当然，我们不难想象,信号可以携带关于博弈参与者在均衡时的反应类型的信息,其中反应类型由博弈参与者的一个策略的最后三个坐标(维度)组成。但是在例 4 和例 5 中,这种情况是不可能出现的,因为在例 4 中,只有一个信号被发送;而在例 5 中,则只有一种反应类型。

要想在信号中找到信息,也许不应该在演化过程结束时去寻找,而是应该在演化过程的开始和中间阶段去寻找。这是因为,在一个随机选择的人口比例向量中,如果信号没有携带任何关于反应类型的信息,那将可以视为一个奇迹。在人口比例单形的几乎所有状态下,信号都携带了关于反应类型的一些信息。在我们的计算机仿真中,演化开始必定有信息的存在——即便说这完全出于偶然,也无伤大雅。关于反应类型的任何信息,都可以被正确的策略(类型)所利用。而正确的策略(类型)在种群中之所以存在,正是因为所有策略类型都存在。能够利用的信号携带的信息的策略,其增长速度超过了其他类型的策略。因此,"偶然"的信息与复制者动力学之间,存在着互动。

为了进一步探究这个思想,我们需要先将一个信号携带的平均信息定量化。为此,我们使用的是库尔贝克—莱布勒区分信息(Kullback-Leibler discrimination information,下文简称"K-L 信息")——人口比例所产生的概率测度与信号的调节所产生的概率测度之间的距离。

令 P 表示种群中的人口比例,p_i 表示亚群中发送消息 i 的人口比例。请读者回想一下,一个反应类型由一个三元组构成:

> 〈如果收到消息 1 如何行动,如果收到消息 2 如何行动,如果收到消息 3 如何行动〉。

这里有 3 个信号,我们用 S_i 来表示它们;有 27 种反应类型,我们将它们记为 T_k。那么,消息 i 中所包含的 K-L 信息为:

$$\sum_k \left(p_i[T_k] \log(p_i[T_k]/P[T_k]) \right)$$

对所有信号进行平均处理,就可以得到种群中的所有信号的平均数量[5],即:

$$\sum_i P[S_i] \sum_k \left(p_i[T_k] \log(p_i[T_k]/P[T_k]) \right)$$

这与一项实验研究所提供的信息是一致的。在那个实验中,"信息"的定义是林德利给出的(Lindley, 1956)。在那里,观看某个信号就被认为是一个实验,而某个特定的信号被看到了就被认为是实验得到了结果。

例如,考虑猎鹿博弈中的多态均衡:

$$\langle 1, 猎兔, 猎鹿 \rangle, 50\%$$
$$\langle 2, 猎鹿, 猎兔 \rangle, 50\%$$

在该种群中,有 2 个反应类型及 2 个信号。在以信号 1 为条件的概率中,只有 1 个反应类型。因此,信号 1 中的信息就是:

$$1 \log(1/(1/2)) = \log(2) = 0.693(自然对数)$$

类似地,也可以求出信号 2 中的信息,为 $\log(2)$,一如在种群中的信号的平均信息。在本节的例 4 中,种群中的平均信息就是信号 2 中的信息,因为它始终被发送。其值为 0,因为对于种群中所有的反应类型 k,$p_k = P$。在本节的例 5 中,种群中只有 1 个反应类型,因此,每个消息中的信息为 0。但是,在一个所有人都要求分得 1/2 的均衡种群状态中,信息有可能是正的,例如:

$$\langle 1, 3, 3, 1 \rangle, 50\%$$
$$\langle 2, 3, 3, 2 \rangle, 50\%$$

在这里,只有消息 1 和消息 2 被发送,并且反应类型的唯一区别在于,作为对收到消息 3 的反应,它们会如何做出反事实的行动。这些消息完美地将这些反应类型区分了开来,所以它们包含着有关反应类型的信息。

我们可以计算出某个种群中的消息的平均信息,而且还可以求得用来计算吸引盆的多次蒙特卡罗计算机仿真实验结果的平均值。图 16.3 给出了 1 000 多次计算机仿真实验中得到的平均结果(该计算使用了自然对数):

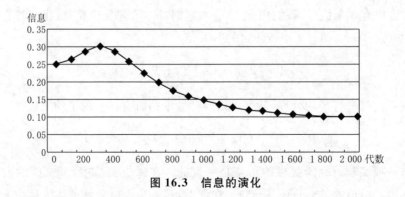

图 16.3　信息的演化

当然,仿真实验开始时,会"偶然"存在着一些信息。然后,复制者动力学导致信号中包含的平均信息持续增加,到大约 300 代时达到峰值。在那之后,信号中包含的平均信息开始缓慢地、持续地减少。

那么,这些信息会产生什么影响?如果种群中存在着信息,那么也就存在着能够有效地利用这些信息的策略。因此,如果我们仅仅考察作为基础博弈的讨价还价博弈中的行为——廉价磋商似乎完全无影无踪——那么我们将预期会观察到对随机配对时的行为的偏离。这也就是说,这些信号应该能够在讨价还价博弈行为中诱发一定的相关性。我们可以看一下,要求分得 1/2 这种行为是否在相关配对时比随机配对时出现得更加频繁,这种情况有利于那些试图实现相关性的策略类型。我们还可以看一下,要求分得 2/3 的行为与要求分得 1/3 的行为之间是否存在正相关关系。另外,要求分得 1/2 的博弈参与者与要求分得 2/3 的博弈参与者之间,以及双方都要求分得 2/3 的博弈参与者之间,是否存在负相关性,也是我们感兴趣的问题。如果行为是固定的、自利的,那么前面这一切也可以自有说辞。但是行为并不是这样的。行为演化是信号演化和反应演化的复杂产物。当然,所有这一切是如何发生的,很难先验地给出一个动力学模型。因此,我们再次诉诸计算机仿真实验。在这里,我们计算出了行为的指标变量的协方差。

这就是说,根据当前人口比例,从信号传递博弈的 81 种类型中选出 2 种类型,这对类型决定了讨价还价博弈的行为。如果设定"第 1 个博弈参与者要求分得 2/3、1/3、1/2"的指标变量,以及"第 2 个博弈参与者要求分得 2/3、1/3、1/2"的指标变量,那么:

$$\mathrm{COV}(i, j) = \mathrm{Pr}(i, j) - \mathrm{Pr}(i)\big(\mathrm{Pr}(j)\big)$$

其中 $\mathrm{Pr}(i, j)$ 为第 1 个博弈参与者要求分得 i、第 2 个博弈参与者要求分得 j 的概率。[6] 计算结果表明,要求分得一半的人更想与自己的同类人配对;要求分得 2/3 的人更想与要求分得 1/3 的人配对。而且,要求分得 1/2 的人和要求分得 2/3 人更想避免彼此相遇。图 16.4 表明演化在一定范围内符合这种描述。(图中给出的是 1 000 多次计算机仿真实验的平均结果。)

信号所包含的信息与演化动力学之间的互动,使得相容的要求——(1/2, 1/2)和(2/3, 1/3)——之间产生了正相关性。同时,这种互动还使得不相容的要求——(1/2, 2/3)——之间产生了负相关性。在这两种情况下,相关性的(绝对值)峰值都出现于仿真进行到大约 400 代的时候。在峰值水平上,协方差 Cov(1/2, 1/2)高于 3%,而另一个协方差 Cov(2/3, 1/3)则不

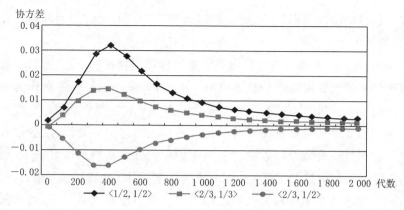

图 16.4　相关性的演化 I

到前一个值的一半。

　　然而，我们不能过于匆忙地把这种由演化产生的相关依从性推而广之，以为人们所期待的合策略家之意的策略无非如此而已。要求分得 1/2 的人在遇到相容的要求分得 1/3 的人时，是完全不在意的；但是要求分得 2/3 的人却会"想"避免遇到自己的同类人。但是在这里，演化未能在合意的方向上提供所需的相关性，如图 16.5 所示：

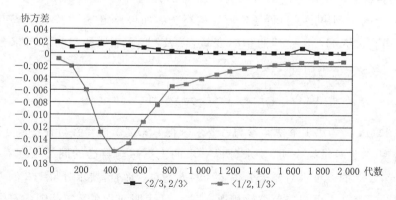

图 16.5　相关性的演化 II

　　协方差 Cov(1/2，1/3) 在 400 代时为负，而协方差 Cov(2/3，1/3) 则为正。而且演化并没有赋予要求分得 2/3 的人任何优势，使他们能够像自己希望的那样避免与同类人相遇。是的，要求分得 2/3 的人不能有效地使用信号来避开自己的同类人。Cov(2/3，2/3) 基本上是正的，但是很接近于 0。从图 16.5 中可以看得很清楚，仅凭想象在嵌入的博弈中什么行为更可能发生，并不能为我们研究廉价磋商博弈演化动力学提供一个可靠的指南。

对于相关性的演化的进一步探究,还可以通过将它与讨价还价行为的演化进行比较来进行。我们给出了对讨价还价行为的演化的 1 000 多次计算机仿真实验的平均概率,如图 16.6 所示:

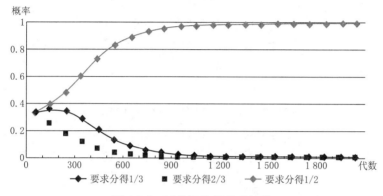

图 16.6　讨价还价行为的演化

从图中可见,要求分得 1/2 的人迅速占据了整个种群。要求分得 2/3 的人消失得甚至比要求分得 1/3 的人还要快,尽管这两者之间存在着正相关关系。

平均来看,到了大约 400 代,要求分得 1/2 的人就占据了种群总人口的 73％;而到了 1 000 代,就进一步占据了总人口的 97％。最后,到了 2 000 代,正的和负的协方差就全都消失了,要求分得 1/2 的人已经占据了总人口的 99％以上,到这时候,信号中仍然保留的那点信息已经完全无足轻重了。在极限状态下,如果信号中还保留了信息的话,那么那种信息也是反事实的。它们只能起到分辨不同反应类型的作用——这些反应类型对不被发送的信号的反应是有区别的。

很显然,我们最感兴趣的行动发生在大约 400 代的时候。这就表明,我们应该去考察一下 400 代前后的个别轨道以及在那个时候处于(或接近于)均衡的轨道。这里有一个例子可以说明信号传递策略的互动的复杂性。这个例子来源于一次计算机仿真,它给出了 400 代时和 10 000 代时,在总人口占据的比例超过了 1％时的所有策略,同时还给出了各个策略的人口比例和平均收益。在 400 代时,我们有:

$\langle 1\ 3\ 1\ 1\rangle 0.011134 U = 0.386543$

$\langle 1\ 3\ 1\ 3\rangle 0.044419 U = 0.436378$

$\langle 1\ 3\ 2\ 3\rangle 0.012546 U = 0.398289$

$\langle 1\ 3\ 3\ 3\rangle 0.203603 U = 0.473749$

$\langle 2\ 1\ 3\ 3\rangle 0.026870 U = 0.372952$

$\langle 2\ 3\ 1\ 1\rangle 0.52620 U = 0.385357$

$\langle 2\ 3\ 1\ 2\rangle 0.014853 U = 0.369061$

$\langle 2\ 3\ 1\ 3\rangle 0.025405 U = 0.425317$

$\langle 2\ 3\ 2\ 3\rangle 0.054065 U = 0.416539$

$\langle 3\ 1\ 1\ 3\rangle 0.022481 U = 0.354270$

$\langle 3\ 3\ 1\ 1\rangle 0.016618 U = 0.3954966$

$\langle 3\ 3\ 1\ 2\rangle 0.046882 U = 0.396710$

$\langle 3\ 3\ 1\ 3\rangle 0.050360 U = 0.416904$

$\langle 3\ 3\ 2\ 2\rangle 0.010570 U = 0.366388$

$\langle 3\ 3\ 2\ 3\rangle 0.011266 U = 0.386582$

$\langle 3\ 3\ 3\ 1\rangle 0.124853 U = 0.419688$

$\langle 3\ 3\ 3\ 3\rangle 0.010625 U = 0.440625$

在 10 000 代时,我们有:

$$\langle 1\ 3\ 3\ 3\rangle 0.973050 U = 0.500000$$

(剩余的人口比例由其他 80 种策略所共享)。

很明显,这里发生的事情绝不仅仅是秘密握手那么简单。秘密握手策略确实存在。例如,在上面第一份策略表中,$\langle 1\ 3\ 1\ 1\rangle$发送信号 1,当与任何一个同样发送信号 1 的人配对时要求分得一半,而在所有其他情况下都谨慎行事,只要求分得 1/3。但是,也有一些可以被认为是反握手(anti-handshake)的策略,例如$\langle 3\ 3\ 3\ 1\rangle$,在 400 代时,它在总人口占了大约 12.5%。这个策略在遇到发送了不同信号的人时,要求分得 1/2,而在遇到发出了相同的信号的人时,却会谨慎行事,只要求分得 1/3。反握手策略对最终几乎占据整个种群的策略$\langle 1\ 3\ 3\ 3\rangle$的成功大有助益,尽管它自己最终消失了。另一个秘密握手策略$\langle 1\ 3\ 1\ 1\rangle$也是如此。[⑦]

廉价磋商的引入,使平均分配的吸引盆的大小出现了巨大差异(62%之于 98%以上)。这种差异的原因究竟在哪里?我们希望能够给出一个更全面的分析（可惜现在还不能）。不过，我们还是可以说出一些东西来的。这似乎是由瞬态信息（transient information）所引起的。通过信号传递策略的复杂的互动，这种瞬时信息导致基础博弈中的讨价还价博弈行为产生了瞬态共变。因此，这里发生的事情远远不止秘密握手这么简单。由此而产生的共变的类型是无法在理性选择的基础上预测的。然而，无论如何，其净效应是增加的要求分得 1/2 的策略的适合度。

16.6　结论

演化非常重要！从基于理性选择的博弈论的角度出发对猎鹿博弈和讨价还价博弈进行分析，是不可能预测我们在这里讨论的这些现象的。传统的理性选择理论要么根本不能给出任何预测，要么只能给出完全与演化博弈论相反的预测。这种分殊和歧异呼唤更多的实证检验。

廉价磋商非常重要！无成本的信号可以对演化动力学产生很大的影响。这种信号可以创造全新的均衡，并可能改变基础博弈的均衡的稳定性质。通常的均衡分析忽略信号传递的许多重要的动力学效应。无成本的信号可能会导致基础博弈的多重均衡的吸引盆的相对大小出现非常大的变化。

在演化过程中，"偶然"出现的信息会被使用并被放大。在很多时候，有信息的信号会固化。信号创造的多态均衡的存在就反映了这种情况。但是，有时信息却是瞬态的，当动力学到达一个静止状态时，瞬态信息已经消失不见了。

瞬态信息非常重要！信息，即便是瞬态信息，也可能在决定演化过程的最终结果时发挥重要作用。为什么会这样？瞬态信息怎么发挥这种作用？答案涉及信号传递策略的复杂互动。利用计算机仿真，可以总结出关于这种互动的性质的一些初步洞见，但是如果能够得到更加深刻的解析分析结果，那么将更加理想。

但是，我们现在就可以肯定地说。只要无成本的博弈前信号传递确实存在，那么那些基于理性选择的模型对这种现象的忽略就是一个很严重的错误。如果对信号视而不见，如果观察者只能看到基础博弈中的行为，那么演化的过程就是不可理解的。神秘的相关性将会来来去去不可索解。而动力学将不再像复制者动力学。信号，即便它们是"廉价"的，也必定要在演化理论中发挥至关重要的作用。

注　释

① 克劳福德和索贝尔引入并分析了一个更一般的发送者—接收者博弈模型（Crawford and Sobel，1982）。

② 如果对刘易斯的模型进行修正，以允许信号的数量超过状态的数量，那么情况就会变得更加复杂。

③ 这就解释了为什么在这些策略〈1，猎鹿，猎兔〉和〈2，猎兔，猎鹿〉之间不存在稳定的均衡，因为它们都是与"自己人"合作，而不是与"其他人"合作的。如果某种类型的人更多了，那么就会获得更高的收益，复制者动力学会驱动它来到不动点。

④ 在奥曼的猎鹿博弈中，没有廉价磋商时，猎鹿的吸引盆的大小仅为 0.125；而在有廉价磋商时，其大小增加到了 0.149。多态演化稳定状态也同样可以观察到，其吸引盆的大小为 0.015。

⑤ 这些加总是对那些在种群的比例为正的信号进行计算的。

⑥ 因为类型的抽取是独立的，$\Pr(i, j) = \Pr(j, i)$，所以 $\text{Cov}(i, j) = \text{Cov}(j, i)$。

⑦ 读者可能会想知道（我自己也是一样），如果消除所有的潜在秘密握手策略，又会产生什么影响？为此，我进行了一系列计算机仿真实验。在第 1 代，当要求分得 1/2 的策略遇到了它自己的同类时，我抹掉了所有要求分得 1/2 的策略。然而，在大约 38% 的计算机仿真实验中，种群仍然会收敛到这样一个均衡：当其他策略发出了一个不同的信号时，每个策略都要求分得 1/2。而对于每一个信号，都有两种类型同等地存在，从而在发送该信号的亚群内实现了 1/2—2/3 多态性。下面是一个例子：

$$\langle 1\ 1\ 3\ 3 \rangle \text{pr} = 0.01667$$
$$\langle 1\ 2\ 3\ 3 \rangle \text{pr} = 0.01667$$
$$\langle 2\ 3\ 1\ 3 \rangle \text{pr} = 0.01667$$
$$\langle 2\ 3\ 2\ 3 \rangle \text{pr} = 0.01667$$
$$\langle 3\ 3\ 3\ 1 \rangle \text{pr} = 0.01667$$
$$\langle 3\ 3\ 3\ 2 \rangle \text{pr} = 0.01667$$

每种策略的平均收益为 0.444 444。

参考文献

Alexander, J. and B. Skyrms(1999) "Bargaining with Neighbors: Is Justice Contagious?" *Journal of Philosophy* 588—98.

Aumann, R. J. (1990) "Nash Equilibria Are Not Self-Enforcing." In *Economic Decision Making*, *Games*, *Econometrics and Optimization* ed. J. J. Gabzewicz, J.-F. Richard, and L. A. Wolsey, 201—6. Amsterdam: North Holland.

Banerjee, A. and J. Weibull(2000) "Neutrally Stable Outcomes in Cheap-Talk Coordination Games." *Games and Economic Behavior* 32:1—24.

Bhaskar, V. (1998) "Noisy Communication and the Evolution of Cooperation." *Journal of Economic Theory* 82:110—31.

Blume, A., Y.-G. Kim, and J. Sobel(1993) "Evolutionary Stability in Games of Communication." *Games and Economic Behavior* 5:547—75.

Crawford, V. and J. Sobel(1982) "Strategic Information Transmission." *Econometrica* 50:1431—51.

Grafen, A. (1990) "Biological Signals as Handicaps." *Journal of Theoretical Biology* 144:517—46.

Kim, Y.-G. and J. Sobel(1995) "An Evolutionary Approach to Pre-play Communication." *Econometrica* 63:1181—93.

Kullback, S. (1959) *Information Theory and Statistics*. New York: Wiley.

Kullback, S. and R. A. Leibler(1951) "On Information and Sufficiency." *Annals of Mathematical Statistics* 22:79—86.

Lewis, D. K. (1969) *Convention: A Philosophical Study*. Oxford: Blackwell.

Lindley, D. (1956) "On a Measure of the Information Provided by an Experiment." *Annals of Mathematical Statistics* 27:986—1005.

Nydegger, R. V. and G. Owen(1974) "Two-Person Bargaining: An Experimental Test of the Nash Axioms." *International Journal of Game Theory* 3:239—50.

Robson, A. J. (1990) "Efficiency in Evolutionary Games: Darwin, Nash and the Secret Handshake." *Journal of Theoretical Biology* 144:379—96.

Roth, A. and M. Malouf(1979) "Game Theoretic Models and the Role of Information in Bargaining." *Psychological Review* 86:574—94.

Schlag, K. (1993) "Cheap Talk and Evolutionary Dynamics." Discussion Paper, Bonn University.

Schlag, K. (1994) "When Does Evolution Lead to Efficiency in Communication Games?" Discussion Paper, Bonn University.

Skyrms, B. (1996) *Evolution of the Social Contract*. New York: Cambridge University Press.

Skyrms, B. (1999) "Stability and Explanatory Significance of Some Simple Evolutionary Models." *Philosophy of Science* 67:94—113.

Sobel, J. (1993) "Evolutionary Stability and Efficiency." *Economic Letters* 42:

301—12.

Taylor，P. and L. Jonker(1978) "Evolutionarily Stable Strategies and Game Dynamics." *Mathematical Biosciences* 40:145—56.

Van Huyck，J.，R. Batallio，S. Mathur，P. Van Huyck，and A. Ortmann(1995) "On the Origin of Convention: Evidence from Symmetric Bargaining Games." *International Journal of Game Theory* 34:187—212.

Wärneryd，K. (1991) "Evolutionary Stability in Unanimity Games with Cheap Talk." *Economic Letters* 39:295—300.

Wärneryd，K. (1993) "Cheap Talk，Coordination and Evolutionary Stability." *Games and Economic Behavior* 5:532—46.

Zahavi，A. (1975) "Mate Selection—a Selection for a Handicap." *Journal of Theoretical Biology* 53:205—14.

Zahavi，A. and A. Zahavi(1997) *The Handicap Principle*. Oxford: Oxford University Press.

17

博弈前信号传递和合作的协同演化*

本章提出了一个有限种群动态演化模型。我们利用这个模型证明，提高个体发送博弈前信号的能力（信号无需任何预先界定的意义），为合作开辟了一条新的途径。该种群动力学能够引导个体区分不同信号，并根据接收到的信号作出相应的反应。种群处于不同状态的时间的比例是可以解析地计算出来的。我们证明了，增加不同信号的数量有利于合作策略。我们还阐明了合作者是如何利用不同的信号组合来获利的：有了这种信号组合，他们可以预测未来的行为，并不受背叛者的欺骗。

17.1 引言

在他们讨论演化中的重大转移或跃迁（major transitions）的论著中，梅纳德·史密斯和塞兹马利（Maynard Smith and Szathmáry，1995）证明，在每一个过渡阶段，合作的涌现都面临着许多必须克服的障碍。在大部分论著中，这些问题都被建模为囚徒困境博弈，直到最近，才有一些学者指出，在某些情况下，猎鹿博弈（或划船模型）可能是一个更好的模型（Skyrms，2004）。当然，收益结构没有得到精确刻画时，通常

---

* 本文与弗朗西斯科·桑托斯和豪尔赫·帕切科合写。

是很难判断哪些模型更加合适的。动物界的合作狩猎现象为猎鹿博弈提供了一些自然的例子(Stander，1992；Boesch，1994；Creel and Creel，1995)。但是，搭便车的机会仍然很充裕，因此猎鹿博弈可能退化成囚徒困境博弈。许多流行的机制都试图为囚徒困境博弈中的合作提供某种解释，例如亲缘选择。这些机制或许可以把一个囚徒困境博弈转变成一个猎鹿博弈(Skyrms，2004)。在这里，我们将同时讨论这两类博弈。

从表面上看，无成本的、没有预先存在的意义的博弈前交流(通常也被称为"廉价磋商")，应该很难对解决合作问题有所帮助。但是罗布森指出(Robson，1990)，这种信号可以破坏囚徒困境博弈中的不合作均衡的稳定性。假设出现了一个突变体，它能够利用某个未使用的信号来进行秘密握手。这就是说，突变体发送信号，一方面与发送同样信号的自己人合作，另一方面背叛种群中的本地人(本地人不发送信号)。对于这些入侵者来说，这一切将会非常顺利，不过，等到第二种也能够发送信号的突变体崛起之后，他们也会遭到背叛。追随罗布森的思路，许多其他学者也通过秘密握手机制探讨了存在多重均衡的博弈中的高效纳什均衡的稳定性问题(Matsui，1991；Wärneryd，1991；Kim and Sobel，1995)。我们证明，在猎鹿博弈中，大群体(复制者)动力学分析表明，博弈前信号传递不仅可以改变均衡的稳定特征，而且还可以创造出全新的均衡，改变合作均衡吸引盆和非合作均衡吸引盆的相对大小(Skyrms，2002)。在那篇论文中，吸引盆是利用计算机仿真实验的方法加以研究的。而在这里，我们将给出解析结果。我们构建了一个有突变的有限种群动力学模型。在这个模型中，系统处于各均衡状态上的时间比例可以准确地计算出来。我们证明，信号传递有很大的作用。众所周知，在没有交流的猎鹿博弈中，演化更青睐风险占优均衡(Kandori et al.，1993)。然而，当存在信号传递时，情况就不再是这样了。存在信号传递的猎鹿博弈中的合作均衡将不同于风险占优均衡。因此，信号传递有利于合作。此外，有利于合作的倾向，也会随着种群中存在的信号的增多而加强(在我们可以精确地把它计算出来的意义上)。尤其引人注目的是，即便是在囚徒困境博弈中，这仍然成立。

17.2　模型

与以前的论文一样(Skyrms，2002，2004)，假设存在 σ 种可能的信号，那么我们就可用如下的向量形式来定义策略：$A = \langle$信号,对信号1的反应,对信号2的反应,$\cdots$,对信号σ的反应$\rangle$。这也就给出了一个总共有$n_s = \sigma 2^\sigma$个不同策略的集合。由此,我们可以将一个简单的、没有信号的合作博弈,视为一个只有单个共同信号的博弈,即$\sigma = 1$。如果博弈参与者只能充当合作者(C)或背叛者(D),那么两种策略配对互动的结果仍然可以用一个对称的两人合作博弈来描述,而且与平常一样,其收益矩阵为：

$$
\begin{array}{c}
\quad\; C \quad\; D \\
\begin{array}{c} C \\ D \end{array}
\begin{bmatrix} R & S \\ T & P \end{bmatrix}
\end{array}
$$

在下文中,我们将分别在以下两种情况下研究信号的作用,当$R > T > P > S$时（猎鹿博弈）；以及,当$T > R > P > S$时（囚徒困境博弈）。

我们考虑一个由Z个互动的个体组成的完全混合的有限种群。假设个体通过社会学习来修正自己的行为,而这种修正是利用一定的随机更新规则实现的（Nowak, 2006；Traulsen et al., 2006, 2007；Sigmund, 2010）。在每一轮,一个适合度为Π_i的个体i（适合度用来自博弈的收益来刻画）,都将通过模仿随机选择出另一个适合度为Π_j的个体j来更新自己的策略,选择的概率p随着j与i之间的收益差异的增大而增大（Traulsen et al., 2006, 2007）。因此,成功的个体将成为被模仿的对象,相应的策略则将在种群中扩展开来。为了方便起见,此处这个概率可以写成众所周知的费米分布形式（源于统计物理学）：$p = \left[1 + e^{-\beta[\Pi_i(k) - \Pi_j(k)]}\right]^{-1}$,其中$\beta$（在统计物理学中原指逆温度）在这里指与决策中的错误相关的噪声（Traulsen et al., 2006）。当β的取值很高时,我们就得到了经常被用于文化演化研究的纯粹的模仿者动力学；而当$\beta \to 0$时,选择就会变得非常弱,演化将以随机漂移的形式进行下去。不过,值得注意的是,我们在下面得到的结果在其他更新过程中仍然非常稳健,例如莫兰过程的"生死"（birth-death）或"死生"变体（Nowak, 2006）。

我们还要进一步假设一个突变率μ,即个体会以μ的概率切换到一个随机选择的策略,从而使得个体有机会在可能行为的空间中自由地探索。如果取$\mu \to 0$时的极限（即所谓的小突变极限）,那么接下来的分析就可以在很大程度上得到简化（Fudenberg and Imhof, 2005；Imhof et al., 2005）。在没有突变的情况下,演化的最终状态肯定是单态,这是演化动力学和更新规则的随机性导致的不可避免的结果。在引入概率很小的突变之后,种群要么以消灭突变体而结束,要么以让入侵者占据稳固地位而告终。因此,在小突变极限状态下,一个突变将会在另一个突变出现很久之前就固定下来或遭到灭绝。基于这个原因,在全部时间内,种群内都有两个策略同时存在。

当种群中出现了两个特定的策略(比如说,策略 A 和策略 B)时,采用策略 A 的个体有 k 个,采用 B 的个体有($Z-k$)个,这时候,一个采用策略 A 的个体的收益可以写为:$\Pi_A(k) = (k/Z)P_{A,A} + ((Z-k)/Z)P_{A,B}$,其中 $P_{A,A}$(或 $P_{A,B}$)代表一个采用策略 A 的个体在与采用策略 A(或 B)的另一个个体进行的一次互动中通过相互行为(C 或 D)而获得的收益。这样一来,我们就可以用一个简化的、规模为 n_s 的马尔可夫链来描述这种种群的演化动力学了(Fudenberg and Imhof,2005;Imhof et al.,2005)。其中,每个状态都代表着一个与某个给定的策略相关联的种群的单态最终状态,而状态之间的转换则可以通过由采用另一个策略的个体组成的群体中的某个策略的一个单个突变的固定概率来定义。由此,就可以得出平稳分布时种群花在每个单态上的平均时间,而且这个平衡分布可以解析地计算出来。在本段开头给出收益定义中,将自互动(self interaction)也包括了进去,这会引入一个错误,不过只有在极小的种群中这种错误才会相当大。事实上,我们的检验结果表明,下面给出的所有结果,无论是在包括自互动的情况下,还是在不包括自互动的情况下,都非常稳健。只要 $Z > 25$,那么不存在自互动只会在平稳分布中引入不到 1% 的校正。

在上述假设的基础上,我们不难写出,在一个有 $Z-k$ 个采用 B 策略的个体的种群中,采用策略 A 的个体的数量 k 改变(数量每一轮 ± 1)的概率为:$T^{\pm}(k) = [(Z-k)/Z](k/Z)[1 + e^{-\beta[\Pi_A(K) \pm \Pi_B(k)]}]^{-1}$。利用它,就可以计算出在一个有($Z-1$)个采用 B 策略的个体的种群中,一个突变出来的策略 A 的固定概率。参照埃文斯(Ewens,2004)、卡尔林和泰勒(Karlin and Taylor,1975)、诺瓦克等人(Nowak et al.,2004)和特劳尔森等人(Traulsen et al.,2006)的思路,可以计算出该概率为:$\rho_{B,A} = (\sum_{i=0}^{Z-1} \prod_{j=1}^{i} \lambda_j)^{-1}$,其中 $\lambda_j = T^-(j)/T^+(j)$。在中性选择这种极限状态下(当 $\beta \to 0$ 时),λ_i 独立于适合度值:$\rho_{BA} = 1/Z$。考虑由不同策略组成的集合 $\{1, 2, \cdots, n_s\}$,固定概率定义了 n_s^2 个马尔可夫链的转移概率,其相应的转移矩阵为:

$$M = \begin{bmatrix} 1 - \eta(\rho_{1,2} + \cdots + \rho_{1,n_s}) & \eta\rho_{1,2} & \cdots & \eta\rho_{1,n_s} \\ \eta\rho_{2,1} & 1 - \eta(\rho_{2,1} + \rho_{2,3} + \cdots + \rho_{1,n_s}) & \cdots & \eta\rho_{2,n_s} \\ \cdots & \cdots & \cdots & \cdots \\ \eta\rho_{n_s,1} & \cdots & \cdots & 1 - \eta(\rho_{n_s,1} + \rho_{n_s,1} + \cdots + \rho_{n_s,n_s-1}) \end{bmatrix}$$

其中 $\eta = (n_s - 1)^{-1}$，它给出了一个适当的归一化因子。这样，与 M 的转置矩阵的特征值 1 相关联的归一化特征向量，就给出之前描述过的平稳分布（Fudenberg and Imhof，2005；Imhof et al.，2005）。同样值得注意的是，当种群的大部分时间都处于单态附近时，个体与采用相同策略的自己人互动的那些状态的时间所占的比例，也是与种群处于"合作场景"的时间所占的比例相对应的。因此，我们得自矩阵 M 的平稳分布，确实不仅给出了每种策略的相对演化优势，而且还提供了合作行为所占的稳态比例。

17.3　结果

17.3.1　通过廉价磋商实现协调：猎鹿博弈

让我们考虑一个以猎鹿博弈的形式来进行互动的种群（Skyrms，2001，2004）。其收益矩阵如下：

$$\begin{array}{cc} & \begin{array}{cc} C & D \end{array} \\ \begin{array}{c} C \\ D \end{array} & \begin{pmatrix} 1 & -0.5 \\ 0.5 & 0 \end{pmatrix} \end{array}$$

在这里，合作（C）与实现最高支付所需的协调行动相关联，而背叛（D，或不合作）则是这种"集体成就"的对立面，如果双方都背叛，那么就会在最不利的收益上实现"协调"（然而，这是怎样的一种协调啊）。在不存在不同的信号的情况下（即当 $\sigma = 1$ 时），这个博弈的演化动力学可以用一个平稳分布来描述，而这个平稳分布则是通过一条 2 个状态（合作和背叛）的马尔可夫链，以及一个用一个单个突变的固定概率来定义的转移矩阵而获得的。由于 $\rho_{C,D} = \rho_{D,C} < 1/Z$，所以合作者和背叛者不会被侵入，而且都会被对方的策略所替代。此外，对于这个特定的收益矩阵（$T = 0.5$，$R = 1$，$P = 0$，以及 $S = -T$），种群处于相互合作的状态或与相互背叛的状态的概率可能相等（见下文）。因此，无论是合作还是背叛，都可以被视为在有限种群中演化稳定的（即所谓 ESS_N，见诺瓦克（Nowak，2006）和诺瓦克等人（Nowak et al.，2004）给出的定义。演化稳定意味着，任何其他策略的固定概率总是要小于中性固定概率，即小于 $1/Z$。

现在，让我们每轮互动之前引入一个信号传递阶段（即使得 $\sigma = 2$）。现在，个体可以发送两个信号（"0"或"1"），这些信号不包含任何预先给定的意义。从这个博弈中，我们可以得到一条有 8 个状态的马尔可夫链。因为所有的信号都被视为等同的,而且是完全对称的,所以如果给每个信号分配一个固定的成本,那么下面的所有结果仍然不变,只是收益矩阵的所有元素都会有小小变动,但这无足轻重。

结果如图 17.1 所示。尽管在该种群中,每种信号的"丰裕"程度仍然保持着对称性,见图 17.1(a),但是能够区分不同信号的策略却占了优势,见

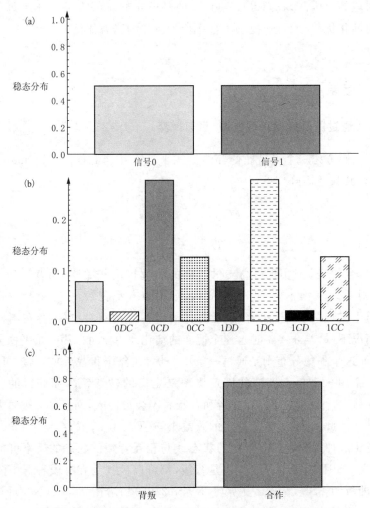

图 17.1　有两个信号("0"和"1")的猎鹿博弈的稳态分布

注:(a)如我们所料,对应于每种信号的演化动力学都是对称性的。(b)在几乎没有突变的极限状态下,种群大部分时间都处于那些能够辨别出不同信号,并与自己的信号合作的策略的支配之下(有图案的直条)。(c)单态场景中个体彼此合作的4 个策略的累计频率表明,在存在 2 个信号的情况下,合作占据了压倒性的优势($Z = 150$,$\beta = 0.05$,$T = 0.5$,$R = 1$,$P = 0$,$S = -0.5$)。

图 17.1(b)。最成功的是那些以合作的方式对自己信号做出反应的策略,这促使他们的行为实现了正反馈。正如罗布森在他的论文(Robson,1990)中指出的,一个突变体可以成功地利用该种群中未被使用的某个信号,即将它作为一个博弈前信号,用来保证在后面的互动中达成协调。只要对如图 17.2 所示的主要的转移概率进行一番分析,就很容易发现这一点。图中的箭头表示相应的转换概率都大于 $\rho_n = 1/Z$。 它们受到了演化女神的青睐。图 17.2(a)为不存在不同信号时的情形,图 17.2(b)为存在不同信号时的情形。

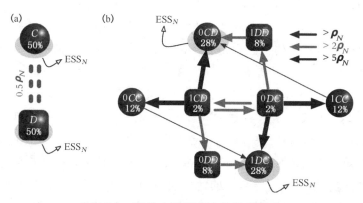

图 17.2　演化女神所青睐的转移概率

注:(a)不存在信号传递的情形。(b)存在两个可用的信号的情形。在存在博弈前信号传递的情况下:(i)能够分辨不同信号的策略;(ii)能够以合作来对自己的信号作出反应的策略,成了仅有的有限种群演化稳定策略。箭头 $A \rightarrow B$ 表示在一个由 A 组成的种群中,一个突变体 B 以高于 $1/Z$ 的概率得以固化下来。圆形(正方形)分别表示在一个单态场景中选择合作(背叛)的策略。百分比值表示与稳态分布相关联的每种策略的"流行率",也请参见图 17.1(b)。两种信号发挥的作用的等价性,导致了这张有很高对称性的转换图。参数的选择与图 17.1 相同。(关于本图,读者可以参考本文的网络版中的解释。)

虽然同一种信号的不同策略之间的转换并不受演化女神青睐,但是有不同信号可用这个事实所导致的发生不同信号发送者之间的新的转换,却基本上都是受演化女神青睐的。如图 17.2(b)所示,这些新的转换将两个自我强化的、能够鉴别不同信号的策略转化成了两个有限种群演化稳定策略。这两个策略是当收到自己人的信号时合作,以及当收到不同的信号时背叛;它们也是仅有的两个有限种群演化稳定策略,也就是说,偏离这些单态状态的转换是不受演化女神青睐的。如图 17.1(c)和图 17.2(b)所示,各种合作策略（圆形）受到了不同信号之间的转换的支持，并且在种群中占据了优势地位。

如果没有不同的信号，合作行为的稳态比例将由合作的吸引盆与（风险占优的）背叛的吸引盆的相对大小决定。但是有了信号之后，情况就不再是这样的了。只要有不同的信号可用，哪怕它们是无成本和毫无意义的，充分的合作也将出现在80％的时间上（对于如上所述的博弈参数而言）；相比之下，当不存在不同信号时，这个数字仅为50％。因此个体是可以将意义赋予信号的，由此而导致的一个结果是，原来的吸引盆的大小变了。发送信号"1"，也许会被理解为，"如果你发送的信号为1，我将去猎鹿1"；当然，同样的意义也可以用信号"0"来传递。然而在实践中，即便是在最稳定的单态情形下，每个信号携带的信息也是明确的。每个信号的意义是"偶然"地从演化的随机性质中涌现出来的。因此，意义是瞬态的、频率依赖的，而且是与种群中的策略协同演化的，是用来保证协调并可以带来利益的（Skyrms，2010）。其结果是，合作将通过罗布森所说的"秘密握手"而扩展开来（Robson，1990）；而且，保持秘密性也不再是一个必要条件。事实上，在猎鹿博弈中，欺骗无论是对发送者还是对接收者都没有任何好处。这样一来，由于能够通过利用每个信号包含的信息获利，真正的信号发送者的处境将比任何突变体都要好，因而发送信号将成为有限种群演化稳定策略（Nowak et al.，2004）。

很自然地，上面的推理会引出一个稍有差异、但明显相关的问题：如果不同信号之间的转换是演化女神所青睐的，而且作为其结果，合作将有机会茁壮成长起来，那么是不是信号数量越多，越有利于合作者呢？因为从背叛的状态转换为合作的状态，要求采用本种群中不存在的信号，因此增加可用的信号的数量理应使合作更加容易扩展开来。图17.3证实了这个假说。随着可用的信号数量的增加，不同信号之间的转换变得更加频繁，见图17.3（b）。这将增加合作策略被采用的概率。

如图17.4所示，信号传递的正面作用是独立于猎鹿博弈的收益矩阵的。在图中，我们给出了作为背叛诱惑力的 T 的函数的合作行为的稳态比例（参数为 $R=1$，$P=0$ 和 $S=-T$）。在不存在不同信号时，合作行为的稳态比例被定义为一个比率，即 $\rho_{C,D}/\rho_{D,C}$，其中 $\rho_{C,D}(\rho_{D,C})$ 为 $C(D)$ 在一个有 $(Z-1)$ 个背叛者（合作者）的种群中的固定概率。对于 $0<T<0.5$，有 $\rho_C>\rho_D$，如果 $0.5<T<1.0$ 则反之。值得注意的是，$T=0.5$ 这个值是一

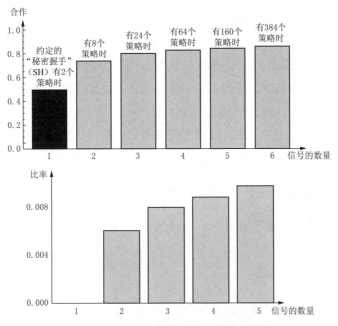

图 17.3 对不同信号的数量的依赖

注:(a)种群"花在"合作策略上的时间在总时间所占的比例,是可用信号数量的一个函数。(b)有同样信号的单态的累积转移概率与没有信号的单态的累积转移概率之间的比率,是可用信号数量的一个函数。逐步改变信号的可用数量,可以揭示不同的信号之间的转移是如何变得更加频繁的。图 17.3 所用的参数与图 17.1 和图 17.2 的用的参数相同。

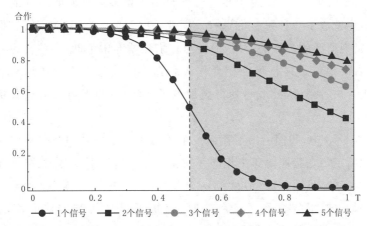

图 17.4 将合作行为的稳态比例视为背叛的诱惑力 T 的函数时,种群在各种数量的信号下处于合作单态的时间所占的比例

注:随着信号数量的增加,合作者和背叛者之间由没有信号时的初始(风险占优的)均衡(在图中用黑色空心圆和垂直虚线表示),逐渐变得完全由合作占主导了(参数为 $Z = 150$, $\beta = 0.1$, $S = -T$, $R = 1$, $P = 0$)。

个阈值,高于这个值背叛就会成为猎鹿博弈中的风险占优行为。这也就是说,只要对手选择合作或背叛的概率是相同的,那么自己选择背叛就是一个最好的选择(Nowak,2006)。然而,只要不同信号的数量增加了,这种风险占优均衡就被遭到破坏,使情势向有利于合作的方向转变。在这种情况下,如果合作成了整个参数范围内猎鹿博弈的风险占优策略。最后一点,在 $T = 0.5$ 处发生的这种跃迁(即猎鹿博弈中的风险占优策略的变化),会随着选择强度 β 的上升而变得更加迅速有力,就像信号可以增加合作一样。

17.3.2 当欺骗成为一个有利可图的选择:囚徒困境博弈

现在,让我们考虑个体在囚徒困境情境下的互动,其收益矩阵如下:

$$\begin{array}{cc} & \begin{array}{cc} C & D \end{array} \\ \begin{array}{c} C \\ D \end{array} & \begin{bmatrix} 1 & -0.5 \\ 1.5 & 0 \end{bmatrix} \end{array}$$

与在猎鹿博弈中不同,在囚徒困境博弈中,无论合作者在种群中所占的比例是高是低,合作者总是处于不利地位。因此毫不奇怪,在不存在不同信号的情况下,背叛变成了囚徒困境博弈中的唯一的演化稳定策略(和有限种群演化稳定策略)(Nowak et al.,2004;Nowak,2006)。而且,即便是在出现了不同信号的情况下,由于相互合作也不再是多态种群的最好的可能结果,欺骗也就成了一种可行的选择。因此,在囚徒困境博弈中,信号可能发挥像在猎鹿博弈中一样的作用,但是与在猎鹿博弈中不同,那些传递假信号的背叛者的地位最终将可能比合作者和真正的信号发送者更加有利。因此,对于合作者来说,处境将变得更加艰难,因为背叛者可以通过背叛他们而获利。

在图 17.5 中,我们给出了存在一个信号和两个信号的情况下的转移概率,其他给定与在猎鹿博弈中相同。在 $\sigma = 1$ 的情况下,有限种群演化稳定策略是存在的,见图 17.5(a);而 $\sigma = 2$ 的情况下,见图 17.5(b),有限种群演化稳定策略却不复存在了。在这时,背叛不再是所有转移概率的汇点(sink)。与在猎鹿博弈中类似,演化女神最青睐的转移是那些发生在有许多信号时的不同状态之间的转移。不同的是,有一个信号时不同策略之间的转换现在也可能受到演化女神的青睐了。

接下来,我们考虑如下两个"迷你博弈"。在第 1 个博弈(A)中,策略转

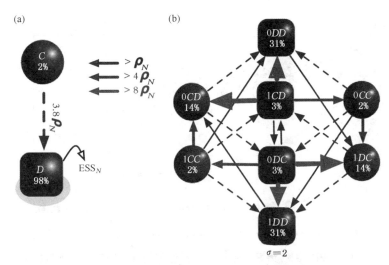

图 17.5　囚徒困境中的稳态概率分布

注：与前面的图一样，箭头表示受演化女神青睐的转移概率，其中圆形（正方形）表示在一个单态场景下会导致所有人都合作（背叛）的策略。在不存在不同的信号的情况下(a)，背叛是唯一的稳定策略。然而，当存在两个不同的可用信号时(b)，那么总是选择背叛的策略就不再稳定了。合作的总体水平依赖于由不同信号发送者进行的迷你博弈之间的互动（如图中实线箭头所示，其中的两个合作策略 0CD 和 1DC 都是稳定的），以及相同信号的策略之间的迷你博弈（如图中虚线箭头所示，其中有 4 个导致背叛的策略是稳定的）。参数：$T = 1.5$，$S = -0.5$，$R = 1$，$P = 0$，$Z = 150$，$\beta = 0.05$。（关于本图，读者可以参考本文的网络版。）

换只发生在相同信号的不同策略之间［图 17.5(b)中的实线箭头］。而在第 2 个博弈(B)中，策略转移只发生在不同信号之间［图 17.5(b)中的虚线箭头］。对这两个迷你博弈的分析表明，背叛策略（图中的正方形）在博弈 A 中是唯一可能的有限种群演化稳定策略（1DD 和 0DD）；而在博弈 B 中，合作策略（蓝色圆形）却成了有限种群演化稳定策略的仅有的"候选者"（0CD 和 1DC）。

因此，总体合作水平随不同信号发送者之间的转换的数量和强度而提高。据此不难推断，增加信号的数量有利于合作策略的流行。图 17.6 证实了这一点。在图 17.6 中，我们证明，只要增加信号数量，就能促进合作；在囚徒困境博弈中，这个结论在非常大的参数范围内都很稳健。这就是说，合作能够从如下这种非常残酷的"军备竞赛"中涌现出来：一方面是合作者努力发明创制新信号（以防止被背叛者欺骗），另一方面是背叛者拼命搜索合作信号（以便去欺骗合作者）。当信号的数量增加到一定程度后，合作者就有了一个信号组合，挑选余地就会更大，他们能够利用这个信号结合来促进自己的利益。

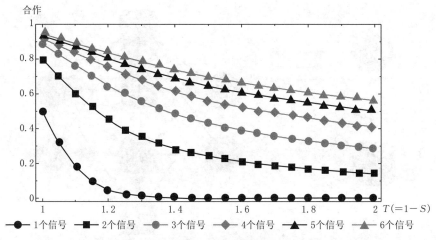

图 17.6   囚徒困境博弈中不同信号数量下的合作策略的平均流行率
（将合作策略的平均流行率视为背叛的诱惑力 T 的函数）

注：只要可用信号的数量在增加，在囚徒困境博弈中合作就会得到强化。参数：$R = 1$，$P = 0$，$S = 1 - T$；其他参数与图 17.5 相同。

17.4   结论

我们已经用解析方法证明，博弈前信号能够使博弈的演化动力学发生有利于合作的深刻变化。与亲缘辨别（kin discrimination）、胡须色动力学（beard chromodynamics），以及表型多样性（phenotypic diversity）等机制一样（Jansen and Van Baalen，2006；Traulsen and Nowak，2007；Antal et al.，2009；Sigmund，2009；Gardner and West，2010），博弈前信号也是一个非常重要的相关装置，有了它，合作者就可能在种群中占据优势。在本章中，合作是自发地、自主地从信号与行动的协同演化中涌现出来，而且信号和合作行为都不是内置于参与博弈的个体身上的。这就是说，我们要在一个研究人类演化的核心问题的一般性框架中解决合作演化问题，不仅考虑个体对给定的信号系统的适应，也考虑信号系统本身涌现的自组织动力（Skyrms，2002，2010）。我们分析了合作的两个至关重要的"隐喻"，即猎鹿困境（或协调困境）和囚徒困境。在协调困境中，愿意合作的个人能够学会利用编码在每个信号中的信息，去识别其他合作者，从而减少自己采取合作行为时被背叛的风险。此外，大量不同信号的存在强化了合作的倾向，因为增大了合作者可以用来促进自身利益的可用信号的组合。在猎鹿博弈中，由于相互合作始终是最好的结果，那些能够区分清楚自己和其他人策略的合作者，就能够稳健地抵御突变体的入侵。因此，某个策略要成为有限种群演化稳定策略，必须是（i）合作的，（ii）有辨别能力的，和（iii）能够自我强化的。这也就是说，采用该策略的个体必须能够与那些采用相同信号的个体合作。

特别引人注目是，信号传递能够增强合作的结论，同样也适用于那些有可能因欺骗而获利的博弈，甚至还适用于背叛是唯一稳定的策略的博弈，例如囚徒困境博弈。在囚徒困境博弈中，当存在博弈前信号传递的时候，那些总是选择背叛的策略变得不再是稳定的了。然而，任何类型的合作策略也会出现这种情况。因此，在这种不存在任何稳定的策略的情况下，合作的命运是在背叛者与合作者之间"斗争"过程中渐渐浮出水面的。前者通过传递虚假信号来欺骗，后者则通过发明创造可行的秘密握手信号来合作（Robson，1990）。所有这些特征，都强烈依赖于可用信号的数量，从而凸现了一个复杂的信号系统的优势。

致 谢

本研究得到了葡萄牙国家科学基金会（FCS 和 JMP）和空军科学研究办公室［FA9550-08-1-0389（BS）］的资金支持，作者们在此表示感谢。

参考文献

Antal，T.，H.Ohtsuki，J.Wakeley，P.Taylor，and M.Nowak（2009）"Evolution of cooperation by phenotypic similarity." *Proceedings of the National Academy of Sciences* 106:8597.

Boesch，C.（1994）"Cooperative Hunting in Wild Chimpanzees." *Animal Behaviour* 48:653—67.

Creel，S. and N.M.Creel（1995）"Communal Hunting and Pack Size in African Wild Dogs，Lycaon-Pictus." *Animal Behaviour* 50:1325—39.

Ewens，W.J.（2004）*Mathematical Population Genetics I*. New York:Springer.

Fudenberg，D. and L.Imhof（2005）"Imitation processes with small mutations." *Journal of Economic Theory* 131:251—62.

Gardner，A. and S.West（2010）"Greenbeards." *Evolution* 64:25—38.

Imhof，L.A.，D.Fundenberg，and M.A.Nowak（2005）"Evolutionary cycles of cooperation and defection." *Proceedings of the National Academy of Sciences of the United States of America* 102:10797—800.

Jansen, V. and M. van Baalen(2006) "Altruism through beard chromodynamics." *Nature* 440:663—6.

Kandori, M. and G. Rob Mailath(1993) "Learning, mutation and long run equilibria in games." *Econometrica* 61:29—56.

Karlin, S. and H. M. A. Taylor(1975) *A First Course in Stochastic Processes*. London: Academic.

Kim, Y.-G. and J. Sobel(1995) "An evolutionary approach to pre-play communication." *Econometrica* 63:1181—93.

Matsui, A., (1991) "Cheap-talk and cooperation in society." *Journal of Economic Theory* 54:245—58.

Maynard-Smith, J. and E. Szathmáry(1995) *The Major Transitions in Evolution*. Oxford: Freeman.

Nowak, M. A. (2006) *Evolutionary Dynamics*. Harvard, MA: Belknap.

Nowak, M. A., A. Sasaki, C. Taylor, and D. Fudenberg(2004) "Emergence of cooperation and evolutionary stability in finite populations." *Nature* 428:646—50.

Robson, A., (1990) "Efficiency in evolutionary games: Darwin, Nash, and the secret handshake." *Journal of Theoretical Biology* 144:379—96.

Sigmund, K., (2009) "Sympathy and similarity: the evolutionary dynamics of cooperation." *Proceedings of the National Academy of Sciences* 106:8405.

Sigmund, K., (2010) *The Calculus of Selfishness*. Princeton, NJ: Princeton University Press.

Skyrms, B., (2001) "The Stag Hunt." *Proceedings and Addresses of the American Philosophical Association* 75, 31—41.

Skyrms, B., (2002) "Signals, evolution, and the explanatory power of transient information." *Philosophy of Science* 69:407—28.

Skyrms, B., (2004) *The Stag Hunt and the Evolution of Social Structure*. Cambridge: Cambridge University Press.

Skyrms, B., (2010) "Signals: Evolution, Learning & Information." Oxford: Oxford University Press.

Stander, P. E.(1992) "Cooperative hunting in lions—the role of the individual." *Behavioral Ecology and Sociobiology* 29:445—54.

Traulsen, A. and M. Nowak(2007) "Chromodynamics of cooperation in finite populations." *PLoS One* 2:270.

Traulsen, A., M. A. Nowak, and J. M. Pacheco(2006) "Stochastic dynamics of invasion and fixation." *Physical Review E* 74:011909.

Traulsen，A.，J. M. Pacheco，and M. A. Nowak(2007)"Pairwise comparison and selection temperature in evolutionary game dynamics." *Journal of Theoretical Biology* 246:522—9.

Wärneryd，K.(1991)"Evolutionary stability in unanimity games with cheaptalk." *Economic Letters* 36:375—8.

18

有多个发送者和接收者的信号系统的演化

18.1 引言

要想协调行动，决策主体就必须交换、处理和利用一定的信息。而要交换信息，就需要有一个信号系统来进行协调，以保证被交换的信号有适当的内容。在自然界中，信号系统普遍存在：从细菌的群感信号（Schauder and Bassler，2001；Kaiser，2004），到蜜蜂的舞蹈（Dyer and Seeley，1991），再到鸟鸣（Hailman et al.，1985；Gyger et al.，1987；Evans et al.，1994；Charrier and Sturdy，2005），再到各种动物的警报信号（Seyfarth and Cheney，1990；Green and Maegner，1998；Manser et al.，2002），还有人类的语言。

信息处理自然包括信息过滤（即将无关信息丢弃掉并将重要信息传递下去），以及对多条信息的整合。过滤系统也是普遍存在的。群体感应细菌会忽视低水平的传递信号的分子，并且只对适宜采取行动的浓度做出反应。黑顶山雀则会忽略句法结构不完整的鸣叫（这种"句法结构"标明了山雀的种族起源）。多细胞生物体的每一个感觉处理系统都要做出决定：哪些信息应该直接丢弃掉，哪些信息内容要传递下去。而对信息的整合则包括了计算、逻辑推理和投票决定。虽然

320

我们通常认为这些操作都是通过有意识的人类思维过程完成的,但是实际上,它们也可以由简单的、无意识的信号网络来进行。最后,信息必须用于决策。这些决策会影响整个种群的适合度。下至细菌的群体感应,上至提示危险的警报、指明食物的位置和质量的信号,概莫能外。

从演化的角度看,信息传递、信息过滤和信息整合这三个方面的协调问题最好同时予以解决。在人类事务中,它们有的时候是可以分开处理的,但是更典型的情况是,它们是协同演化的。我们可以用演化博弈来刻画这些问题的基本性质。

而且,我们也可以将这些演化博弈视为基本构件或模块,用它们来构建更加复杂的互动博弈。对于演化博弈,我们既可以从静态的角度,也可以从动态的角度来研究。静态的均衡分析可以揭示关于互动结构的许多特征,而且这种分析是在一般层面上进行的,不需要运用某种特定的动力学。但是动态分析也有长处,它的优点在于可以阐明静态均衡研究无法揭示的复杂性。当然,动态分析在数学上比较难处理;这种情况下,计算机仿真作为一个有效的工具就可以发挥很大作用了。不过,对于那些比较简单的博弈论模型,解析方法也是适用的。

接下来,我们先从一个二元发送者—接收者博弈(即只有一个发送者和一个接收者的博弈)开始分析,然后再推广到包含了多个发送者和多个接收者的模型。我们将证明,演化动力学可以产生复杂、精微得令人惊叹的行为模型。然而,即便是在最简单的二元信号传递博弈中,要给出全面的分析也不是一件轻而易举的事情。我们前面的路还很长,要做的工作还很多。

18.2　经典的双行为主体发送者—接收者博弈:均衡分析

在基本博弈模型中(Lewis,1969),有两个博弈参与者,即发送者和接收者。自然女神以某个概率选择一个状态(每种状态被选中的概率都不为0),发送者观察到被选择的状态。随后,发送者发送一个信号给接收者,后者不能直接观察到状态,但是可以观察到信号。然后接收者选择某种行动,其行动的结果会同时影响发送者和接收者,他们的收益取决于行动与状态是否匹配。我们假设,在博弈刚开始的一刻,状态、信号和行为的数量都是相等的,都为 N。我们称这个博弈为一个 $N \times N \times N$ 博弈。

发送者和接收者之间存在着纯粹的共同利益,因为他们的收益是完全相同的。对于每一个状态,都有且仅有一个正确的行动。在得到了正确的行为—状态组合时,发送者和接收者都可以获得大小为 1 的支付,否则他们的收益都为 0。我们对状态和信号进行编号,因此可以将一次博弈记为〈状态,信号,行动〉= $\langle s_i, m_j, a_k \rangle$,如果 $i = k$,那么该次博弈的收益为 1,否则为 0。

发送者的策略是一个从状态到信号的函数,而接收者的策略则是一个从信号到行动的函数。预期收益取决于自然女神选择各种状态的概率,以及发送者和接收者的策略的人口比率。为了便于进行演化分析,我们假定发送者和接收者都拥有确定性的策略。

我们不赋予信号任何内在含义。如果信号要获得意义,博弈参与者就必须找到一个能够传递信息的均衡。当实现了完美的信息传递的时候,行动总能与状态适当地匹配起来,这时发送者和接收者都能获得最优收益,刘易斯将这种均衡称为信号系统。例如,在一个 $3 \times 3 \times 3$ 博弈中,如下的策略组合就是一个刘易斯信号系统均衡:

发送者的策略	接收者的策略
状态 1⇒信号 3	信号 3⇒行动 1
状态 2⇒信号 2	信号 2⇒行动 2
状态 3⇒信号 1	信号 1⇒行动 3

对信号进行重新排列得到任何一个策略组合也都是信号系统均衡。因此,信号的"意义"完全是约定的,取决于参加博弈的行动主体所驻留的是哪一个均衡。

当然,在这个信号传递博弈中,还存在其他均衡,其中包括混同均衡。在混同均衡中,发送者忽略观察到的状态,同时接收者则忽略接收到的信号。例如,假设状态 3 是最可能出现的,那么下面就是一个混同均衡:

发送者的策略	接收者的策略
状态 1⇒信号 1	信号 3⇒行动 3
状态 2⇒信号 1	信号 2⇒行动 3
状态 3⇒信号 1	信号 1⇒行动 3

因为发送者不传递任何信息，所以接收者为了获得最高的收益，只能忽视接收到的信号，直接选择与最有可能的状态相匹配的行动。由于接收者忽视接收到的信号，因此发送者不可能通过改变自己的信号来改善自己的处境。

在 $N \times N \times N$ 博弈中，当 $N > 2$ 时，还存在着**局部混同均衡**，例如：

发送者的策略	接收者的策略
状态 1⇒信号 3	信号 3⇒行动 1
状态 2⇒信号 1	信号 2⇒行动 3
状态 3⇒信号 1	信号 1⇒行动 3

发送者的策略不能区分状态 2 和状态 3，而且还留下了信号 2 未被使用。在接收到了"暧昧"的信号后，接收者必须在得到的有限信息条件下做出最优选择。对于更大的 N，还有更多种类的局部混同均衡，这取决于哪些状态被"混同"了。

在上述各种均衡当中，信号系统均衡给博弈参与者带来的收益是最高的，但是我们无法保证这种均衡一定能够实现。不过，这种均衡还有一个特点，即它们是严格的均衡，这也就是说，对它们的任何单方面的偏离都只能导致严格更差的收益。严格均衡的一个直接后果是，在演化的情景中，信号系统均衡将成为种群的演化稳定状态。这个结论无论在双种群演化模型中，还是在单种群演化模型中，都是成立的。双种群指，同时存在一个由发送者组成的种群和一个由接收者组成的种群；单种群指，只有一个种群，其中的个体有时充当发送者，有时充当接收者。

同时，我们不难证明，信号系统均衡是唯一的演化稳定状态（Wärneyd, 1993）。在上面举的混同均衡的例子中，一个总是发送信号 2 的突变体发送者，恰好能够得到与本地人一样高的收益。同样地，一个能够将信号 3（这个信号是以前从来没有被发送过的）区分出来的突变体接收者，也不会因采取这种行动而蒙受不利。而在上面所举的部分混同均衡的例子中，一个在状态 2 和状态 3 发送信号 2 的突变体发送者，能够使接收者做出同样的反应，因此将得到与本地人相同的收益。

在这些情况下，这些突变体的处境都不比本地人更好。混同均衡和局部混同均衡都是均衡。然而，突变体也不比本地人更差，所以他们不会被赶出种群。这也就是说,混同均衡和局部混同均衡都未能通过演化稳定性检验(Maynard Smith and Price,1973)。如果仅仅停留在这里,那么均衡分析就可能会引导人们认定,演化动力学总是(或几乎总是)会把博弈参与者带到信号系统均衡。然而,这并不是事实(Huttegger,2007a,2007b,2007c;Pawlowitsch,2008)。

18.3 动力学

众所周知,最简单的大种群分化繁殖动力学模型就是复制者动力学模型(Taylor and Jonker,1978;Hofbauer and Sigmund,1998)。在另一种语境下,复制者动力学可以解释为成功的策略的文化演化模型(Björnerstedt and Weibull,1995;Schlag,1998)。它还有第三个解释,即解释为强化学习的一种极限情况(Beggs,2005;Hopkins and Posch,2005)。

我们既可以考虑一个单种群模型,在这种模型中,策略是条件性的(如果发送者这么做,那么如何如何;如果接收者这么做,那么如何如何);也可以考虑一个双种群模型,在这种模型中,发送者组成了一个种群,同时接收者又组成了另一个种群。这两种模型在生物学中都有广泛应用。双种群模型显然是更适合种间信号传递系统。而在单种群模型中,例如在同一物种报警信号的情况下,个体有时充当发送者的角色,有时又会充当接收者的角色。

先考虑一个单种群模型。假设策略为$\{S_i\}$,令 x_i 表示采用策略 S_i 的人口比率,再令策略 S_i 对策略 S_j 时的适合度为 $W(S_i \mid S_j)$。那么,只要再假设种群中的个体是随机相遇的,则策略 S_i 的平均适合度为:

$$W(S_i) = \sum_j x_j W(S_i \mid S_j)$$

而种群的平均适合度则为:

$$W(S) = \sum_i W(S_i) x_i$$

该种群的复制者动力学就是下面这个微分方程组:

$$\mathrm{d}x_i / \mathrm{d}t = x_i [W(S_i) - W(S)]$$

而在双种群模型中,令 x_i 表示采用该种群中采用策略 S_i 的人口比率,

令 y_i 表示采用该种群中采用策略 R_i 的人口比率。同样地，我们再次假设随机匹配，那么就有：

$$W(S_i) = \sum_j y_j W(S_i \mid R_j)，以及 W(R_j) = \sum_i x_i W(R_j \mid S_i)^*$$

同时发送者种群和接收者种群的平均适合度则分别为：

$$W(S) = \sum_i W(S_i) x_i，以及 W(R) = \sum_j W(R_j) y_j$$

接下来，我们就可以利用如下一式两份的复制者动力学来分析这个双种群模型的演化了（Taylor and Jonker，1978；Hofbauer and Sigmund，1998）：

$$dx_i/dt = x_i [W(S_i) - W(S)]$$
$$dy_j/dt = y_j [W(R_j) - W(R)]$$

在刘易斯的信号传递博弈中，无论是采用单种群模型还是双种群模型，发送者与接收者之间的强烈的共同利益，都能保证复制者动力学的全局收敛；这就是说，所有的轨迹都必然会指向动态均衡（Hofbauer and Sigmund，1998；Huttegger，2007a，2007b）。

在一个各状态概率都相等的 $2 \times 2 \times 2$ 刘易斯信号传递博弈中，从演化稳定均衡分析匆忙得出的"草率结论"，实际上也可以从动力学中得出：所有不是信号系统的均衡都是动态不稳定的。无论是在单种群模型还是在双种群模型中，复制者动力学几乎总会使任何一种可能的人口比率演化为信号系统（Huttegger，2007a，2007b，2007c；Hofbauer and Huttegger，2008）。

但是，如果各状态不是等概率的，那么这个结论就不再成立。假设状态 2 的概率远远高于状态 1，那么接收者就有可能直接采取在状态 2 下的最优行动，而完全忽略所有信号。而且，既然信号被忽略了，那么发送者也不妨忽略所有状态。例如，考虑这样一个种群：一方面，接收者始终采取行动 2；另一方面，有些发送者总是发送信号 1，有些发送者则总是发送信号 2。这样的种群肯定是均衡。我们已经描述过一系列多态混同均衡。这些均衡是动态稳定的，尽管根据梅纳德-史密斯和普赖斯对演化稳定均衡的定义（Maynard Smith and Price，1973），它们不是演化稳定的。而且，在动力学中，它们也不是强稳定的吸引子。相反，它们只是"中性稳定"的。中性稳定

---

* 此处原文为"Rj"，应该是"R_j"之误。已改。——译者注

的含义是,在动力学作用下,接近它们的点继续保持在接近它们的位置上,但是它们不能把接近它们的点吸引向它们。例如,它们附近的其他混同均衡根本不会在动力学作用下移动。现在的问题是,如果把所有这些混同均衡视为一个整体来考虑,那么是不是可以说也存在一个吸引盆?解析分析表明,确实存在吸引盆(Hofbauer and Huttegger,2008)。计算机仿真结果也表明,从吸引盆的大小来看,也不是微不足道的。一如我们预料,该吸引盆的大小取决于两种状态的概率之间的差异。如果我们放弃每个状态对应的收益都相等的假设出发,那么吸引盆的大小也取决于收益之间的差异。

即便我们坚持所有状态都是等概率的、所有收益的大小都是相等的这种假设不变,只要我们将博弈结构从 $2 \times 2 \times 2$ 扩展为 $3 \times 3 \times 3$,几乎总是会收敛为信号系统均衡这个结论也就不再成立了。在这个 $3 \times 3 \times 3$ 信号传递博弈中,全局混同均衡是动态不稳定的,但是却存在许多中性稳定的局部混同均衡(例如我们在 18.2 节中讨论的那几个)。我们可以用解析方法证明,局部混同均衡的吸引盆的大小为正。而且计算机仿真结果也表明,这种吸引盆是不可忽略的(Huttegger et al.,2006)。

即使在刘易斯的信号传递博弈中嵌入很强的共同利益,也不能肯定信号系统均衡会像当初分析均衡时所想象的那样必然出现。完美的信号系统是有可能演化出来,但是根本不能保证必定会演化出来。动力学分析表明,这里还存在着诸多意想不到的微妙之处。

当然,值得我们进一步探索的类似的微妙之处还有很多,因为各种次优均衡全都不是结构稳定的(Guckenheimer and Holmes,1983;Skyrms,1999)。动力学上很小的扰动就可以导致很大的不同。对于区分繁殖,一个需要考虑的自然扰动是突变体的出现。考虑了这种扰动后,我们的复制者动力学就变成了复制者—突变体动力学(Hadeler,1981;Hofbauer,1985)。对于一个有均匀突变的双种群模型,我们有如下的复制者—突变体动力学:

$$dx_i/dt = x_i[(1-e)W(S_i) - W(S)] + (e/n)W(S)$$
$$dy_j/dt = y_j[(1-e)W(R_j) - W(R)] + (e/n)W(R)$$

其中的 e 为突变率,n 是策略的数量。在这里,我们包括了所有可能的策略。现在,演化动力学将处于选择压力和突变压力共同作用下。突变压力推动所有策略趋向等概率,因为突变成一种策略的可能性等于由这种策略突变为另一种策略的可能性。选择压力则可以抗衡,或者甚至克服突变压力。但是,如果选择压力较弱或完全不存在,那么突变就会导致博弈的均衡结构出现剧烈变化。

为了说明这一点,我们先回到前面那个 $2 \times 2 \times 2$ 信号传递博弈模型,它有两个种群,各种状态的概率不相等。假设状态 2 比状态 1 更加可能发生,那么正如我们已经看到的,在复制者动力学下,存在一系列混同均衡。在接收者种群中,(无论发生的是什么状态)总是采取行动 2 这个策略将得到固化。而在发送者种群中,则存在一个两种类型的发送者之间的多态,那就是说,一部分个体无论什么状态都总是发送信号 1,另一部分个体无论什么状态都总是发送信号 2。由于在发送者的不同类型之间没有选择压力,所以每一个这样的发送者多态都是一个均衡。这样,加入任何程度的均匀突变,都会使这一系列混同均衡坍塌,并趋向于"总是发送信号 1"与"总是发送信号 2"概率相同的那个点上(Hofbauer and Huttegger, 2008)。但是,由于突变的作用,在这个由发送者组成的种群中,其他类型的策略也会以微量的形式存在。

这里要解决的最大的一个问题是,这个受到扰动的混同均衡的稳定性如何。它是动态稳定的? 抑或是动态不稳定的? 我们没有明确的答案。这取决于两种状态的概率之间的差异(Hofbauer and Huttegger, 2008)。一个小小的突变就可能有助于信号系统的演化,但是并不总能保证它们一定会演化。

18.4 成本

让我们先回到 $2 \times 2 \times 2$ 状态等概率情形,不过这次我们假设,其中一个信号的发送是有成本的发送,而另一个信号则是无成本的。(从另一个角度,我们把无成本的信号解释为保持沉默。)在这种情况下,存在一系列混同均衡,其中发送者总是发送无成本的信号,而各种类型的接收者的人口比例则多种多样。

接下来,我们将发送者的策略记为:

发送者 1:状态 1⇒信号 1,状态 2⇒信号 2
发送者 2:状态 1⇒信号 2,状态 2⇒信号 1
发送者 3:状态 1⇒信号 1,状态 2⇒信号 1
发送者 4:状态 1⇒信号 2,状态 2⇒信号 2

并将接收者的策略记为：

接收者 1:信号 1⇒行动 1,信号 2⇒行动 2
接收者 2:信号 1⇒行动 2,信号 2⇒行动 1
接收者 3:信号 1⇒行动 1,信号 2⇒行动 1
接收者 4:信号 1⇒行动 2,信号 2⇒行动 2

如果信号是有成本的,记成本 $= 2c$。同时假设各状态是等概率的,且基准适合度为 1,那么我们就可以给出收益矩阵(发送者的收益,接收者的收益),如表 18.1 所示:

表 18.1　发送信号有成本时的收益矩阵

	接收者 1	接收者 2	接收者 3	接收者 4
发送者 1	**2−c, 2**	1−c, 1	1.5−c, 1.5	1.5−c, 1.5
发送者 2	1−c, 1	**2−c, 2**	1.5−c, 1.5	1.5−c, 1.5
发送者 3	1.5−2c, 1.5	1.5−2c, 1.5	1.5−2c, 1.5	1.5−2c, 1.5
发送者 4	1.5, 1.5	1.5, 1.5	**1.5, 1.5**	**1.5, 1.5**

发送者的策略 1 和策略 2 一半时间需要付出成本,策略 3 所有时间都要付出成本,而策略 4 则从来不需要付出成本。表 18.1 中的粗体表示相应的策略是这个博弈在成本参数 c 很小时的纯策略纳什均衡。(如果 $c > 0.5$,那么发送信号就不合算了,这时信号系统均衡也就消失了。)当然,这个博弈还有许多混合策略均衡(它们对应于接收者的多态性)。另外,当各种类型接收者的数量大致相等且发送者总是发送无成本信号时,所对应的状态则为混同均衡状态。

另一方面,接收者也可能要付出一定代价才能"收听"到信号。我们把这一点与有成本的信号发送和概率不相等的状态结合起来,例如,考虑这样一种情况:状态 1 的概率是 1/3、信号 1 的发送成本为 0.3,接收者"收听"信号的成本为 0.1;同时假设背景适合度为 1。这样一来,前面如表 18.1 所示的收益矩阵就会变为如表 18.2 所示。在这个博弈中,混同均衡,〈发送者 4,接收者 4〉(即发送者总是发送信号 2,接收者总是采取行动 2),现在成了一个严格的纳什均衡。无论是发送者,还是接收者,一旦偏离这个均衡,处境就会严格地恶化。因此,无论是在单种群演化博弈模型中,还是在双种群演化模型中,它都是演化稳定的,而且是复制者动力学的一个强

（吸引）均衡。

表 18.2　接收信号有成本时的收益矩阵

	接收者 1	接收者 2	接收者 3	接收者 4
发送者 1	**2−0.1, 2−0.1**	1−0.1, 1−0.1	1.33−0.1, 1.33	1.67−0.1, 1.67
发送者 2	1−0.2, 1−0.1	**2−0.2, 2−0.1**	1.33−0.2, 1.33	1.67−0.2, 1.67
发送者 3	1.5−0.3, 1.5−0.1	1.5−0.3, 1.5−0.1	1.33−0.3, 1.33	1.67−0.3, 1.67
发送者 4	1.5, 1.5−0.1	1.5, 1.5−0.1	1.33, 1.33	**1.67, 1.67**

如果成本是状态特异性的，那么就会得到更加明朗、更加乐观的结果
（Zahavi，1975）。接下来，我们修正一下前面的例子：在状态 1 下发送信号 1
是无需任何成本的，但是在状态 2 下发送信号 1 则要付出 0.3 的成本；信号 2
在状态 2 下发送是免费的，但是在状态 1 下则要付出 0.3 的成本。现在，发
送者 1 策略不用付出任何"罚款"，发送者 2 策略必须付出 0.3 的罚款，发送
者 3 策略要在 2/3 的时间内付出 0.3 的罚款（因此其期望值 = 0.2），"发送者
4"策略则要在 1/3 的时间内付出 0.3 的"罚款"（因此其期望值 = 0.1）。如
表 18.3 所示：

表 18.3　成本具有状态特异性时的收益矩阵

	接收者 1	接收者 2	接收者 3	接收者 4
发送者 1	**2, 2−0.1**	1, 1−0.1	1.33, 1.33	1.67, 1.67
发送者 2	1−0.3, 1−0.1	**2−0.3, 2−0.1**	1.33−0.3, 1.33	1.67−0.3, 1.67
发送者 3	1.5−0.2, 1.5−0.1	1.5−0.2, 1.5−0.1	1.33−0.2, 1.33	1.67−0.2, 1.67
发送者 4	1.5−0.1, 1.5−0.1	1.5−0.1, 1.5−0.1	1.33−0.1, 1.33	1.67−0.1, 1.67

在这种情况下，混同均衡状态〈发送者 4，接收者 4〉就不再是一个均衡
了。既然接收者会忽略任何信号中包含的信息，那么发送者最好切换为没
有成本的策略，即发送者 1。如果真是如此，那么接收者最好切换到策略接
收者 1，从而得到最优的信号系统均衡〈发送者 1，接收者 1〉。这虽然是最优
的，但是也有可能无法演化得到。次优的信号系统均衡〈发送者 2，接收
者 2〉，其中发送者使用了"错误"的信号并始终要承担信号传递的成本，也是
一个严格的均衡。无论是在单种群复制者动力学模型中，还是在双种群复
制者动力学模型中，这两个信号系统均衡都是强（吸引）均衡。

18.5 信号网络

我们没有任何理由将自己的分析限制在只有两个博弈参与者（即一个发送者和一个接收者）的信号传递博弈上。事实上，大部分的信号系统都天然地涉及多个发送者或多个接收者，又或者同时涉及多个发送者和多个接收者。如果一个接收者能够从来自不同发送者的信号中获得不同的信息（片断），那么这个信号系统就肯定拥有一定的信息处理能力。接下来，我们将考虑如下这个非常简单的玩票性质的模型，它有两个发送者和一个接收者：

•→•←•

18.5.1 发送信号传递互补信息

在这个模型中，自然女神在 4 个状态中进行选择，每个状态被选中的概率均不为 0。2 个个体（发送者）都可以观察到状态，但是他们对信号的观察都是不完全的。第 1 个个体可以观察到，自然女神选中的状态或者是来自 $\{S1，S2\}$，或者是来自 $\{S3，S4\}$；而第 2 个个体则可以观察到状态可能来自 $\{S1，S3\}$ 或 $\{S2，S4\}$。他们两人的观察结果合到一起，就有足够的信息确定究竟是什么状态，但是单独一个人则不可以。这 2 个个体都是发送者，他们各发出一个信号（共有 2 个信号）给接收者。而接收者则必须在 4 种行为中选择一种。作为一个例子，我们可以说第一个发送者选择发出"红色"或"绿色"信号，第二个发送者选择发出"蓝色"或"黄色"信号。这个博弈的收益结构有利于合作，即：每一种状态都只对应着一个"正确"的行动，只有当选择了"正确"的行动时，这些博弈参与者才能得到强化。

在这个扩展的刘易斯信号传递博弈中，发送者 1 的观察态势（observational situation）可以用状态集合的一个分割 $O_1 = \{\{S1，S2\}，\{S3，S4\}\}$ 来描述，而他的信号传递策略则是从这个分割的元素到他的信号集合的元素的一个映射 $\{R，G\}$。类似地，发送者 2 的观察态势则可以用 $O_2 = \{\{S1，S3\}，\{S2，S4\}\}$ 来描述，其信号传递策略则为她的分割的元素到他的信号集合的元素的一个映射 $\{B，Y\}$。接收者的策略则将成对的信号 $\{\{R，B\}，\{R，Y\}，\{G，B\}，\{G，Y\}\}$ 映射到自己的行动集合 $\{A1，A2，A3，A4\}$ 上。

当且仅当接收者正确地识别了状态并选择了适当的行动时,所有人可以获得收益 1。收益矩阵如表 18.4 所示。如前所述,一个信号系统均衡是指能够使得每个状态下的收益都等于 1 的发送者的策略和接收者的策略的组合。与以前一样,信号系统均衡是这个博弈的严格均衡,而且是仅有的严格均衡。这个博弈还有很多混同均衡和局部混同均衡。

在演化设定下,这个三人博弈可以建模为三种群模型、双种群模型或单种群模型。

表 18.4　有两个发送者和一个接收者时的收益矩阵

	行动 1	行动 2	行动 3	行动 4
状态 1	1, 1, 1	0, 0, 0	0, 0, 0	0, 0, 0
状态 2	0, 0, 0	1, 1, 1	0, 0, 0	0, 0, 0
状态 3	0, 0, 0	0, 0, 0	1, 1, 1	0, 0, 0
状态 4	0, 0, 0	0, 0, 0	0, 0, 0	1, 1, 1

在单种群模型中,某个个体的策略将呈现为以下形式:如果发送者处在观察态势 O_1 中,则采取这种发送者策略;如果发送者处在观察态势 O_2 中,则采取那种发送者策略;如果是接收者则采取这种接收者策略。最自然的双种群模型,一个种群由承担不同观察角色的发送者组成,另一个种群则有接收者组成。在所有这三种演化设定下,信号系统均衡都是仅有的演化稳定状态。在这个博弈中,不能肯定某个信号系统均衡必定能够演化出来,但是可以肯定某个信号系统是有可能演化的。而且,在这些设定中,信号系统均都是复制者动力学中的强(吸引)稳定均衡。

每个发送者的信号都能完全地传递他自己的观察结果,即关于他所观察到的世界状态的分割的信息。信号的组合可以提示关于世界状态的完美信息:对于一个信号组合,有且仅有一个对应的状态。另一方面,接收者会把接收到的信号整合到一起。接收者的行动包涵了关于世界状态的完美信息。总之,信号系统同时解决了信息传递问题和信息整合问题。

上述基本模型有许多非常有意思的变体。很自然的一个扩展当然是加入更多的发送者。而对于接收者来说,根据自己可以选择的行动集,他可能会从不同发送者提供的"前提"中得出适当的逻辑"结论"(Skyrms, 2000, 2004, 2008)。各发送者的分割也可以不由自然给定,而是可以在存在信息瓶颈的条件下自行演化(Barrett，2006，2007a，2007b)。

18.5.2　错误

还有另外一类多发送者模型，它们要处理的不是信息互补性问题，而是与错误有关的问题。在前面的例子中，发送者观察到不同的分割，而且在识别涉及的分割的实际元素时不会发生错误。在这里，我们假设，所有发送者都能够观察到同样的状态，但是他们不能完全正确地识别各种状态，即他们会以正概率犯错。(基本上等价的另一种处理方法是，假设信号的传递过程中会发生错误。)

我们还是从最简单的模型入手，假设只有 2 种状态和 2 种行动，而且 2 种状态是等概率的。我们还假设，3 个发送者在观察状态时各有 10% 的概率发生错误，而且每个人的错误相互独立，每一次观察也相互独立。每个发送者都会给接收者发送一条消息，接收者则必须在 2 种行动中选择 1 种。和以前一样，我们假设，在状态 1 下只有采取行动 1 才能使每个行为主体获得大小为 1 的收益、在状态 2 只有采取行动 2 才能使每个行为主体获得大小为 1 的收益。否则所有人的收益都为 0。

自然女神先通过抛硬币的方式选择一个状态，然后将表观状态(apparent state)呈现给那三个有可能会出现状态识别错误的发送者。发送者的策略是从表观状态到信号集合 $\{S1，S2\}$ 的一个映射。不过关于接收者的策略设定，我们还要先进行一番权衡。如果我们假设接收者可以将不同发送者区分清楚，那么我们就可以认为接收者的策略是从信号的有序三元组到行动的一个函数。但是在这里，我们假设接收者不能区分 $\langle S1，S2，S1\rangle$、$\langle S1，S1，S2\rangle$ 和 $\langle S1，S1，S2\rangle$。在这种情况下，接收者拥有一个可观察的分割，他最多只能数信号的个数。这种处理可以视为对如下情形的一种离散近似：接收者从许多化学信号中感受到了强度，或者从许多呼叫中感受到了音高。因此，接收者的策略是一个从信号的频率到行动的函数。

我们可以将这个模型中的最优信号传递方式称为一个孔多塞均衡(Condorcet equilibrium)。在这个均衡中，有一个信号是所有发送者都会在表观状态 1 下使用的，还有一个信号是所有发送者都会在表观状态 2 下使用的。而接收者则根据多数票采取行动。举例而言，如果所有发送者都在状态 1 下发送信号 2，那么接收者在接收到两个信号或更多信号时选择行动 2，否则就选择行动 1。在我们举的这个例子中，孔多塞均衡时博弈参与者能够将错误率从

10％减少到3％以下。这是本章引言中讨论过的信息过滤的一个很好的例子。

我们也不必把思路局限在这里讨论的这个博弈上，即我们不能认定这种演化只会发生在这种博弈场景下，相反，我们不妨想象，发送者的策略在只有一个发送者和一个接收者的互动环境中已经演化出来了。然后再想象，接收者通常只会收到一个信号，或者会收入多个相互一致的信号（根据演化塑造的信号系统）。当然，接收者偶尔也可能会收到相互不一致的信号。在这种环境中的缓慢适应，只是一个简单的优化问题。

针对发送者这些固定的策略，跟随大多数发送者行事的接收者将会得到最高的适合度。这样，复制者动力学就会收敛到最优接收者策略（Hofbauer and Sigmund，1998）。

但是现在，假设我们不再执着于这种最简单的情形，而去探究孔多塞信号均衡在原先的4人博弈的情况下能否演化得到。在这种情况下，发送者的信号与接收者的投票规则必定是协同演化的。很显然，高效的信号传递系统仍然可能演化出来。在这个博弈中，孔多塞均衡是严格的，因此在该博弈的复制者动力学博弈中也是稳定的吸引子。事实上，计算机仿真结果确实证明，孔多塞均衡在遗忘模型中通常可以演化出来。

当模型的参数发生变化时，也有可能导致不同于多数票规则的其他投票规则。这是一个有待我们去进一步探索的领域。关于策略性投票行为，近来从理性选择理论角度论述的文献（Austen-Smith and Banks，1996；Feddersen and Pesendorfer，1998）提出了一系列模型，这些模型都可以转译为演化设定的模型。

18.5.3 团队合作

在有的时候，一个处于有利位置的发送者知道什么是需要做的，而且可以将消息发送给能够采取行动的接收者，但是却苦于没有一个接收者能完成需要做的"工作"。这个发送者可能是"领班"，也可能是"指挥官"，或是有机体的大脑。成功需要团队合作。

这种情况就是只有一个发送者但是有多个接收者的情况（下面列出了两个接收者）：

• ← • → •

我们接下来给出一个简单的团队合作模型。假设有两个接收者和一个发送者。发送者观察到一个世界状态(共有 4 个等概率的世界状态),然后发送 2 个信号给 2 个接收者(每人 1 个)。接收者必须在 2 种行动当中选择 1 种行动,而且要想让所有人都能得到非零收益,行动必须根据世界状态协调好。假设这个博弈的收益矩阵如表 18.5 所示:

表 18.5　一个简单的团队合作情形中的收益

	〈A1, A1〉	〈A1, A2〉	〈A2, A1〉	〈A2, A2〉
状态 1	1, 1, 1	0, 0, 0	0, 0, 0	0, 0, 0
状态 2	0, 0, 0	1, 1, 1	0, 0, 0	0, 0, 0
状态 3	0, 0, 0	0, 0, 0	1, 1, 1	0, 0, 0
状态 4	0, 0, 0	0, 0, 0	0, 0, 0	1, 1, 1

我们假设,发送者能够区分团队的成员,因此发送者的策略是状态到有序信号对的映射,而接收者的策略则是信号到行动空间的映射。这里需要解决的是一个组合问题:既涉及通信问题,也涉及协调问题。在信号系统均衡中,这个组合问题可以得到,因而每个个体都能得到大小为 1 的收益。这个信号系统均衡也是一个严格均衡,而且是该博弈的仅有的严格均衡。在复制者动力学中,它是一个强稳定的吸引子。

这个例子有很多变体,其中一些变化要比其他变体更有趣一些。我们可以认为,那两个接收者在进行一个无关紧要的两人博弈,而且该博弈在每个世界状态下都会有所不同。在一个信号系统中,我们可以认为发送者所要传递的是与该博弈有关的信息,也可以认为发送者所要传递的是关于什么是最优行动的信息。在这种无关紧要的博弈中,这两种处理是等价的。这样,我们这例子就可以通过改变这 4 个嵌入于其中的两人博弈以及发送者的收益来加以变化。

18.5.4　信号传递链

信息其实可以比我们上面这些模型中流得更远一些。这就是说,发送者们可以组成一条信号传递之链,让信息沿着链条传播,直到终点(即信息被运用)为止。例如,考虑如下这条短短的信号传递链:

·　→　·　→　·

这里有 1 个发送者、1 个中介者和 1 个接收者。自然女神以相等的概率选择 2 个状态当中的某一个。发送者观察状态,选择 2 个信号当中的 1 个并将其发送到中间设备,中间设备观察发送器的信号,选择她自己的 2 个信号中的 1 个,并将其发送到接收者。接收者观察中介者的信号并选择 2 种行动当中的 1 种。如果行动与状态相匹配,那么发送者、中介者和接收者都得到大小为 1 的收益,否则收益为 0。

现假设,发送者可以选择的潜在信号的集合为 $\{R, B\}$,而且接收者可以选择的潜在行动的集合是 $\{G, Y\}$。发送者的策略是一个从 $\{S1, S2\}$ 到 $\{R, B\}$ 的函数,中介者的策略是一个从 $\{R, B\}$ 到 $\{G, Y\}$ 的函数,而接收者的策略则是一个从 $\{G, Y\}$ 到 $\{A1, A2\}$ 的函数。在这里,一个信号系统均衡是指一个策略三元组,即发送者的策略、中介者的策略和接收者的策略的组合,它将状态 1 映射到行动 1 上,将状态 2 映射到行动 2 上。信号系统均衡是这个博弈中的仅有的严格均衡,同时也是相应的单种群、双种群和三种群信号传递博弈中的演化稳定状态。信号系统均衡也是复制者动力学中的吸引子。从原则上看,信号传递链可以无中生有地演化出来。

然而,计算机仿真结果表明,与前面讨论的其他信号传递博弈相比,这种情况下的演化速度非常缓慢。这很可能是因为协调问题的多样性所致——这里存在着许多需要同时解决的协调问题。如果发送者和接收者拥有预先存在的信号系统,那么这种链状信号系统演化的速度就会大大加快。它们可以是相同的信号系统,如果发送者和接收者是同一种群的成员的话,这种情况是很有可能发生的。但是信号系统不一定是相同的。发送者和接收者可能拥有不同的"语言",这使得中介者必须充当"翻译者"或信号转换器。假设发送者发送红色或蓝色,并且最终的接收者对绿色或黄色以如下方式做出反应:

发送者	接收者
状态 1⇒红色	绿色⇒行动 2
状态 2⇒蓝色	黄色⇒行动 1

成功的翻译者必须学会接收一个信号,然后发送另一个信号,这样该信号传递链才能导致成功的结果。

发送者	翻译者	接收者
状态 1⇒红色	看到红色⇒发送黄色	黄色⇒行动 1
状态 2⇒蓝色	看到蓝色⇒发送绿色	绿色⇒行动 2

这样，翻译者要解决的学习问题就变得很简单了。上述必须采取的策略严格占优所有其他可选项。它在所有时间都会带来好结果，而策略"总是发送黄色"以及"总是发送绿色"分别只有一半时间能够带来好结果，而其他可能的策略则总是导致失败。这就是说，被占优的策略将被清除出去，而正确的策略则将得到演化（Hofbauer and Sigmund, 1998）。

18.5.5 对话

上述信号传递链模型揭示了将简单的互动串联起来形成更加复杂的信号系统的一种方式。接下来再讨论另一种。在这里，我们假设发送者的观察分割不是固定的——发送者可以选择进行何种观察。这也就是说，发送者可以选择进行观察哪种状态分割。同时假设，接收者的决策问题也不是固定的，而是由自然女神选出一个决策问题呈现给接收者。与不同的决策问题相关的信息分属不同类型：知道分割 A（包含真实状态的元素）与决策问题 1 相关，而知道分割 B 的真实元素则与决策问题 2 相关。这就打开了"信号对话"（signaling dialogue）的可能性。在这种情况下，信息流向两个方向：

$$\bullet \leftrightarrow \bullet$$

这种情况的一个最简单的例子是，自然女神以抛硬币的方式在两个决策问题当中选出一个，然后呈现给博弈参与者 2。博弈参与者 2 将 2 个信号当中的某一个发送到博弈参与者 1，然后博弈参与者 1 在自然状态的 2 个分割当中的某一个来进行观察。而自然女神则通过抛硬币的方式选择状态，然后向博弈参与者 1 呈现真实状态。博弈参与者 1 向博弈参与者 2 发送 2 个信号当中的一个。博弈参与者 2 再选择 2 个行动当中的某一个。

现在假设，存在 4 个状态 $\{S1, S2, S3, S4\}$。再假设存在 2 个分割：$P1 = \{\{S1, S2\}, \{S3, S4\}\}$，$P2 = \{\{S1, S3\}, \{S2, S4\}\}$。同时假设 2 个决策问题是分别在不同的行动集中进行选择：$D1 = \{A1, A2\}$，$D2 = \{A3, A4\}$。这 2 个决策问题的收益如表 18.6 所示。

表 18.6　"对话"场景中的收益

	决策问题 1	决策问题 1	决策问题 2	决策问题 2
	行动 1	行动 2	行动 3	行动 4
状态 1	1	0	1	0
状态 2	1	0	0	1
状态 3	0	1	1	0
状态 4	0	1	0	1

博弈参与者 2 拥有的信号集为 $\{R, G\}$，而博弈参与者 1 拥有的信号集则为 $\{B, Y\}$。博弈参与者 2 的策略现在包括了三个函数：第一个是作为发送者策略的从 $\{P1, P2\}$ 到 $\{R, G\}$ 的映射；第二个是作为接收者策略的从 $\{B, Y\}$ 到 $\{A1, A2\}$ 的映射；第三个是作为接收者策略的从 $\{B, Y\}$ 到 $\{A3, A4\}$ 的映射。在信号系统均衡中，每个博弈参与者总能得到一个大小为 1 的收益。可以进行"对话"，这种可能性引入了固定的发送者—接收者博弈中不存在的信号的可塑性。在现在这个博弈中，与以前一样，信号系统均衡也是严格均衡，而且是演化稳定的。

信号系统可以在对话交互过程中独立演化，但是计算机仿真实验表明，这个过程非常缓慢。就像在存在信号传递链的情况下一样，如果我们假设信号对话机制的某些组成部分事先已经在不太复杂的互动中演化出来了，那么信号系统的演化就会容易得多。这也就是说，我们或许可以假设，作为更加简单的发送者—接收者互动的演化结果，第一个博弈参与者事先已经拥有可以用于两个不同的观察分割的信号系统。如果真是这样，那么信号对话的演化就只需要第二个博弈参与者通过信号标明问题，然后让第一个博弈参与者选择观察什么就可以了。这并不比原始的刘易斯信号传递博弈中信号系统的演化更加困难多少。

18.6　结论

我们以多种形式对刘易斯信号传递博弈进行适当的扩展，研究了有多个发送者和多个接收者的信号传递博弈中的信号系统的演化。这里的讨论始终集中在一个特定的设定下：在一个或若干个大种群（无限种群）中个体之间的随机互动。不同演化设定需要不同的动力学分析。例如，随机配对的小种群需要的是一个随机演化模型。在小种群中，或者固定种群人口，或者允许种群人口增长但受一定承载能力所限（Shreiber，2001；Benaïm et al.，2004；Taylor et al.，2004）。巴甫洛维奇（Pawlowitsch，2007）证明，在一种特定的有限种群模型中，高效的原始语言是唯一受到选择保护的策略。另外，个体也可能在某种特定的空间结构中与邻居互动（Grim et al.，2002；Zollman，2005）。而在重复进行的互动中，相互分离的个体也可能以试错学习的方式发明信号系统（Skyrms，2004，2008；Barrett，2004，2007a，2007b）；而且发明出来的信号系统，又可能通过文化演化过程而传播开来（Komarova and Niyogi，2004）。事实上，关于强化学习的瓮模型非常接近于关于人口不断增长的小种群的演化的瓮模型（Shreiber，2001；Benaïm et al.，2004）。最近，有研究表明，在最简单的刘易斯信号传递博弈——$2 \times 2 \times 2$且各状态是等概率的信号传递博弈——当中，强化动力学收敛到一个信号系统均衡的概率为1（Argiento，et al.，2009）。尽管强化学习的这种解析分析暂时还不能推广到更加复杂的信号传递博弈中，但是计算机仿真实验已经表明，更加复杂的情况下的结果确实与此相似。这并不会太过令人惊讶，因为强化学习动力学与复制者动力学之间原本就存在着密切的联系（Beggs，2005；Hopkins and Posch，2005）。

像我们在这里所讨论的这样的简单模型，可以组装成更加复杂和在生物学上更加有意义的系统。再者，网络拓扑结构本身也是可以演化的（Bala and Goyal，2000；Skyrms and Pemantle，2000）。这里给出的基本模型也有各种各样的非常有趣的变体。例如，可以允许存在窃听信号传递网络的窃听者存在，麦克格雷戈（McGregor，1995）对这种情况进行了深入研究。万变不离其宗，信号网络的主要作用始终是促进成功的集体行动。我们在这里研究的这些简单模型都集中关注协调行动的若干关键因素：信息由群体中的某些个体（单元）获取的，然后又被发送给群体中的其他个体，并以各种方式得到处理，无关的信息则被丢弃。在这过程中，还要进行各种各样的计算和推断。最后得到的信息则被用于指导决策，这些决策能够导致群体的协调行动。无论上面所说的个体或单元是有意识的、能够思考的，还是没有意识的、不能思考的，这一切都可以发生。说到底，人类社会的各种各样的组织、多细胞生物的器官和细胞的协调（甚至在细胞本身内部的协调），都是上述过程的实例。是的，各个层级的生物组织的信号网络，必然都有信息流动。

致　谢

我要感谢 Jeffrey Barrett、Simon Huttegger、Louis Narens、Don Saari、Elliott Wagner 和 Kevin Zollman，他们与我的讨论令我受益匪浅。Rory Smead 完成了"根据投票结果采取行动"（Taking as Vote）的计算机仿真实验。我还要感谢两位匿名审稿人，他们提供了许多有益的建议。

参考文献

Argiento，R.，R. Pemantle，B. Skyrms，and S. Volkov（2009）"Learning to Signal：Analysis of a Micro-Level Reinforcement Model." *Stochastic Processes and their Applications* 119：373—90.

Austen-Smith，D. and J. S. Banks（1996）"Information Aggregation，Rationality，and the Condorcet Jury Theorem." *American Political Science Review* 90：34—45.

Bala，V. and S. Goyal（2000）"A Non-Cooperative Model of Network Formation." *Econometrica* 1181—229.

Barrett，J. A.（2006）"Numerical Simulations of the Lewis Signaling Game：Learning Strategies, Pooling Equilibria, and the Evolution of Grammar." Working Paper MBS06-09. Irvine：University of California.

Barrett，J. A.（2007a）"The Evolution of Coding in Signaling Games." *Theory and Decision* 67：223—7.

Barrett，J. A.（2007b）"Dynamic Partitioning and the Conventionality of Kinds." *Philosophy of Science* 74：527—46.

Beggs，A.（2005）"On the Convergence of Reinforcement Learning." *Journal of Economic Theory* 122：1—36.

Benaïm，M.，S. J. Shreiber，and P. Tarres（2004）"Generalized Urn Models of Evolutionary Processes." *Annals of Applied Probability* 14：1455—78.

Björnerstedt，J. and J. Weibull（1995）"Nash Equilibrium and Evolution by Imitation." In *The Rational Foundations of Economic Behavior* ed. K. Arrow *et al.*，155—71 New York：MacMillan.

Charrier，I. and C. B. Sturdy（2005）"Call-Based Species Recognition in the Black-Capped Chicadees." *Behavioural Processes* 70：271—81.

Cheney，D. and R. Seyfarth（1990）*How Monkeys See the World：Inside the Mind of Another Species.* Chicago，IL：University of Chicago Press.

Dyer，F. C. and T. D. Seeley（1991）"Dance Dialects and Foraging Range in three

Asian Honey Bee Species." *Behavioral Ecology and Sociobiology* 28:227—33.

Evans, C.S., C.L.Evans, and P.Marler(1994) "On the Meaning of Alarm Calls: Functional Reference in an Avian Vocal System." *Animal Behavior* 73:23—38.

Feddersen, T. and Pesendorfer, W.(1998) "Convicting the Innocent: The Inferiority of Unanimous Jury Verdicts under Strategic Voting." *American Political Science Review* 92:23—35.

Green, E. and T.Maegner(1998) "Red Squirrels, *Tamiasciurus hudsonicus*, produce predator-class specific alarm calls." *Animal Behavior* 55:511—18.

Grim, P., P.St.Denis, and T.Kokalis(2002) "Learning to Communicate: The Emergence of Signaling in Spatialized Arrays of Neural Nets." *Adaptive Behavior* 10, 45—70.

Gyger, M., P.Marler, and R.Pickert(1987) "Semantics of an Avian Alarm Call System: the Male Domestic Fowl, *Gallus Domesticus*." *Behavior* 102:15—20.

Guckenheimer, J. and P.Holmes(1983) *Nonlinear Oscillations, Dynamical Systems, and Bifurcations of Vector Fields*. New York: Springer.

Hadeler, K.P.(1981) "Stable Polymorphisms in a Selection Model with Mutation." *SIAM Journal of Applied Mathematics* 41:1—7.

Hailman, J., M.Ficken, and R.Ficken(1985) "The 'chick-a-dee' calls of *Parus atricapillus*." *Semiotica* 56:191—224.

Hofbauer, J.(1985) "The Selection-Mutation Equation." *Journal of Mathematical Biology* 23:41—53.

Hofbauer, J. and S.M.Huttegger(2008) "Feasibility of Communication in Binary Signaling Games." *Journal of Theoretical Biology* 254:843—9.

Hofbauer, J. and K.Sigmund(1998) *Evolutionary Games and Population Dynamics*. Cambridge: Cambridge University Press.

Hopkins, E. and M.Posch(2005) "Attainability of Boundary Points under Reinforcement Learning." *Games and Economic Behavior* 53:110—25.

Huttegger, S.(2007a) "Evolution and the Explanation of Meaning." *Philosophy of Science* 74:1—27.

Huttegger, S. (2007b) "Evolutionary Explanations of Indicatives and Imperatives." *Erkenntnis* 66:409—36.

Huttegger, S.(2007c) "Robustness in Signaling Games." *Philosophy of Science* 74:839—47.

Huttegger, S., B.Skyrms, R.Smead, and K.Zollman(2006) "Evolutionary Dynamics of Lewis Signaling Games: Signaling Systems vs. Partial Pooling." *Synthese* 172:177—91.

Kaiser, D. (2004) "Signaling in Myxobacteria." *Annual Review of Microbiology* 58:75—98.

Komarova, N. and P. Niyogi (2004) "Optimizing the Mutual Intelligibility of Linguistic Agents in a Shared World." *Artificial Intelligence* 154:1—42.

Lewis, D. K. (1969) *Convention*. Cambridge, MA: Harvard University Press.

McGregor, P. (2005) *Animal Communication Networks*. Cambridge: Cambridge University Press.

Manser, M., R. M. Seyfarth, and D. Cheney (2002) "Suricate Alarm Calls Signal Predator Class and Urgency." *Trends in Cognitive Science* 6:55—7.

Maynard Smith, J. (1982) *Evolution and the Theory of Games*. Cambridge: Cambridge University Press.

Maynard Smith, J. and G. Price (1973) "The Logic of Animal Conflict." *Nature* 246:15—18.

Pawlowitsch, C. (2007) "Finite Populations Choose an Optimal Language." *Journal of Theoretical Biology* 249:606—16.

Pawlowitsch, C. (2008) "Why Evolution Does Not Always Lead to an Optimal Signaling System." *Games and Economic Behavior* 63:203—26.

Schauder, S. and B. Bassler (2001) "The Languages of Bacteria." *Genes and Development* 15:1468—80.

Seyfarth, R. M. and D. L. Cheney (1990) "The Assessment by Vervet Monkeys of Their Own and Other Species' Alarm Calls." *Animal Behaviour* 40:754—64.

Schlag, K. (1998) "Why imitate and if so, How? A Bounded Rational Approach to Many Armed Bandits." *Journal of Economic Theory* 78:130—56.

Shreiber, S. (2001) "Urn Models, Replicator Processes and Random Genetic Drift." *SIAM Journal of Applied Mathematics* 61:2148—67.

Skyrms, B. (1996) *Evolution of the Social Contract*. Cambridge: Cambridge University Press.

Skyrms, B. (1999) "Stability and Explanatory Significance of Some Simple Evolutionary Models." *Philosophy of Science* 67:94—113.

Skyrms, B. (2000) "Evolution of Inference." In *Dynamics of Human and Primate Societies*, ed. T. Kohler and G. Gumerman, 77—88. New York: Oxford University Press.

Skyrms, B. (2004) *The Stag Hunt and the Evolution of Social Structure*. Cambridge: Cambridge University Press.

Skyrms, B. (2008) "Signals." Presidential Address of the Philosophy of Science Association. *Philosophy of Science* 75:489—500.

Skyrms，B. and Pemantle，R.(2000) "A Dynamic Model of Social Network Formation." *Proceedings of the National Academy of Sciences* 97：9340—6.

Taga，M. E. and B. L. Bassler (2003) "Chemical Communication Among Bacteria." *Proceedings of the National Academy of Sciences* 100 Suppl. 2：14549—54.

Taylor，P. and L.Jonker(1978) "Evolutionarily Stable Strategies and Game Dynamics." *Mathematical Biosciences* 40：145—56.

Taylor，C.，D.Fudenberg，A.Sasaki，and M.Nowak(2004) *Bulletin of Mathematical Biology* 66：1621—44.

Wärneryd，K.(1993) "Cheap Talk，Coordination，and Evolutionary Stability." *Games and Economic Behavior* 5：532—46.

Zahavi，A.(1975) "Mate Selection-Selection for a Handicap." *Journal of Theoretical Biology* 53：205—14.

Zollman，K.(2005) "Talking to Neighbors：The Evolution of Regional Meaning." *Philosophy of Science* 72：69—85.

译后记

　　本书名为《社会动力学》，其实更加贴切的书名可能是《合作的社会动力学》。作者布赖恩·斯科姆斯没有像通常研究合作的学者那样，只关注囚徒困境博弈中合作的涌现。相反，他在自己构建的一系列作为"基础构件"的简单互动模型的基础上，分析了信号传递博弈模型、讨价还价博弈模型、多人猎鹿博弈模型、劳动分工模型、动态网络形成模型……当然还包括囚徒困境模型，并将它们融合起来，放在一个更大的策略与结构协同演化的框架中考虑。他对最简单的互动的分析，就足以给我们带来很大的惊喜；他在本书提出的分析合作的社会动力学框架，更加值得我们关注。

　　布赖恩·斯科姆斯是一位真正的跨学科大师。这一点从他现在所担任的职务上就可以看得很清楚。他是美国加州大学欧文分校逻辑学、科学哲学、经济学杰出教授，同时兼任斯坦福大学哲学教授。另外，值得指出的是，斯科姆斯不仅是美国国家艺术与科学学院院士，而且还是美国科学院院士——在世的美国哲学家中，只有两位是现任美国国家科学院院士，除了斯科姆斯之外，另一位是大名鼎鼎的艾伦·吉伯德（Allan Gibbard）。

　　《社会动力学》涉及内容非常广泛，有些内容又非常专业，因此翻译此书是一个辛苦的旅程。在这里，我要特别感谢我的太太傅瑞蓉。感谢她的体谅和帮助；如往常一样，此书得以完稿,至少一半功劳应归于她。儿子贾岚晴也是我工作和学习上的一大推动力,因为他进步神速,令我时刻不敢松懈。同时还要感谢他给我带来的快乐。感谢岳父傅美峰、岳母蒋仁娟对贾岚晴的悉心照料。

我还要感谢汪丁丁教授、叶航教授和罗卫东教授的教诲。感谢何永勤、虞伟华、余仲望、鲍玮玮、傅晓燕、傅锐飞、陈叶烽、李欢、傅旭飞、丁玫、何志星、陈贞芳、楼霞、郑文英、商瑜、李晓玲、童乙伦、罗俊、王国梁、纪云东、何志星、张弘、邹铁钉、郑恒、李燕、陈姝、郑昊力、黄达强、汪思绮、应理建等好友和学友的鼓励和帮助。

感谢格致出版社诸位编辑的耐心和付出。

尽管翻译本书付出的时间相当可观,但是限于译者学识,错误和疏漏之处在所难免,恳请读者和专家批评指正!

贾拥民
于杭州嵩谷阁

图书在版编目(CIP)数据

社会动力学:从个体互动到社会演化/(美)布赖
恩·斯科姆斯著;贾拥民译.—上海:格致出版社:
上海人民出版社,2019.1(2020.10 重印)
(当代经济学系列丛书/陈昕主编.当代经济学译库)
ISBN 978-7-5432-2943-3

Ⅰ.①社… Ⅱ.①布… ②贾… Ⅲ.①系统动态学
Ⅳ.①N941.3

中国版本图书馆 CIP 数据核字(2018)第 285720 号

责任编辑　郑竹青　程　倩
装帧设计　王晓阳

社会动力学
——从个体互动到社会演化

[美]布赖恩·斯科姆斯　著
贾拥民　译

出　　版　格致出版社
　　　　　上海三联书店
　　　　　上海人民出版社
　　　　　(200001　上海福建中路 193 号)
发　　行　上海人民出版社发行中心
印　　刷　苏州望电印刷有限公司
开　　本　710×1000　1/16
印　　张　22.75
插　　页　3
字　　数　366,000
版　　次　2019 年 1 月第 1 版
印　　次　2020 年 10 月第 2 次印刷
ISBN 978-7-5432-2943-3/F·1176
定　　价　79.00 元

上海市版权局著作权合同登记号:图字 09-2015-418

当代经济学译库

社会动力学——从个体互动到社会演化/布赖恩·斯科姆斯著

制度、制度变迁与经济绩效/道格拉斯·C.诺思著

有限理性与产业组织/兰·斯比克勒著

社会选择与个人价值(第三版)/肯尼思·J.阿罗著

芝加哥学派百年回顾:JPE 125 周年纪念特辑/约翰·李斯特、哈拉尔顿·乌利希编

博弈论的语言——将认知论引入博弈中的数学/亚当·布兰登勃格编著

资本主义的本质:制度、演化和未来/杰弗里·霍奇森著

不平等测度(第三版)/弗兰克·A.考威尔著

农民经济学——农民家庭农业和农业发展(第二版)/弗兰克·艾利思著

私有化的局限/魏伯乐等著

金融理论中的货币/约翰·G.格利著

社会主义经济增长理论导论/米哈尔·卡莱斯基著

税制分析/乔尔·斯莱姆罗德等著

创新力微观经济理论/威廉·鲍莫尔著

货币和金融机构理论(第 3 卷)/马丁·舒贝克著

冲突与合作——制度与行为经济学/阿兰·斯密德著

产业组织/乔治·J.施蒂格勒著

个人策略与社会结构:制度的演化理论/H.培顿·扬著

科斯经济学——法与经济学和新制度经济学/斯蒂文·G.米德玛编

经济学家和说教者/乔治·J.施蒂格勒著

管制与市场/丹尼尔·F.史普博著

比较财政分析/理查德·A.马斯格雷夫著

议价与市场行为——实验经济学论文集/弗农·L.史密斯著

内部流动性与外部流动性/本特·霍姆斯特罗姆 让·梯若尔著

产权的经济分析(第二版)/Y.巴泽尔著

暴力与社会秩序/道格拉斯·C.诺思等著

企业制度与市场组织——交易费用经济学文选/陈郁编

企业、合同与财务结构/奥利弗·哈特著

不完全合同、产权和企业理论/奥利弗·哈特等编著

理性决策/肯·宾默尔著

复杂经济系统中的行为理性与异质性预期/卡尔斯·霍姆斯著

劳动分工经济学说史/孙广振著

经济增长理论:一种解说(第二版)/罗伯特·M.索洛著

偏好的经济分析/加里·S.贝克尔著

人类行为的经济分析/加里·S.贝克尔著

演化博弈论/乔根·W.威布尔著

工业化和经济增长的比较研究/钱纳里等著

发展中国家的贸易与就业/安妮·克鲁格著